과학과 함께 있었다

SAILING ON THE SCIENCE

과학과 함께 있었다

과학과 함께 있었다

이장로_{이학박사} 지음

SAILING ON
THE SCIENCE

서문

'과학과 함께 있었다'를 펴 내면서

기초과학基礎科學이란, 난이도를 나타내는 초보과학(초급과학)을 뜻하는 것이 아니고 자연과학 중에서 기본적basic이며, 밑바탕礎石이 되는 과학을 의미합니다.

즉, 기초과학은 공학이나 응용과학의 밑바탕이 되고 근본이 되는 자연과학으로 자연현상의 원리원칙原理原則을 규명糾明하는 학문입니다.

우리가 추구하는 과학기술의 발전이 궁극적窮極的으로 과일이라면 기초과학은 그 나무의 뿌리에 대응한다고 할 수 있습니다.

이렇듯, 기초과학의 중요성은 아무리 강조해도 부족합니다. 기초과학의 발전이 없는 상태에서의 과학기술은 사상누각沙上樓閣에 불과하기 때문입니다.

학부와 대학원에서 약 40여년간 기초과학基礎科學인 물리학物理學을 전공하는 학생들을 가르치고, 대학원 석·박과정생 졸업논문지도와 더불어, 전공 관련 국내, 국제 연구논문 및 학술연구발표를 통한 국내외 학회활동을 하면서 많은 시간이 정신없이 훌쩍 지나가 버렸습니다.

따라서 학교생활을 하는 동안에는, 일반 대중을 위한 과학의 저변확대底邊擴大의 일환으로 대중 상대 과학상식 알리기 및 과학인식에 대한 폭을 넓히는 데에는 힘이 미치지 못하였습니다.

퇴임 이후에도 한 동안은 계속된 한국과학재단과 한국학술진흥연구재단의 연구 과제를 수행해 왔습니다. 그 연구과제 결과보고 종료 이후에는 각종 언론매체에 과학논단科學論壇과 신문칼럼·과학이야기를 연재하여 과학의 저변확대에 작지만 조금이라도 보탬이 될 기회를 가져왔습니다.

이것들을 대략 발표순으로 엮고, 그리고 그동안 대학생 때부터 교수 시절 이후까지의 필자의 삶과 관련되어, 대학신문, 학회논문지, 잡지, 일간신문 그리고 인터넷 카페 등 각종 매체에 이미 발표, 소개, 보도 및 발행된 내용의 파일들을 정리하고 발췌拔萃하여 자전적自傳的 형식의 책으로 엮어 약 3년 전인 2018년 가을에 단행본 '과학과 함께 걸어오다'를 발간한 바 있습니다.

그 이후 한국물리학회 홍보지 '물리학과 첨단기술', 인터넷 신문 등에 게재되고 발표된 다수의 칼럼column 및 과학이야기 등, 그리고 재직 중 대학신문 논단, 대학교지에 실린 내용, 대학 재학생 대상 특강 등, 요약 정리된 것들을 모아 후속 단행본을 만들어 보기로 하였습니다. 그 내용들을 정리하니 책 한권으로는 부족한 약 290페이지 가량의 분량이 되었습니다. 여기에 앞에서의 책 내용 중 필자의 삶과 직접적으로 관련된 자서전적 이야기 몇 개 파일을 추가하기로 하였습니다.

글 솜씨를 비롯하여 여러모로 부족하고 미흡未洽하지만, 이 책이 과학도科學徒 또는 과학에 조금이라도 관심 있는 분들에게, 특히 기초과학의 중요성을 이해하고 과학기술의 발전이 인류의 편리한 문명생활文明生活에 미친 기여도寄與度를 이해하는데 조금이라도 도움이 되었으면 하는 마음

간절합니다.

그리고 출판에 여러 가지로 도움을 주신 한국학술정보(주) 채종준 대표이사님, 양동훈 대리님에게 감사의 말씀을 드립니다. 아울러 손수 그린 컷을 제공해주신 시인 서영수 친구님, 또 편집과 교정을 맡아주신 마안나 대리님에게도 감사드립니다.

끝으로 책 내용의 오류誤謬에 대해서는 지적하시는 분의 가르침에 따르려고 합니다.

2021년 가을
이장로李章魯

추천사

'과학과 함께 있었다' 출간에 즈음하여

평생平生을 연구실에서 연구에 진력盡力하고 교실에서 교육에 몰두沒頭하며 국내, 해외로 부지런히 다니면서 국제 학술회의에서 연구물을 발표하며 살아온 이장로 교수가 이 시대와 우리가 꾸미는 사회의 화두話頭가 되는 물리학 세계의 여러 가지 사실을 집대성集大成하여 강의실에서 남겨둔 여백餘白을 채우려는 노력의 결과가 바로 이 책이다.

우리에게는 전래로 글쓰기를 숭상하며 살아온 전통이 있다. 조선 성종 때 성현의 '용재총화慵齋叢話'가 떠올랐다. 문장이 간결하고 박학다문博學多聞하여 당대의 사회에서 회자膾炙되던 이야기를 모아서 수필형식으로 기록한 문집이다. 당시의 사회상과 사람들의 생각까지 두루 살필 수 있도록 광범위하고 자유분방自由奔放하게 서술하고 있어서 당시를 이해하는데 좋은 자료가 되고 있다.

이렇듯, 이 교수가 2~3년 전에 출간한 단행본 '과학과 함께 걸어오다'의 후속 단행본으로 새로 발간예정인 '과학과 함께 있었다'에 서술된 현재 우리의 모습과 생각이 후세들에게 시대상時代相을 알려주는 지표指標가 될 것이라고 감히 짐작해 본다.

하루가 다르게 새로운 정보와 기술이 쏟아져 나오는 시대에서 과학기술은 더 이상 학문이 아니라 교양이 되고 있다. 사실 우리 모두에게 흥미가 있고 알고 싶은 것이 과학기술이다. 더구나 반도체 혁신을 이루며 나날이 새로운 문화를 이루어 나가는 2천년 첫 세기에 살면서, 흥미를 가지고 찾아보고 이해하려고 해도 과학기술분야는 접근하기 어려운, 문턱이 높은 분야인 것도 사실이다. 이 책은 과학기술에 대한 이해하기 까다로운 이야기들을 차분하게 설명하고, 미래의 과학기술 발전에 기본이 되는 지침指針을 알려주는 원문을 소개하는 주석註釋까지 제시하고 있어 더 깊은 의미를 찾아볼 수 있다.

이 시대의 새로운 화두도 지나갈 것이고, 4차 과학기술혁신科學技術革新의 시대가 곧 닥쳐올 즈음이다. 날마다 새로운 과학기술의 발전이 새로운 화두가 되고 우려와 기대가 교차하는 시점에서 이 교수의 시대정신의 총화總和가 미래 과학기술의 길잡이가 되고 바탕을 이루어 큰 기여를 하게 될 것이라고 믿는다.

특히, 미래의 주인이 될 젊은이들에게 과학기술에 대한 이해를 도울 수 있다고 믿기에 감히 일독一讀을 권한다.

한평생 교육과 연구에 몰두하고, 나날이 발전하는 과학기술의 시대상時代相을 표현하는 큰 이정표里程表를 내딛는 이장로 교수의 지속적인 과학의 동반자同伴者 역할을 기대한다.

2021년 6월 27일
고려대학교 전 부총장 임우영

차 례

과학과 함께 있었다

제1부 과학 이야기

제2부 삶의 이야기

제1부

과학 이야기

제1장

기초과학 육성, 일본의 수출규제 위기극복, 나노기술 혁명

기초과학 육성基礎科學 育成의 중요성과 국가경쟁력國家競爭力 강화

반도체-디스플레이display 핵심소재에 대한 일본의 수출규제위기를 공급처 다변화 多邊化와 국산화國産化로 극복-일본의 수출규제를 전화위복轉禍爲福의 계기로 극복하다

21C 기술 혁명을 주도하는 나노기술Nano-Technology

기초과학 육성基礎科學 育成의 중요성과
국가경쟁력國家競爭力 강화

　최근 우리나라에 대한 일본의 수출 우대국 배제와 수출규제에 의한 경제도발로 국가산업이 흔들리고 있다. 특히, 반도체 소재인 고순도 불화수소(에칭가스), 극자외선용 포토레지스트(EUV-PR; 특수 감광 폴리머), 그리고 플루오린 폴리이미드 등을 수출 규제하면서, 세계 최대 반도체 생산회사인 삼성전자와 SK 하이닉스 등 국내 업체들은 반도체 소재 장비를 최대한 국산화하고, 일본 외에도 대만과 유럽 업체들에게 주문을 늘리면서 수입 다변화多邊化에 나서는 등 대책마련에 고심하고 있다.

　한편, 일본 어느 대학교수는 일본의 경제주간지 기고에서 이번 수출규제를 통해 일본정부의 가장 큰 실수는 한국에 "소재와 부품의 국산화가 시급하다는 인식을 심어준 것"이라고 지적하고 있다. 많은 일본 언론들은 한국의 반도체 시장 국산화 정책을 우려하고 있는 실정이다.

따라서 지금은 온 국민이 위기극복을 위하여 지혜를 모으고 각고刻苦의 노력을 기울일 때이다. 그렇게 하기 위해서, 업체는 수입 다변화와 더불어 소재와 장비의 국산화를 통하여 소재와 장비의 탈 일본화에 힘을 기울여야 하겠다. 그리고 정부는 소재와 부품 국산화 규제를 경쟁국 수준으로 혁파革罷해야 할 것이다. 예를 들면 그동안 환경과 안전을 위해 고순도 불화수소 규제가 강화되어 국산화에 큰 걸림돌이 되었던 전철前轍을 밟아서는 안 될 것이다. 또한, 생산 전문 중소기업을 육성 지원하여 우리의 반도체 소재 부품 장비 제조기술을 가진 중소기업이 세계로 진출하게 하는 여건 조성과 함께, 대기업은 중소기업과 상생화 노력을 통하여 상호협동함으로써 국산화 노력에 박차를 가해야 하겠다.

따라서 소재, 부품 및 장비의 조속한 국산화 달성을 위하여, 정부의 과학기술 발전을 위한 집중적인 육성 및 지원이 절실히 필요하며, 더불어 과학기술자들이 우대받는 분위기도 함께 조성되어야 할 것이다.

특히 수출 규제된 반도체 소재 및 부품제조와 그것들을 사용하는 반도체 제조공정은 기초과학基礎科學의 한 영역인 나노과학기술Nano-Technology과 밀접하게 연관되어 있다.

기초과학이란, 난이도를 나타내는 초보과학이나 초급과학을 뜻하는 것이 아니고 자연과학 중에서 근본적fundamental이고 기본적basic이며, 밑바탕초석, 礎石이 되는 과학을 의미한다.

즉, 기초과학은 공학이나 응용과학의 밑바탕이 되고 근본이 되는 자연과학으로써 자연현상의 원리원칙을 규명하는 학문이다.

또한 기초과학은 순수과학이라고도 하는데, 이것은 순수한 지적 호기심을 통한 학문의 진리 탐구 그 자체만을 목적으로 하고, 영리 활동을 목적으로 하지 아니하는 학문분야라는 뜻에서 나온 것이다.

우리가 추구하는 과학기술 발전이 궁극적으로 과일이라면 기초과학은 그 나무의 뿌리에 해당한다고 할 수 있다. 뿌리가 튼튼한 나무는 많은 싹을 만들고 가지를 뻗어 튼튼하게 자라서 과일을 생산해낸다. 즉, 뿌리가 튼튼한 기초과학의 발전은 수많은 응용과학기술이라는 과일을 수확하게 한다. 다만 나무가 뿌리를 내려서 싹이 나오고 가지를 뻗고 과일이 열리게 되기까지는 오랜 시간이 걸린다. 이처럼 기초과학의 과일인 결과물을 만들어내는 데에는 오랜 시간과의 노력과, 그리고 비용이 들어가기 마련이다. 그러나 기초과학에 투자한 이러한 시간과 노력과 비용은 결코 헛되지 않고, 과학기술 발전을 위한 초석을 쌓는데 큰 도움이 될 것이다.

다시 말해서 기초과학의 발전이 없는 상태에서의 과학기술은 사상누각에 불과하다고 주장하는 것은 기초과학의 중요성을 강조하는데서 나온 이야기가 아닌가 생각한다.

어느 대학신문의 '기초과학이 중요한 이유'에서 밝힌 바와 같이 근래 한국과학기술단체총연합회KOFST가 국내 과학기술자들을 대상으로 하는 설문조사 결과에서 대부분의 과학기술자들은 정부가 추진해야 할 과학정책의 제1순위가 기초과학 육성인 것으로 나타났다고 한다.

기초과학을 전공한 인재들은 산업현장에서 금방은 이용할 데가 없어 보여도, 조금 멀리 내다보면 어떤 업무도 잘해낼 수 있는 능력과 자질을 갖추고 있는 사람들이다.

기초과학은 모든 공학의 원리와 원칙을 바탕으로 하기 때문에 기초과학 전공자는 그것을 응용하고, 적응하고, 확장하는 능력이 훨씬 더

앞설 수 있다.

요즈음 우리나라 정부의 신성장 동력영역으로 알려진 반도체, 디스플레이, 정보 통신 기술 등은 결과적으로는 물리학, 화학 등의 기초과학 없이는 개발하기 어려운 부분이다.

또한 의학, 약학 등의 생명과학분야가 매우 인기가 높고 각광을 받으며 지금처럼 발전할 수 있게 된 것 역시 물리학, 화학 및 생물학, 즉 기초과학의 발전에 따른 결과라 할 수 있다.

1962년에 노벨 생리의학상을 수상한 크릭F. H. C. Crick 박사는 X-선 회절을 전공한 물리학자로서 DNADeoxyribo Nucleic Acid; 디옥시리보 핵산를 발견하였다. 그리고 물리학자인 맨스필드P. Mansfield 박사와 화학자인 로터버Paul C. Lauterbur 박사는 MRIMagnetic Resonance Imaging; 자기공명영상 영상장비를 개발한 공로로 노벨 생리의학상을 공동으로 수상하였다.

이들은 1952년에 NMRNuclear Magnetic Resonance; 핵자기공명의 발견으로 노벨 물리학상을 받은 퍼셀E. M. Purcell 박사의 업적과 기술을 활용하여 의공학 분야인 MRI 영상장비개발에 성공하게 된 것이다.

그리고 물리학에서 개발된 레이저Laser을 이용하여 세포를 절단하거나 세포막을 열어 세포 내에서 인위적으로 생화학적 조작을 마음껏 할 수 있게 된 것 역시 원자 분광현상에 대한 양자역학적 이해와 관련 분야의 기초현대과학 응용기술의 발전 덕분이다. 또한 음향물리학의 발전으로 초음파를 이용하여 임상에서 흔히 보는 인체영상장비 제작과 결석 제거시술 등에 응용할 수 있게 되었다.

아울러, 요즈음 암과 각종 병의 진단에 필수적으로 활용하고 있는 MRI, CTComputed Tomography; 전산단층촬영, PETPositron Emission Tomography;

양전자방출단층촬영 등의 영상장비 개발에 활용한 기술도 방사선물리학과 핵물리학의 발전에 힘입은 것이다.

상기의 예들과 같이 첨단 과학 기술 및 응용기술은 기초과학에 기반하고 있으며, 이러한 기초과학기술을 꾸준히 육성해온 국가가 오늘날 첨단과학기술을 이끌어 나가고 있는 선진국으로 거듭나고 있다. 따라서 대한민국이 국제 경쟁력을 가지고 미래사회의 선진국으로 나아가려면 기초과학육성을 더욱 강조하고 지속적인 투자를 해나가야 할 것이다.

기초과학은 첨단 과학기술 개발에도 중요하지만, 더 나아가 기초과학 교육을 받은 사람으로 하여금 인간을 합리적으로 사고하게 하고 방법론적으로 생활하게 한다는 것이다.

이는 기초과학이 단순한 지식만을 가르치는 것이 아니라 자연현상의 원리와 원칙을 깨우치게 하고, 새로운 기술 영역을 개척하고 탐구하는 정신을 키워주기도 하는 자기주도적인 학문이기 때문이다.

어려운 문제에 봉착하고 있는 상황에서 끊임없이 해답을 추구하고 탈출방법을 탐색하는 기초과학자의 탐구정신이야 말로 모든 사람들이 배워야 할 고귀하고 발전적인 인간정신이기도 하다.

지식기반사회에서 과학기술은 산업 경쟁력을 강화하는 핵심이며 일자리를 창출하는 경제성장의 원천동력이다. 특히 기초과학 연구는 신지식을 창출하고, 창조적 인력을 양성하는 과학기술의 바탕으로써, 다양한 사회경제적 파급효과를 창출하게 한다.

이번 일본의 수출규제를 통하여 소재, 장비와 부품을 탈 일본화하고 국산화를 가속화하기 위해서, 그리고 세계적인 경제적 위기와 치열한 국가간 경쟁 속에서 우리나라가 국가경쟁력을 갖는 선진 4차 산업혁명

국가로 견인해줄 확실한 원동력은 기초과학 연구의 활성화라 할 수 있다. 따라서 기초과학의 중요성은 아무리 강조하여도 부족하다 하겠다.

그동안 우리나라에서는 기초과학의 육성과 발전을 위하여 한국학술진흥재단RISS, 한국과학재단KOSEF, 한국기초과학지원연구원KBSI 등의 지원으로 각 대학 및 연구소 등에서 열심히 연구하여 많은 실적과 성과를 거두어 왔었다.

그러나 2009년에는 전 학문분야를 포함하는 국가 기초연구지원시스템의 효율화 및 선진화를 목적으로 한국과학재단, 한국학술진흥재단, 국제과학기술협력재단KIKOS이 하나로 통합되어 국가를 대표하는 연구관리전문기관으로 한국연구재단NRF이 새롭게 설립되었다.

특히 2011년 이후에는 세계적 수준의 기초과학연구 및 기초과학 기반 순수 기초연구를 수행하고 창조적 지식 및 원천기술 확보와 우수 연구인력 양성을 목적으로 설립한 한국기초과학연구원IBS을 비롯하여 각 대학 및 수많은 국책, 민간 과학기술 연구기관들이 설립되어 기초과학연구가 활성화되고 있는 것은 앞으로 우리나라의 기초과학의 발전을 위하여 매우 다행스러운 일이 아닐 수 없다.

결론적으로, 국민전체가 총력을 경주하여 이번의 일본 수출규제 사태로 인한 위기를 도리어 전화위복의 계기로 삼아야 하겠다. 따라서, 과학기술, 특히 기초과학의 영역인 나노과학기술의 육성에 의한 재료, 부품 및 장비의 조속한 국산화, 수입의 다변화, 각종 규제의 혁파, 대기업의 중소기업과의 상생화 협동에 의한 국산화 달성 등을 통한 우리 반도체 산업의 구조 개선으로, 우리나라 경제가 한층 더 비약할 수 있는 토대를 마련해야 할 것이다.

<참고문헌>

1. "What is basic research?" (PDF), National Science Foundation, Retrieved 2014-05-31.
2. Gerard Piel, "Science and the next fifty years", "Applied vs basic science", Bulletin of Atomic Scientists, 10(1), 17−20, 18 (1954).
3. '기초과학이 중요한 이유', 성대신문 1354호 (2004).
4. 선우 준 외, 핵심 기초과학, e퍼플 (2014).

(2019.11.15, 기초과학 육성의 중요성과 국가경쟁력 강화,
과학의 창, 물리학과 첨단기술, 한국물리학회)

반도체-디스플레이display 핵심소재에 대한 일본의 수출규제위기를 공급처 다변화多邊化와 국산화國産化로 극복

- 일본의 수출규제를 전화위복轉禍爲福의 계기로 극복하다

2019년 7월, 일본은 우리나라에 대한 수출 우대국 배제와 수출규제에 의한 경제도발로 우리나라의 국가산업이 위기에 처했었다. 특히 반도체와 디스플레이 핵심소재인 고순도 불화수소(에칭가스), 극자외선용 포토레지스트(EUV-PR; 특수 감광 폴리머), 그리고 플루오린 폴리이미드 등을 수출 규제하면서, 반도체 생산회사인 삼성전자, SK하이닉스와 LG 디스플레이 등 국내 업체들은 그 대책마련을 위하여 고심했었다.

그러나 그 후 이 업체들은 소재공급의 다변화와 소재-부품-장비의 국산화에 앞장섰고 정부의 핵심소재 육성책 등에 힘입어 그 위기를 극복함으로서 이 위기가 전화위복의 계기가 되었다.

일본은 그 당시 일본 의존도가 90% 이상 되었던 반도체-디스플레이 산업의 핵심첨단소재 3종의 수출을 묶은 데 이어 이 품목들을 포괄수출허가에서 건별 허가 대상품목으로 전환했고, 추가적으로 수출허가 간소화 대상국인 화이트국가 목록에서 한국을 제외하는 등 온갖 악랄한 도발을 강행했다.

그러나 이러한 일본의 소재-부품-장비에 대한 수출규제는 일본의 공급에만 의존했던 국내기업들에게 일본 외에도 대만과 유럽 업체들에게 주문을 늘리면서 수입 다변화多邊化에 나서게 하였고, 국산화에 빠르게 뛰어들게 하는 결정적 계기가 되었다. 일본 어느 대학교수는 일본의 경제주간지 기고에서 이번 수출규제를 통해 일본정부의 가장 큰 실수는 한국에 '소재와 부품의 국산화가 시급하다는 인식을 심어준 것'이라고 지적했었고, 많은 일본 언론들은 한국의 반도체 시장 국산화 정책에 대하여 우려를 나타냈었다. 또한 한국반도체디스플레이기술학회의 회장은 '일본의 수출규제가 없었다면 지금처럼 한국의 업체들이 적극적으로 국산화와 다변화에 나서지 않았을 것'이라면서 '일본이 잠자고 있던 한국을 깨워준 셈'이라고 했다. 또 '일본의 공격에 일본이 당했다'라고 표현한 국내 언론보도가 나올 정도였었다. 즉 이러한 일련의 분석들은 일본의 수출규제가 오히려 국산화를 앞당기는 데 전화위복이 되었음을 나타낸 것이라고 볼 수 있다.

일본의 수출규제 1년이 지나자마자 소재-부품-장비의 국산화 성과가 나오고 있다. 이것에 대한 국내 주요언론매체들의 보도 내용을 살펴보기로 한다. 먼저 고순도 불화수소는 반도체 기판인 실리콘 웨이퍼에 그려진 회로도에 따라 기판을 깎아내는 식각蝕刻, 에칭 공정에 사용되는 소재이다. SK 머티리얼즈는 해외 의존도가 100%였던 기체 불화

수소의 국산화에 성공하여, 이미 순도 99.999%의 양산을 시작했으며, 연간 15t 규모로 시작해 앞으로 3년 안에 국산화율을 70%까지 끌어 올릴 계획이라고 한다.

한편 액체 불화수소는 이미 지난해 수출규제 조치 직후 솔브레인-램테크놀로지가 공장 증설을 통해 대량생산에 성공했으며, 삼성 디스플레이와 LG 디스플레이 등 디스플레이업계는 1년 만에 액체 불화수소를 100% 국내 기업 제품으로 대체한 상태이며, 삼성전자와 SK 하이닉스반도체 업체에서도 국산 제품 사용비중을 늘렸고, 기체 불화수소는 미국 등을 통해 수입 다변화로 대응했다고 한다.

한때 일본 의존도가 92%까지였던 반도체 기판 제작에 쓰이는 감광액感光液인 포토레지스트는 현재는 벨기에, 독일 등으로 수입공급처가 다변화되었다. 국내 기업 중에도 불화아르곤ArF 포토레지스트를 생산하는 동진 쎄미켐이 이미 공장증설을 확정했고, SK 머티리얼즈도 이것을 개발하고 2022년부터 양산체제로 들어가기 위해 조만간 공장을 완성할 계획으로 있다. 또한, 5 nm 이하의 초미세 공정에 사용되는 극자외선용 포토레지스트(EUV-PR; 특수 감광 폴리머)의 경우, 고난도 기술이 필요하기 때문에 당장 국산화는 이루지 못했지만 미국 듀폰 회사를 투자유치하여 EUV용 포토레지스트 공장을 충남 천안에 짓기로 결정함으로서, 일본이 아닌 해외 기업 유치로 안정적인 공급망을 확보한 셈이다.

또 다른 규제 품목의 하나로, 주로 폴더블 스마트폰이나 롤러블 TV 등 휘어지는 디스플레이에 사용하는 플루오린 폴리이미드 국산화가 한참 진행중이다. 국내업체 중에는 코오롱 인더스트리가 경북 구미에 생산설비를 갖추고 양산에 들어갔으며, SKC도 연간 100만m²를 생산할 수 있는 대규모 설비를 충북 진천에 갖추고 테스트를 진행중에 있다고 한다.

앞에서 언급한 바 있는 한국에 대한 일본 수출규제의 공격에 일본이 오히려 당했다는 보도가 실감나게 현실화되고 있다. 일본의 니혼게이자이 신문 최근 보도에 의하면 세계 불화수소 1위 업체인 스텔라케미파 회사의 고순도 불화수소 출하량은 같은 기간 30%나 감소했으며, 그 결과 1분기 매출과 영업이익이 전분기 대비 각각 12%, 32% 감소했다고 한다. 이어서 이 신문은 '이러한 기업들은 일본정부에 한국 대기업에 대한 납품 물량을 원상 복귀시켜 달라고 요청 중이지만, 한국 기업들이 다시 일본산 소재를 사용하기 위해 감당해야 할 리스크가 너무 커졌다'고 진단했다. 한편 국내 반도체-디스플레이 업계는 '공급처를 바꾸기도 어렵지만 다시 일본제로 돌리는 일은 전혀 고려하지 않고 있다'고 말했다고 한다.

주요 언론매체들은 이와 같이 소재 공급 안정화와 국산화가 조기에 이뤄질 수 있던 배경에는 정부의 소재-부품-장비 육성정책, 소재부품 수급대응지원센터 운영 등이 주효했으며, 이번 일본 수출규제의 난간은 극복했지만 민관 협력은 유지되어야 하고, 소재 경쟁력을 키우려면 정부 지원이 꾸준히 계속되어야 한다고 분석하고 있다.

결론적으로, 더욱더 나아가서 앞으로 반도체-디스플레이 산업의 구조개선이 이뤄지기 위해서는 반도체-디스플레이 소재-부품-장비의 생산 전문 중소기업을 육성 지원하여 세계로 진출하게 하는 여건이 조성되어야 할 것이다. 대기업은 중소기업과 상생화 노력을 통한 상호협동과 더불어, 정부의 이 분야 발전을 위한 집중적인 육성 및 지원의 증강이 절실히 필요하며, 이 업계기술자들이 우대받는 분위기도 함께 조성되어야 할 것이다.

(2021.05.16, 과학 이야기, 과학 칼럼)

추기 :

작년 한국물리학회 홍보지 물리학과 첨단기술의 머릿글인 <과학의 창>에 일본의 악랄한 수출규제로 반도체-디스플레이 산업계가 위기에 처했을 때 그 극복방안으로 수입다변화와 국산화를 제시하면서 기초과학 육성의 중요성을 강조했었다.

이 글은 그 이후 수출규제를 전화위복의 계기로 해서 그 극복과정 및 국산화 성과 그리고 앞으로의 산업계의 구조개선을 위한 대책 등에 대해서 이야기한 것이다.

- 김기홍(전 (주)서전안경 전무);

이장로 학장님!!

유익한 정보, 멋진 글을 잘 읽었습니다.

과거, 가공 수출 위주 정책 때문에 소재산업이 열악했던 한국의 기술 취약점이 일본의 첨단소재 수출규제로 인해 오히려 한국의 소재산업의 절박성을 인식하게 만든 계기가 되었습니다. 그러나 지금은 국산화가 실현되고 수입다변화가 성공적으로 진행되고 있는 현상은 전화위복이라 할 수 있네요. 다행입니다.

이 학장님 같은 원로들이 한국의 중요현안을 점검해 준다는 것은 후배 학자들에게 시사하는 점이 많을 것입니다.

시의적절한 선택이 아닐 수 없습니다.

이런 좋은 글을 더 많이 더 오래 써주면 좋겠습니다.

김형석, 김동길 같은 분들도 계속 글을 쓰고 계시는 걸 난 참 좋게 보고 있으며 배울 점이 많은 것 같습니다.

우리 이장로 학장님도 더 힘을 내주면 좋겠습니다.

감사합니다.

- 박재년(전 숙대 전산원장);

수출규제를 당함으로서 공급 다변화와 국산화로 오히려 전화위복이 되었네요. 일본이 이제는 까불지 못하겠습니다.

대한민국은 코로나 시국에도 화이팅입니다.

- 박병록(성가롤로 병원 건강진단센터 소장);

일본의 거만한 수출규제에 대하여 TV와 신문을 통하여 단편적으로 알고는 있었으나 교수님의 기고문을 읽고 자세히 알게 되었습니다.

부자는 교만해서는 안 되고 가난할 때는 아첨하지 않아야 하거늘, 일본의 교만이 저희에게는 전화위복이 되었군요.

유익한 글 보내주셔서 감사합니다.

건강하십시요.

21C 기술 혁명을 주도하는

나노기술Nano-Technology

　모래알갱이 크기만한 초소형 컴퓨터가 인간의 생활 주위 어느 곳에서나 네트워크로 연결되어 인간의 삶을 편리하게 만들어주는 유비쿼터스Ubiquitous: '언제나 어디서든 있는'을 의미하는 라틴어 컴퓨팅 환경이 구축될 새로운 지식정보혁명시대가 다가오고 있다. 이와 같은 일은 나노기술Nano Technology: NT - 원자 또는 분자 수준에서 제조기술의 발전으로 가능해지고 있다.

　나노Nano는 10억분의 1을 뜻하는 접두사로 그 어원은 난쟁이를 뜻하는 희랍어 '나노스'에서 유래된다. 1나노미터(nm)는 1미터의 즉 10억분의 1의 크기이다. 사람이 맨눈으로 볼 수 있는 최소 물체가 10,000 nm 정도이고 박테리아 세포가 수백 nm이고 사람의 머리카락 두께가 5만 nm이니 즉 나노는 수소 원자 열 개가 한 줄로 늘어서야 겨우 1 nm가 될 정도로 작은 값이다. 이러한 극미의 나노세계에서는 뉴턴의 물리

법칙은 성립하지 않고 양자역학의 지배를 받는다.

미국 국립 나노기술지원단NNI은 '나노'를 '다음에 올 산업혁명'이라 부를 정도로 나노기술은 21세기를 이끌어 갈 핵심과학기술이다. 나노기술은 정보통신분야, 생명과학분야, 환경분야 산업의 발전을 위한 가장 중요한 기반 기술로 인식되고 있으며, 선진국들의 치열한 경쟁이 벌어지고 있다. 나노기술은 원자나 분자들을 적절히 결합시켜 기존물질의 특성 개선은 물론이고, 신물질, 신소재 창출에 더욱 적합한 기술이다.

우리가 사용하고 있는 컴퓨터에는 이미 나노기술이 사용되고 있다. IBM사는 컴퓨터의 정보저장장치인 하드디스크 드라이브 헤드에 거대자기저항Giant magnetoresistance/스핀밸브Spin valve를 이용한 나노 재료를 적용, 전 세계 하드디스크 드라이브 헤드 시장을 선점하다시피 하고 있는 실정이다.

필자도 이러한 나노재료분야에 수백편의 국제 및 국내 논문발표, 학술활동 그리고 국제 및 국내특허등록을 통하여 나노연구에 참여하고 있다.

IBM의 Rohrer 박사 등이 발명한 주사형 터널형 현미경은 탐침에 전기를 가하여 원자들을 끌어 모아 극미한 원자들의 선이나 글씨를 쓰는 기술로, 아주 작은 전기회로를 반도체에 새겨 집적도 높은 기억소자나 연산장치를 만드는데 이용할 수 있다. 핵심동작부분이 수십 nm 이내로 개발 중인 단전자 트랜지스터는 전자 하나로도 on-off를 조절하는 스위치로 사용 가능하고 또 연산작용이 가능하여 전력소모가 거의 없으며 마이크로 기술에 의존하는 기존의 프로세서 보다 수백 배의 집적이 가능하다. 또 이 단전자소자와 더불어 화학분자를 사용한 분자전자소자도 개발되고 있는데 이들 소자에서 전자의 이동은 도선 내를 물 흐르듯 이동하는 것이 아니라 길이 막힌 절연층의 장벽을 허물지 않고 뚫고 지나가는 즉 터널링을 통해 이동하게 되는데, 이는 양자역학법칙이 성립하는 세계에서의 현상이다.

이인식 편저, '나노기술이 세상을 바꾼다'에서 보면 앞으로 이와 관련한 나노기술이 획기적으로 발전할 것으로 기대되며 초지능-초소형 손목컴퓨터 제작도 가능하리라 보여진다. 이 컴퓨터는 그 처리속도가 무척 빨라야 하며 복잡한 전자회로, CPU, 메모리 등 컴퓨터 부품들이 동전만한 크기 안에 모두 집적되어 있고 태양전지를 전원으로 하기 때문에 무거운 충전기가 필요 없게 된다. 이 손목컴퓨터는 모든 일들을 무선통신으로 직접 처리할 수 있어 집 밖에서도 로봇에게 집안일을 하도록 명령을 내릴 수도 있고 해외 여행시 실시간 동시통역 기능을 통해 외국인과 자유롭게 대화가 가능하게도 해 주고 있다.

한편 노스웨스턴 대학 래트너 교수가 제시한 나노기술의 생활필수용 신소재 사용의 예는 다음과 같은 것들이 있다. 자동차 유리에 피부암을 유발하는 자외선을 차단하는 물질을 입혀 스위치만 누르면 투명에서 진파랑색으로 변화되어 선팅 대신 사용가능하고 유리창이나 자동차 몸체에 매우 단단한 층을 입혀서 흠집이 생기지 않게 할 수도 있다. 때가 타지 않고 항균성 나노입자가 박힌 욕실 타일 제작이 가능하여 곰팡이 오염을 억제하여 욕실 위생을 향상시킬 수도 있다. 요즘 쓰고 있는 평판형 액정디스플레이LCD보다 훨씬 재현 속도가 빠르고 부드럽고 또렷한 동영상을 보여줄 수 있는 향상된 발광다이오드

LED 디스플레이의 개발이 이미 상용화되고 있다. 첨단분자규모 나노복합물로는 때가 타지 않고, 천연섬유처럼 편안하면서도 합성섬유처럼 질기고 항균성분이 들어있는 의복제작이 가능하다.

또한 강철보다 10배 이상 강하지만 무게는 가벼운 탄소나노튜브는 연료전지, 항공기, 방탄복제조용 복합소재로 쓰이며 중금속과 다이옥신 같은 환경오염물질 제거능력이 뛰어난 다공성 나노물질 제조가 가능하다. 또 나노 크기의 무기점토와 고분자 나노복합체로 평생 사용 가능한 타이어 개발이 가능하고, 피부의 세포간격보다 작아 흡수력이 강한 나노구조체로 주름살 제거 화장품, 자외선 차단 선크림, 미백화장품 등이 제작가능하다.

의료분야에서의 응용전망에 대하여 서갑양 지음 '나노기술의 이해'에 의하면 의료분야에서는 백혈구보다 작게 만든 자성체 나노로봇 Nano Robot을 제작 사용하여 혈관 속에서 백혈구와 함께 병균과 싸우게 하며, 상처부위에 필요한 약물을 공급하게도 하고, 외부자기장의 조종을 받아 암세포 부위로 이동하여 로봇팔로 암세포 파괴가 가능하며, 나노입자를 사용하여 보다 정확한 임신진단 기구 제작이 가능해지며 앞으로 탄저병에서 에이즈까지 모든 질병을 나노기술을 통해 자가진단이 가능하고 더 나아가 치명적인 질병을 치료 내지 완치하는 것도 가능할 것으로 내다보고 있다.

이상의 나노기술에서 본 바와 같이 나노기술의 응용분야는 무궁무진하다. 나노기술의 응용분야가 전자, 재료, 기계, 의약, 환경, 농업 및 에너지, 국가안보 등 그 영향이 미치지 않는 곳이 없을 정도로 경제적, 기술적 파급효과가 막대하다.

우리나라에서도 2001년 국가나노기술 종합발전계획안이 마련되고 미래창조 과학기술부 주관 21세기 프론티어 사업으로 "테라급 나노소자 개발사업단"이 KIST 단지 내에 설치돼 테라급 나노소자개발에 대한 연구로 많은 성과를 내었다. 이에는 많은 대학 교수를 비롯한 과학자가 참여하였으며 또한 KAIST에서 나노종합팹센터 구축사업이 완료되어 국내 나노과학기술 발전에 중심적인 역할을 하고 있다.

특히 최근 국내의 연구개발에서는 나노분말, 카본나노튜브CNT, 그래핀 등 나노 소재가 전자기파 차폐 성능이 우수하다는 것이 알려져 있고, 나노 소재의 대량생산기술이 발전함에 따라 이를 산업화하기 위한 글로벌 경쟁이 본격화하고 있다. 작년 10월 우리나라가 개최한 나노 분야 국제표준기구 위원회IEC TC113에서도 이 분야 산업을 지원하기 위한 각국의 기술 규격 표준화가 활발히 진행되고 있음을 알 수 있다.

따라서 혁신적이고 창의력 있는 과학자들의 끊임없는 노력만이 나노기술을 보다 성공으로 이끌 수 있을 것이다.

<참고문헌>

1. "Cover Story – Nanotechnology". Chemical and Engineering News. 81(48): 37-42. December 1, 2003.

2. Drexler, K. Eric, Engines of Creation: The Coming Era of Nanotechnology, (1986).

3. 강찬형, 재미있는 나노기술여행, 양문출판사, (2006).

4. 서갑양, 나노기술의 이해, 서울대학교출판문화원 (2001).

5. 이인식 엮음, 나노기술이 세상을 바꾼다, 김영사 (2002).

(2001.01.07, 과학 칼럼, 숙대 신보)

제2장

가상물리계, 수소차, 3D/4D 프린팅

사이버 물리시스템Cyber Physical System; 假想 物理系 I / II

수소차Fuel Cell Electric Vehicle, FCEV, 水素車의 현재 I / II

3D, 4D 프린팅printing 기술

사이버 물리시스템Cyber Physical System; 假想 物理系 I

다양한 지능형 장치 및 언제 어디서나 가능한 무선통신기기가 급증하고 컴퓨터 및 메모리성능의 발전이 계속되고 있다. 앞으로 컴퓨팅이 여러 응용분야에 미치는 영향이 증대될 것이라는 전망이 나오면서, 컴퓨터가 단순히 사이버시스템Cyber System이라는 개념을 넘어서게 되어, 그것이 물리시스템Physical System과 상호 교류하는 사이버 물리시스템Cyber Physical Systems, CPS이 새로운 개념으로 주목을 받기 시작하였다.

다양한 기계 및 전자 장비에 삽입되어 우리가 원하는 조작과 작동을 효율적으로 가능하게 하여 인간의 삶의 질을 크게 향상시키는 전통적인 임베디드 시스템embedded systems과는 달리, CPS는 컴퓨팅시스템과 물리세계와의 밀접한 상호관계를 가능하게 한다. 사이버 시스템과 물리시스템의 통합적 시스템으로서의 CPS 과학기술이 21세기 정보통신 융합 신기술로 떠오르고 있다.

일상생활에서 주로 사용되고 있는 각종 전자기기, 가전제품을 비롯하여 통신기기, 자동차 등에는 이들을 운용 및 제어할 수 있는 컴퓨터가 장착되어 있다. 제어가 필요한 기기의 두뇌 역할을 하도록 내장된 시스템을 임베디드 시스템이라고 한다. 스마트폰, MP3 플레이어, 카메라, 애완용 강아지 로봇, 내비게이션, 화재 감지기 등의 임베디드 시스템은 우리 생활에서 손쉽게 접할 수 있다. 이런 시스템들은 실시간 처리, 소형화, 저전력 운용, 저비용을 특징으로 하며 다른 시스템과의 상호작용 없이 특정 목적을 달성하기 위해 독자적으로 동작한다. 임베디드 시스템이 내장된 전자기기는 사용자 요구에 따라 동작하기 때문에 단방향이고 폐쇄적인 물리시스템이라 볼 수 있다.

한편 물리시스템은 환경, 시간 및 인간과의 상호작용에 따라 시스템의 상태가 변화하게 되는데 임베디드 시스템은 이런 요인들에 따른 결과에 대해 종합적인 고려 없이 주어진 기능만을 수행한다. 그러나 센싱sensing; 신호감지장치, 엑츄에이팅actuating; 작동장치 기술과 더불어 분산 네트워킹distributed networking; 여러 대의 컴퓨터나 데이터 뱅크가 연결된 시스템의 확장기술이 발전하고, 제어 및 시스템 이론의 발전에 따라 임베디드 시스템은 인간과의 양방향 작용이 강조되는 형태로 진화하기 시작하였다고 DGIST 손상혁 교수는 논문 '융합의 또 다른 이름, 사이버 물리시스템'에서 설명하고 있다.

다시 말하면 우리가 살고 있는 물리 세계에 존재하는 인간, 교통 시스템, 빌딩, 집, 전자제품, 전력망 및 인터넷 같은 사회기반시설, 로봇 등 물리공간의 개체들을 포괄하는 물리시스템을 제어하기 위해, 데이터를 수집하고 연산이 이루어지는 소프트웨어가 존재하는 가상의 컴퓨팅 공간을 총칭하여 사이버 세계라고 할 때, CPS는 사이버 세계와 스마트 사물, 인간, 운영환경을 포함하는 물리시스템과 긴밀한 상호작용을 위한 통합적 실시간 자율제어 시스템이라고 할 수 있다.

CPS는 기능적으로는 연산Computation, 통신Communication, 제어Control가 융합된 복합 시스템으로 실시간성, 지능화, 적응성 및 예측성, 연결성 등 주요 특징을 가진다. CPS는 물리 세계에서 발생하는 변화를 감지할 수 있는 다양한 센서를 통해 환경 인지 기능을 수행한다. 사이버 세계에서는 센서로부터 수집된 정보와 물리 세계를 재현 및 투영하는 고도화된 시스템 모델들을 기반으로 물리 세계를 인지, 분석, 예측한다. 그 결과로 생성된 제어정보는 물리시스템에 입력되어 물리시스템을 우리가 원하는 방향으로 변화시킨다.

사이버 시스템은 실시간으로 수집되는 대량의 데이터를 처리해야하는 양적인 복잡함이 존재하고 물리 세계에서는 수많은 물리적 영역을 연결해야하는 질적인 복잡함이 존재한다. 그러나 최근의 다양한 센서의 개발, 센서의 소형화, 빅데이터 기술 등을 통해 센서가 생성해내는 막대한 양의 데이터 중에서 특정 상황에 관련된 데이터를 실시간으로 처리 가능한 기술 단계에 접근하였고 머지않은 장래에 사이버 물리시스템의 복잡한 문제를 극복할 수 있을 것으로 보고 있다.

그러면 CPS를 통해 우리가 얻을 수 있는 것을 들어 보면 첫째, CPS를 통하여 물리 세계에 관한 보다 많은 정보를 보다 적시에 제공받게 되며 이를 통해 물리세계에 대한 이해를 높일 수 있다. 둘째, CPS는 기존의 자동제어 시스템을 포괄하는 개념으로 여러 측면에서 시스템의 자율성autonomy을 가능하게 한다. 셋째, CPS를 통하여 안전성Safety이 대폭 향상될 것이다. 즉 물리 세계와 밀접하게 융합된 시스템을 통하여 물리 세계를 정확히 분석할 수 있을 뿐 아니라 빠르게 반응함으로써 안전성을 향상시킨다는 것 등이다.

각국의 CPS 연구의 상황을 살펴보면 미국 등의 선진국들은 이미 이러한 CPS의 가능성에 주목하고 있다. 2010년에 보고된 미국의 대통령 과학기술자문위원회의 보고서에 따르면, CPS가 국가 경쟁력 강화를 위한 최우선 연구 과제로 선정되었으며 실제로 2009년부터 과학재단 National Science Foundation을 통한 대규모 연구 지원을 시작하였다. 현재 CPS 분야를 선도하고 있는 미국은 CPS의 핵심적인 응용 분야로 스마트 팩토리, 스마트 교통 시스템, 스마트 그리드, 스마트 헬스케어 시스템, 스마트 홈/빌딩 시스템, 스마트 국방 시스템, 스마트 재해대응 시스템 등 7가지 분야를 제시하였다. 유럽의 경우도 연구 투자가 활발히 진행되고 있다. 일본은 연간 약 250만 달러 규모의 재난대응 및 헬스케어 분야 CPS 연구 지원을 하고 있는 실정이다. 그러나 우리나라의 경우 아직 CPS 관련 연구가 걸음마 단계에 머무르고 있다. 특히 조직화된 대규모 기초 연구 및 그에 걸맞은 지원이 매우 부족한 상태이다.

CPS는 이미 우리 사회 전반에 스며들기 시작했고 그로 인한 변화가 시작되었다. CPS는 정밀농업, 빌딩제어, 국방, 위기대처, 에너지, 제조업과 산업, 사회기반과 같은 다양한 분야에서 효율성과 생산성을 획기적으로 향상시키리라 기대된다. 특히 예상하지 못한 위기 상황에도 유연하게 대처할 수 있도록 높은 신뢰성과 안전성을 보장할 수 있는 무결점zero-defect지능 시스템을 CPS 기술로 제공할 수 있을 것으로 기대하고 있다. 미래의 CPS는 상상을 현실 세계에서 구현할 수 있도록 하고 다양한 분야에 적용되어 안정성, 효율성, 신뢰성, 보안성에 혁신적인 변화를 가져와 새로운 부가가치를 창출하게 될 것이다.

<참고문헌>

1. 손상혁, DGIST, 융합의 또 다른 이름, 사이버 물리시스템, 지식의 지평 21, 2016.

2. B. Warneke, K.S.J. Pister, "MEMS for Distributed Wireless Sensor Networks," in Proceedings of International Conference on Electronics, Circuits and Systems, 2002.

3. Suh, S.C., Carbone, J.N., Eroglu, A.E.: Applied Cyber-Physical Systems, Springer, 2014.

4. D.D. Gajski, S. Abdi, A. Gerstlauer, and G. Schirner, "Embedded System Design - Modeling, Synthesis, and Verication", Springer, 2009.

5. R. Rajkumar, I. Lee, L. Sha and J. Stankovic, "Cyber-Physical Systems: The Next Computing Revolution,"in Proceedings of Design Automation Conference(DAC), 2010 47th ACM/IEEE, 2010.

6. Y. Liu, P. Ning, and M. Reiter, "False Data Injection Attacks Against State Estimation in Electric Power Grids", in Proceedings of the 16th ACM Conference on Computer and Communications Security, Chicago, Illinois, pp. 21-32, 2009.

7. Anis Koubāa, Bjorn Andersson, 2009, "A Vision of Cyber-Physical Internet", In Proc. of the Workshop of Real-Time Networks (RTN 2009), Satellite Workshop to (ECRTS 2009).

(2018.11.15. 과학 칼럼, 과학과 함께 걸어오다)

사이버 물리시스템Cyber Physical System; 假想 物理系 II

Suh, S. C. 교수 등의 논문 "Applied Cyber-Physical Systems, Springer, 2014."에서 제시하는 CPS의 미래응용분야에 대하여 몇 가지 살펴보기로 한다.

재작년 초 개최된 다보스포럼의 주제는 '4차 산업혁명의 이해 Mastering the Forth Industrial Revolution'로 4차 산업혁명에 전 세계의 이목이 집중되고 있다. 기술적 혁신과 이로 인해 일어난 사회경제적 큰 변화가 나타난 시기를 우리는 '산업혁명'이라고 부른다. 그 흐름에서 보듯, 증기기관의 등장을 시작으로 공장생산체제를 일컫는 1차 산업혁명(1750년대), 전기동력이 등장함으로써 대량 생산 체제가 가능해진 2차 산업혁명(1900년대), 정보통신기술ICT의 발전으로 인한 정보화, 자동화 체제가 가능해진 디지털 혁명인 3차 산업혁명(1970년대)을 거치면서 다가오는 제4차 산업혁명은 디지털혁명에 기반한 것으로, 물리적 공간, 디지털적 공간 및 생물학적 공간의 경계가 희석되는 기술융합의 시대로 정의된다. 4차 산업혁명은 사이버 물리시스템CPS에 기반한 것으로,

전 세계의 산업구조 및 시장 경제 모델에 커다란 영향을 미칠 것으로 전망하고 있다. 즉 CPS는 4차 산업혁명의 중요한 키워드이다.

CPS의 미래응용분야의 또 한 예는 의료 및 헬스케어Medical and Healthcare Systems에 관한 응용이다. 전세계적으로 인구의 고령화가 급속하게 진행되고 있다. 미국의 경우 60세 이상이 인구의 25%가 넘을 것이라 예상된다. 또한 2010년 고령인구 의료비용이 GDP의 15%를 넘어선 상태이기 때문에 향후 고령화에 따른 엄청난 사회경제적 비용이 예상된다. 우리나라도 이와 유사한 상황으로 이미 고령화시대에 접어든 상태이다. 이에 따라 전세계적으로 고령화 시대의 사회경제적 비용 절감을 위한 핵심 기술로서 의료 CPS 기술이 절실하게 요구된다. 특히 의료 및 헬스케어의 물리적 요구사항을 ICT 기술과 융합하여 의료등급의 서비스를 제공하는 기능에 관한 연구가 필수적이다. CPS 글로벌센터에서는 미래의 헬스케어 시스템 개발을 통하여 고령화시대를 미리 준비하고 있다.

그리고 국방 및 제어시스템National Defense and Control Systems에 관한 응용이다. 국방과 관련된 사이버 물리시스템인 군사용 무인 정찰기가 외부의 사이버 공격으로 제어기능을 상실하여 상대국에 포획되는 사례가 2011년 보고되었다. 또한 국방 또는 기반사업에 해당하는 이란의 핵 처리시설 제어시스템이 사이버 공격을 받아 핵 프로그램이 크게 지연된 사례가 보고되었다. 이와 같은 공격들은 특정 사이버 물리시스템이나 제어시스템을 목표로 설계되었다는 특징을 갖는다. 따라서 사이버 물리시스템의 보안, 더 구체적으로는 악의적 공격으로부터 시스템의 기능을 보호하고 공격을 감지해내는 기술의 필요성이 높아졌다.

해외에서는 국방 및 제어시스템과 관련하여 위에 언급된 기술의 필요성에 대한 인식이 높아지면서 관련 연구가 주목받고 있는 추세이다.

또한 지능형 교통 시스템Intelligent Transportation Systems에 응용이다. 스마트 교통 시스템은 CPS 기술로 연간 60만 건 교통사고 중에 93%를 차지하는 인간의 실수로 일어난 사고를 잠재적으로 막을 수 있다. 스마트 교통 시스템에서는 교통 체계, 차량이 모두 지능화되고 CPS 기술이 각 요소에 적용된다. 지능형 차량의 최종 CPS 산물은 자율주행 차량이다. 자동차에 부착된 다양한 센서들로 주변 환경을 실시간으로 인지하고 통신을 통해 인지된 정보를 공유하고 최적화된 방식으로 제어하여 차량을 안전하고 효율적으로 조작할 수 있게 된다. 자율주행 차량은 GPS, 카메라, Radar, Lidar와 같은 센서들을 이용하여 주변 환경을 인지하여 주행 상황을 판단하고 차량을 제어한다. 센서들이 날씨에 영향을 받거나 예상치 못한 고장, 오류로 인해 제대로 작동하지 못하여 시스템의 자율인지 기능에 문제가 생길 가능성이 항상 존재한다. 또한 센싱이 힘든 사각지대 혹은 신호등이 없는 교차로 등에서는 예측하지 못한 사고가 발생할 수 있다. 센서의 오동작과 센싱 기능의 한계를 보완하기 위하여 차량 간의 통신을 활용하여 자율주행 차량의 안전성과 효율성을 높일 수 있다. 예를 들어 적응형 크루즈 컨트롤ACC처럼 선두 차량의 속도에 맞추어서 운전하도록 하면 불필요한 가속과 감속을 줄여 연비를 향상할 수 있다. 교통사고, 도로 공사, 병목현상, 유령정체Phantom Jam로 인한 교통체증은 생산성 감소와 연료 낭비를 야기한다. 이를 해결하기 위해서 교통흐름 유도 방안이나 유령정체를 없애는 방식이 제안되고 있다. 차량 간의 통신을 이용하여 사이버 세계는 교통정보를 수집하고 교통 체증 구간을 예측한다. 이로부터 차량은 우회 경로를 안내받거나 차량의 간격을 결정하여 그 거리를 유지한다. 교차로의 녹색신호 시간 내에 통과할 수 있도록 차량의 진입 속도를 미리 조절하여 에너지 효율성을 높일 수 있다. 반대로 교통량이 많은 차선의 원활한 흐름을 위해서 녹색신호의 시간을 늘리거나 교차로 대기시간을 최소화하는 형태로 교통신호를 효율적으로 제어함으로써 연료 소모를 줄일 수 있다.

이번에는 스마트 홈Smart Home 관련 응용이다. 근래 들어 국내 전력 사용량은 급격히 증가하고 있는 반면 전력공급량은 부족해지고 있는 상황이다. 실제로 2013년의 경우 전력 공급난에 따른 전력수요 제한조치까지 발효되는 지경에 이르렀다. 이에 따라 CPS 글로벌 센터에서는 거주자의 행동 패턴Activity of Daily Living을 다양한 센서를 이용하여 적극적으로 관찰하고 이 정보를 활용하여 가정 전력 사용을 최적화하는 것을 목표로 한다. 이러한 목적 달성을 위해 현재 "Doorjamb문기둥"이라는 연구 프로젝트를 수행하고 있다. Doorjamb은 초음파센서를 가정의 각 출입구에 배치해 거주자 식별 및 이동경로 파악, 더 나아가 어디로 이동할 가능성이 있는지에 대한 판단을 통해 가정의 전자기기들을 끄고 켬으로써 전력 사용의 최적화를 실현한다.

그러나 Doorjamb은 주로 거주자의 키 정보를 이용하여 거주자를 식별하므로 키가 비슷한 거주자는 식별하기 어려워진다. 이러한 문제를 해결하기 위해, 거주자의 걸음걸이와 몸무게 등의 다양한 정보를 활용하여 거주자를 식별하고 식별된 정보를 다른 감지센서들 및 작동장치들과 통신을 통하여 공유함으로써 보다 효율적으로 거주자의 이동 패턴을 파악하고 이를 통해 전력 사용량을 최적화한다. 이를 위하여, 압력 센서를 바닥에 배치하여 거주자 이동 시 바닥에 전해지는 압력을 실시간으로 측정하여 거주자의 몸무게, 걸음걸이, 그리고 발바닥의 압력 분포 등의 다양한 정보를 획득하고 그 정보를 이용하여 좀 더 정확한 거주자 식별을 가능하게 한다.

마지막으로 스마트 그리드Smart Grid 연구는 물리시스템인 전력망에 컴퓨팅 요소를 융합하는 CPS 기술을 접목하여 수요자 중심으로 전력이 공급되고, 생산성과 에너지 효율성을 최적화하는 응용이다. 스마트 그리드의 적용 예로, 낮인데도 불구하고 날씨의 영향으로 도로의 시야가 확보되지 않을 때 자동적으로 가로등이 켜지고 초저녁, 한밤중 등 주변의 환경에 따라 가로등의 조도가 조절되게 한다고 하자. 이것은 물리시스템에 해당하는 가로등과 연결된 전력망, 상황을 인지하고 제어하는 사이버 시스템 소프트웨어와 실시간 정보 교환 및 제어를 위한 통신망이 융합된 CPS에 해당한다. 가로등에 부착된 센서로부터 날씨, 주위 조도, 도로 위에 움직이는 자동차 존재여부 등의 정보를 실시간으로 수집하여 전력 사용량과 시간에 따른 적절한 밝기에 대한 제어 정보를 기반으로 가로등을 작동시킨다. 또한 현재의 전력 시스템은 약 10% 이하의 일정한 전력 예비율을 유지하여 전력을 생산하도록 설계되어 있다. 스마트 그리드에서는 전력생산과 소비 정보를 실시간 교환하여 소비자의 생활 패턴, 시간대별 에너지 가격, 날씨 등을 근거로 필요한 소비 전력과 비용을 정확하게 예측할 수 있다. 이를 바탕으로 잉여 전력은 다른 수요처로 재판매가 가능하므로 기존의 전력 시스템과 비교하여 생산성과 효율성을 획기적으로 높일 수 있다.

결론적으로 CPS 연구가 앞으로 나아가야 할 방향에 대한 제안을 살펴보면 첫째, 현재 CPS 연구 개발과 관련한 표준화가 시급히 해결되어야 할 것이다. 특히 CPS 구성 요소들 간의 통신, 데이터 타입 등에 관한 표준화가 이루어져야 한다. 표준화 없이는 시스템 구현의 어려움은 물론 대규모 시스템 설계, 다수의 CPS 간 연동 등 앞으로 일어날 변화에 어려움이 있을 것을 쉽게 예상할 수 있다. 둘째, CPS 기술은 다양한 환경에 적용 가능하도록 디자인되어야 한다. 셋째, 복잡한 CPS의 성능을 분석 및 평가하기 위한 시스템 개발이 시급하다. 넷째, 체계적인 시스템 개발방법이 이루어져야 한다 등을 들고 있다.

선진국에서는 CPS 기술이 21세기 사회 및 산업에 미치는 지대한 영향 때문에 과학기술분야의 새로운 도전적 연구 분야로 지정되어 국가적 차원에서 지원을 증대하고 있는 실정이다. 이제 초기 단계에 진입한 우리나라의 CPS 연구가 후발 주자로 주저앉아 있지 않기 위해서는 이론연구 및 원천기술 개발을 통한 시장 선점이 필요하며, 특정 환경에만 국한하지 않고 파급력이 큰 분야의 응용 기술 및 시범 적용을 통해 타 분야에까지도 확산되는 발판을 마련하도록 해야 할 것이다.

<참고문헌>

1. Suh, S.C., Carbone, J.N., Eroglu, A.E.: Applied Cyber-Physical Systems, Springer, 2014.
2. D.D. Gajski, S. Abdi, A. Gerstlauer, and G. Schirner, "Embedded System Design - Modeling, Synthesis, and Verication", Springer, 2009.
3. 손상혁, DGIST, 융합의 또 다른 이름, 사이버 물리시스템, 지식의 지평 21,

2016.

4. B. Warneke, K.S.J. Pister, "MEMS for Distributed Wireless Sensor Networks," in Proceedings of International Conference on Electronics, Circuits and Systems, 2002.

5. Anis Koubāa, Bjorn Andersson, 2009, "A Vision of Cyber-Physical Internet", In Proc. of the Workshop of Real-Time Networks (RTN 2009), Satellite Workshop to (ECRTS 2009).

6. R. Rajkumar, I. Lee, L. Sha and J. Stankovic, "Cyber-Physical Systems: The Next Computing Revolution,"in Proceedings of Design Automation Conference(DAC), 2010 47th ACM/IEEE, 2010.

7. Y. Liu, P. Ning, and M. Reiter, "False Data Injection Attacks Against State Estimation in Electric Power Grids", in Proceedings of the 16th ACM Conference on Computer and Communications Security, Chicago, Illinois, pp. 21-32, 2009.

(2018.11.15. 과학 칼럼, 과학과 함께 걸어오다)

수소차Fuel Cell Electric Vehicle, FCEV, 水素車의 현재 I

지난 4월 26일, 한국가스공사가 4조 7천억 원을 투입해 2030년까지 수소 연 173만 톤을 공급하고 수소 1kg당 가격을 4,500원까지 낮춘다는 목표를 세웠다고 발표하였다.

또 약 10년 내 수소 생산시설 25개를 만들고 수소를 운송할 수 있는 배관망 700km를 설치하기로 했다. 가스공사는 정부의 수소경제 활성화 정책에 발맞춰 공개한 이번 로드맵에서 수소 생산과 그 유통망을 마련하여 수소경제의 마중물 역할을 할 것이라고 밝혔다.

수소경제 활성화를 위한 첫걸음은 수소차, 수소발전 등에 쓰이는 수소를 만들어 보급해야 하는데 현재 한국의 수소산업 기술 수준은 초기 단계에 불과하다. 현재 국내 수소 1kg당 가격은 6,500~7,500원 수준이다. 수소를 상업적으로 활용하기 위해서는 수소 가격을 낮춰 다른 연료와 비교해 뒤지지 않는 경제성을 확보하는 것이 시급하다.

가스공사는 석유화학 공정에서 부산물로 생기는 저렴한 수소 활용을 확대하고 고기술·대량 공급 체계로 전환해 2030년까지 수소 가격을

1kg당 4,500원으로 낮춘다는 목표를 세웠다. 아울러 기술 향상과 해외 수입이 이뤄지는 2040년에는 3,000원까지 인하할 수 있을 것으로 추산했다.

그렇게 되더라도 현재의 기술로 수소 2kg을 가지고 약 100km를 운행할 수 있어서 100km 주행에 드는 수소값은 대략 9천원 수준으로 아직은 비싼 편이다.

통상 우리가 수소차(수소자동차)하면 수소내연기관자동차와 수소연료전지자동차가 모두 포함되는 말이므로, 이론상으로는 수소연료전지자동차(또는 수소전지자동차, 수소전기차)라는 명칭이 적합하지만 현재 수소차가 일반적으로 의미하는 바는 수소연료전지자동차Fuel Cell Electric Vehicle, FCEV이다.

현재 주로 연구되고 있는 수소차는 거의 대부분 수소연료전지 자동차이다. 즉 수소차는 수소를 연료로 하며, 수소연료전지를 통해 전기를 얻어 작동하는 차량이다.

수소차는 전기자동차 등과 함께 차세대 교통수단 후보로 각광받고 있으며, 내연기관 차량에 비해 연료비가 싸고, 출력이 높으며, 전기자동차에 비해 충전 시간, 주행 거리 등에서 장점이 있다. 다만 아직까지 충전소 등 교통기반시설면에서 볼 때 차기교통수단의 경쟁상대라고 할 수 있는 전기자동차가 예상 외로 급격하게 성장하면서 전기자동차에 크게 밀리는 상황이다. 그러나 전기자동차 특유의 개선하기 어려운 한계가 많은 관계로, 분명 수소자동차로 넘어가는 시기가 오기는 올 것으로 예상되고 있다.

수소차는 현존하는 전기자동차와 구조는 거의 똑같은데 배터리 대신 수소연료전지를 주전원으로 하고 있다. 수소를 연료로 하여 발전해서 전기로 구동력을 내므로 매연이 없고 성능도 우수하다. 수소차가 별도의 배터리를 탑재할지 안할지는 선택사항이지만 일반적으로는 회생제동을 활용하기 위해 작게나마 탑재하는 편이다.

한편 수소를 연료로 사용하는, 즉 일반적인 내연기관과 동일하게 수소 기체를 연소해서 달리는 내연기관 자동차가 있다. 이러한 수소 내연기관 자동차도 연료전지와 마찬가지로 수소 특유의 친환경성과 고성능은 그대로 가지게 된다. 그러나 수소연료전지보다 효율이 훨씬 나쁘고 연료 특성에 맞춰서 연소 시스템을 모두 새로 개발해야 하는 데다 특별한 장점이 없으면서 내연기관의 단점은 다 가지고 있기 때문에 아직 연구 단계이며, 아직은 주목받지는 못하고 있다.

그러면 수소차는 전기차와 어떻게 다른가? 수소차는 친환경차이다. 전기차는 결국 화석연료나 원자력 발전을 통해 생산된 전기를 원료로 사용해 엄격한 기준에선 친환경차로 보기 힘들다. 반면 수소차는 전기차와 동일하게 배터리에 의존하지만 고갈 우려가 없는 수소를 태워 전기를 만드는데 연료에 탄소(C)나 다른 불순물이 없고 수소와 산소가 만나 물이 생성될 뿐이므로 유해한 배기가스가 전혀 나오지 않고 배출가스 대신 물(수증기)만 내놓게 된다.

가장 큰 차이는 전기차에는 전기를 공급해 충전하는 이차전지가 쓰이지만, 수소차에는 수소와 산소가 결합할 때 발생하는 화학에너지를 전기에너지로 바꾸는 연료전지가 쓰인다. 기존의 가솔린엔진차는 휘발유를 태울 때 화학에너지가 방출되며 발생하는 열을 이용하지만 수소차는 수소와 산소가 결합할 때 발생하는 화학에너지를 열이 아니라 전기에너지로 변환해 사용하며, 그 장치가 바로 수소연료전지이다.

수소연료전지의 구조는 두 개의 전극과 그 사이에 수소이온을 전달하는 전해질막으로 구성된다. 한 전극에는 수소를, 다른 전극에는 산소를 각각 공급하여 수소 측 전극에서는 수소분자가 수소이온과 전자로 분리되고, 수소이온은 전해질 속으로 이동해 산소 측 전극으로 전달하게 되고 수소이온과 산소가 결합하면서 물이 생기게 된다. 이러한 즉 수소의 화학에너지가 전기에너지로 변환되는 과정을 거치면서 두 전극 사이에 약 0.7볼트(V)의 전압이 발생한다. 이것들을 여러 개 직렬로 연결하여 원하는 전압을 얻을 수 있다.

수소연료전지의 성능은 수소 분자를 이온 상태로 분리하고, 분리된 수소 이온을 산소와 결합하는 과정을 얼마나 효율적으로 진행하느냐에 달려 있다. 현재까지는 이 반응을 촉진하는 촉매제로 백금이 1대당 약 70g 필요하게 되는데 업체들이 이 고가의 백금을 대체할 효율적이고 저렴한 촉매 물질을 개발하려고 치열한 경쟁을 벌이고 있다. 수소차는 탱크에 수소만 있으면 언제든 연료전지가 작동되며, 탱크에 수소를 충전하는 시간도 2, 3분이면 된다. 급속 충전을 해도 1시간가량 소요되는 전기차와는 다르다. 1kg당 100km의 주행거리를 제공함으로 한 번 충전으로 주행거리가 500~700km로 전기차의 약 2배 가량 된다.

또한 수소차가 뛰어난 공기 정화 능력을 가지고 있다. 현대자동차가 출시한 수소차의 경우 수소연료전지 스택stack이 효율적으로 작동하기 위해서는 미세먼지가 제거된 청정한 공기가 필요하므로 수소차는 달리는 동안 주변 공기를 빨아들여 정화한 후 수소연료전지에 사용하고 다시 배기구로 깨끗한 공기를 내보내게 된다. 그래서 매연이 나오기는커녕 오히려 공기정화기로써의 기능도 수행할 수 있다. 현대 수소차의 경우 한 시간 주행 시 26.9kg의 공기를 정화할 수 있는데, 이는 성인 42명이 한 시간 동안 호흡하는 공기량에 해당한다. 10만 대가 승용차의 하루 평균 운행 시간 2시간을 주행할 경우, 성인 35만 5,000여 명이 24시간 동안 마실 공기, 845만 명이 1시간 동안 호흡할 수 있는 공기가 정화되는 것을 알 수 있다.

그렇다고 수소차가 대기오염을 전혀 일으키지 않는다고 볼 수는 없다. 연료인 수소를 제조하는 과정에서 약간의 이산화탄소 등의 온실가스가 발생하지만 전기차나 내연기관차보다는 보다 더 친환경차인 것은 분명하다.

<참고문헌>

1. "How Do Hydrogen Fuel Cell Vehicles Work?", Union of Concerned Scientists, accessed July 24, 2016.
2. "The World's First Mass-Production of FCEV", accessed November 18, 2018.
3. "Hyundai ix35 Fuel Cell", accessed November 18, 2018.
4. "Types of Fuel Cells", Archived 2010-06-09 at the Wayback Machine, U.S. Department of Energy, Retrieved on: 2008-11-03.
5. 안병기, 친환경 수소·연료전지차 개발 동향, 52권, 제2호, 34-38, 기계저널 (대한기계학회)(2012).
6. 이범규, 친환경자동차(전기차, 수소차) 활성화를 위한 충전시설 확충방안 —Expansion of Charging Infrastructure for Eco-friendly Vehicles (EV and

FCEV), 정책연구 2018-28, 대전세종연구원.

(2019.05.22, 과학 칼럼, 포커스 데일리)

수소차Fuel Cell Electric Vehicle, FCEV, 水素車의 현재 II

앞에서는 정부의 수소경제 활성화 로드맵road map, 수소차의 구조 및 성능, 수소차의 전기차와의 비교, 그리고 수소차의 장단점 등에 대해 살펴보았다.

여기에서는 먼저 지금까지의 수소차의 연구동향을 알아보자. 수소를 생산할 수 있는 대표적 방법 중 하나가 전기 분해다. 즉 물(H_2O)을 전기분해해서 산소(O_2)와 수소(H)를 만드는 '수전해 반응' 과정에선 촉매제觸媒劑로 주로 비싼 백금을 쓴다. 국내 연구진에 의하여 현재 쓰이는 백금 촉매보다 80배 적은 양인 극소량의 백금만 사용하고도 수소 생성 활성도를 100배 높이는 새로운 촉매를 개발하여 수소경제를 앞당길 수 있어 주목받고 있다. 여기에서는 머리카락보다 가는 탄소 나노 튜브에 백금을 극미량 도포한 촉매를 개발한 것이다. 또, 한 다른 연구는 전극에 루테늄-그래핀 촉매를 적용한 연구가 진행 중이다. 백금 가격의 4% 수준인 저가 귀금속 '루테늄Ru'과 신소재 '그래핀graphene'을 결합한 촉매는 기존 백금 촉매보다 가격이 싸고, 반영구적으로 사용할 수 있으며 전기분해에 필요한 최소 전압도 낮아서 전력 사용량을 줄일 수 있는 장점이 있다. 이 연구는 1~2년 이내에 실용화가 될 것으로 내다보고 있다.

그동안 국내에선 수소차는 수소 공급을 위해 수소탱크를 싣고 다녀 폭발 가능성이 크다는 괴담이 돌아다니기도 하였다. 수소폭탄은 우라늄이 있어야 핵융합核融合을 일으킬 수 있어 수소로 전기를 일으키는 수소차와는 완전히 다르다. 이 괴담은 터무니없는 이야기이다.

수소경제를 지지하는 측 주장은 1. 수소는 우주의 75%를 차지할 정도로 무한한 에너지이며, 2. 온실가스를 배출하지 않는 대표적 청정 에너지이다. 3. 수소는 리튬이온 배터리를 이용한 에너지저장장치Energy Storage System, ESS보다 전기를 장기간 손실 없이 안전하게 저장할 수 있다. 4. 수소연료전지차는 전기차보다 주행거리는 길고, 충전시간은 짧다. 5. 주행하면서 대기 중의 미세먼지를 정화하는 효과도 있다. 6. 또 수소연료전지는 그 자체가 작은 발전소이기 때문에 발진원을 최종 소비자 가까이에 따로 배치하는 이른바 '분산전원分散電源'이라는 세계적 흐름에도 부합한다 등이다.

반면, 수소경제를 반대하는 측에서는 기술적 측면뿐 아니라, 세계적 흐름이나 수용성 측면에서도 적합하지 않다고 말한다. 반대론자들의 주장은 1. 수소연료 탱크중량 때문에 화석연료보다 차지하는 무게가 오히려 더 크다. 2. 수소충전소 시설부족으로 충전이 어렵다. 3. 수소연료전지 가격이 비싸다. 4. 수소운용비용이 비싸다. 5. 수소연료단가가 아직은 비싸다. 그리고 6. 연료전지에 필요한 수소를 생산하는데도 이산화탄소와 같은 온실가스가 발생하기 때문에 지구 온난화를 막는 대안이 될 수 없다 등이다.

현재, 수소는 석유 정제 과정에서 나오는 부생副生 수소와 천연가스를 분해해서 얻는 수소가 대부분이다. 천연가스의 주성분인 메탄(CH_4)이나 휘발유의 주성분 옥탄(C_8H_{18})에서 수소를 분리해내면 온실가스의 핵심 원소인 탄소 또한 자연스럽게 발생하게 된다. 독일에서는 이미 천연가스를 통해 수소를 얻으면서도 대기 중에 온실가스를 배출하지 않는 기술을 상용화했다. 이 기술은 천연가스의 주성분인 메탄가스에 수증기(H_2O)와 이산화탄소를 주입해 온도를 올리면 수소와 일산화탄소(CO)로 분리되는데, 이 일산화탄소를 플라스틱 원료로 공급하는 방법이다.

그리고 전기분해(수전해)을 통해 청정수소를 생산하는 방법은 효율이 낮은 편이나 저렴한 비용으로 물을 전기분해하여 수소를 생산하는 연구는 세계적으로 꾸준히 이어지고 있다. KIST 청정신기술연구소에서는 깨끗한 방식의 수소 생산을 위한 연구개발 투자를 늘려가고 있어 2030년쯤이면 경제성을 갖춘 수전해 수소생산 기술이 완성될 것으로 보인다.

현재 수소차의 생산과 충전소 상황을 살펴보자. 셰일가스(석유를 품은 가스, shale oil)혁명으로 인한 저유가 기조가 계속되고 있고 전기차가 급격한 성장을 한 덕분에 주류에는 못 들어가고 그냥 연구적인 측면에서 소량 생산하는 수준에서 그치고 있지만, 현대자동차는 세계 첫 양산 수소연료전지 차량인 투싼을 출시하는 것으로 시작해서 현재는 양산체계를 갖춘 현대 넥쏘까지 출시할 정도로 가장 공격적으로 연료전지 차량 시장에 투자하고 있다. 4월 31일 현재기준 1년만에 넥

쏘 누적판매량 1,500대를 달성하였고, 현대 수소차는 유일하게 연속적으로 세계 10대 엔진에 선정하기도 하였다. 현대자동차는 2030년 수소차와 연료전지에서 모두 세계 시장 점유율 1위를 하는 것을 목표로 하고 있으며, 수소차 보급을 올해는 4,000대까지 늘리고, 2022년 8만 1000대, 2030년 180만 대를 거쳐 이후 수백만 대 시대로 빠르게 확대해 나갈 계획을 세우고 있다. 또 지금까지 누적 1조원 수준인 수소경제 효과는 2030년 25조원으로 규모가 커지고, 고용 유발 인원은 지금까지 1만 명 수준에서 2030년 20만 명으로 늘어날 것을 목표로 하고 있다.

독일 벤츠 또한 현대처럼 2019년 안에 GLC(C class급 SUV차) 기반의 수소차를 판매할 계획이며 BMW와 아우디 또한 2020년 전후로 발매를 계획하고 있다.

2019년 정부에서는 수소경제를 새로운 성장동력으로 추진하고, 이것을 미래 한국의 환경대책이자 미래 에너지 산업으로 키우기로 하면서, 충전소 설치를 강력하게 지원을 하겠다는 의지를 보이고 있다. 다시 말하면 정부의 수소차 지원정책에 힘입어, 수소차를 전략사업으로 육성, 보급하기로 하면서 충전소가 증가하고 있는 실정이다. 서울에서는 도심 수소충전소 설치가 가능해지면서 1호 도시 수소충전소가 될 서울 여의도 국회의사당 부지에 수소충전소가 설치되었다. 국토교통부 및 한국도로공사도 고속도로 휴게소 내 수소차 충전소 설치를 늘리겠다고 밝혔다. 따라서 수소차 보급 역시 가속화할 전망이다.

끝으로 수소전기차와 전기차의 앞으로의 전망에 대해 알아보자. 미국의 세계적 경제학자이며 미래학자 제러미 리프킨Jeremy Rifkin은

2002년 그의 저서 '수소 경제The Hydrogen Economy'에서 인류의 탈(脫)탄소화(연료에서 단위 질량 당 탄소의 수 감소화)와 관련하여 유망한 수소연료의 경제성을 설명하고, 또 이것을 통해 수소 혁명이 다가오고 있다고 하였다. 그는 석유 자원 시대가 곧 종말을 고하고 수소가 새로운 에너지 체계로 주목받을 것이라고 예견했다.

파리기후변화 협정(2015) 이후 환경 규제 및 정책이 강화되고 있어 무공해자동차인 수소차와 전기차 시장은 계속해서 성장할 것으로 전망된다. 수소차와 전기차는 미래 자동차 시장에서 현재 내연기관의 가솔린-디젤 기술과 유사하게 공존할 것으로 예상된다. 배터리 전기차는 단거리 운행과 승용차 개발에 유리하며, 수소전기차는 장거리 운행과 상용차 개발에 유리하다고 볼 수 있다. 수소차 기술과 전기차 기술은 상호 단점 보완이 가능하기 때문에 하나의 기술만 존재할 것이라는 단편적인 접근은 무의미하다고 판단된다. 국제에너지기구, 맥킨지, 블룸버그, 마켓앤마켓 등은 2030년 이후에도 수소전기차와 전기차는 공존할 것으로 전망하고 있다.

<참고문헌>

1. "Types of Fuel Cells", Archived 2010-06-09 at the Wayback Machine, U.S. Department of Energy, Retrieved on: 2008-11-03.
2. 안병기, 친환경 수소·연료전지차 개발 동향, 52권, 제2호, 34-38, 기계저널 (대한기계학회) (2012).
3. 이범규, 친환경자동차(전기차, 수소차) 활성화를 위한 충전시설 확충방안 – Expansion of Charging Infrastructure for Eco-friendly Vehicles (EV and

FCEV), 정책연구 2018-28, 대전세종연구원.

4. "How Do Hydrogen Fuel Cell Vehicles Work?", Union of Concerned Scientists, accessed July 24, 2016.

5. "The World's First Mass-Production of FCEV", accessed November 18, 2018.

6. "Hyundai ix35 Fuel Cell", accessed November 18, 2018.

(2019.06.19, 과학 칼럼, 포커스 데일리)

3D, 4D 프린팅printing 기술

최근 서울의 어느 대학 병원에서 3D 프린터를 사용하여 인간의 두 개골을 제작하여 이식에 성공했다는 보도가 있었다. 얼마 전까지만 해도 프린터하면 종이에 그림이나 글자를 인쇄하는 것으로 알고 있었 다. 그러면 3D 프린트가 어떠한 기능이 있기에 인간의 두개골까지를 제작할 수 있다는 것일까?

지금까지의 2D 프린터는 종이를 인쇄하는 것인데 대해 3D 프린터 는 3차원 물체를 기존의 절삭가공 방식이 아닌 쌓아가는 방식으로 실 물제품을 찍어내는 프린터이다.

호드 립슨 지음 '3D 프린팅의 신세계'에서 제시하는 3D 프린터의 가장 큰 장점은 제작하는 크기의 범위 내에서는 복잡한 모형의 형상 일수록 그 기능을 잘 발휘하여 찍어 냄으로써 기존의 절삭 가공의 한 계를 넘어서는 점이라 할 수 있다고 한다. 이것은 바닥에서 위로 재 료를 쌓아가는 방식이기 때문에 제품형상 구성에 한계가 없어 인간이 상상하는 어떤 모양도 출력이 가능하다는 것이다. 현재의 문제점으로는 프린터 출력시간, 재료종류, 재료강도, 재료색상 등이 제기되고 있지만 시제품이나 실물크기의 모형용 제품 개발에는 특수한 경우를 제외하고는 문제가 없는 것으로 알려져 있다.

단지 양산제품을 대량으로 찍어내는 경우에는 부족한 점이 없지 않지만 여러 종류의 소량을 제작하는 경우에는 지금의 기술로도 충분하다고 한다.

재료강도는 현재 양산되고 있는 제품의 80%까지 접근하고 있으며, 재료종류는 플라스틱, 고무, 파우더, 왁스, 종이, 금속, 나무, 등 현재 약 30가지 정도가 가능하므로 큰 제약이 없다. 재료색상은 다양한 색상을 지원하는 재료가 출시되고 있으며 또 후가공으로 도금처리까지 가능한 소재가 있으니 큰 걱정을 하지 아니해도 될 것이라고 한다.

허재 지음 '3D 프린터의 모든 것'에 의하면 3D 프린터는 프로그램에 의한 명령만 내리면 원하는 부속품, 구조물, 단백질 등을 제작할 수 있고 심지어 인공장기, 줄기세포까지도 만들어 낼 수 있다는 것이 현실화되어 이번에 인간 두개골을 제작하고 그것의 이식까지도 성공할 수 있었다고 소개하고 있다.

그러면 최근 거론되고 있는 4D 프린팅이란 무엇인가? 4차원이라는 개념을 바로 떠올릴 수 있는 것이 바로 4D 영화일 것이다. 4D 영화는 입체영상과 사운드 외에 진동이나 향기, 바람 등의 다른 감각요소를 집어넣어 시각과 청각 외에 추가로 한 가지 이상의 감각을 더하여 몰입감을 강화하는 시스템이다. 그렇다면 4D 프린터에서의 4D는 무엇을 이야기하는 것일까?

4D 프린팅이라는 용어는 2013년 미국 MIT 자가조립연구소 스카일

러 티비츠Skylar Tibbits 교수의 '4D 프린팅의 출현The emergence of 4D printing'이라는 제목의 TEDTechnology, Entertainment, Design 강연을 통해 처음으로 알려지게 되었다. 여기에서는 3D 프린팅의 진화된 개념으로 4D 프린팅 기술이 설명되었다.

3D 프린팅 기술은 3DDimension, 차원의 공간(x, y, z) 개념과 프린팅 기술이 결합한 개념이다. 4D 프린팅 기술도 유사한 개념으로 3D 공간에 하나의 차원인 시간 개념을 추가한 의미이다. 그래서 시간(t) 개념이 추가로 들어가 있는 3D 프린팅이라고 생각하면 된다. 3D 프린팅 기술이 디지털 정보와 3D 프린터를 이용하여 원하는 입체를 구현하는 것을 의미한다면, 4D 프린팅 기술은 이러한 3D 프린터에 의해서 나온 제작물이 환경에 반응하면서 시간에 따라 변화하는 개념을 추가하고 있다. 3D 프린팅 기술을 이용해 만든 제작물이 온도나 물 그리고 햇빛 등의 요인에 따라 스스로 변형되도록 만드는 기술이 4D 프린팅 기술이다. 즉 3D 프린터로 출력해서 제작된 의수가 특정 온도나 압력 혹은 외력 등의 특정 조건에 의해서 출력물의 손가락이 접히거나 움직일 수 있게 프린팅하는 것이 4D 프린팅이라 할 수 있다.

3D 프린터를 이용하여 원하는 제품 또는 구조물을 출력한 후 출력된 각 부품들을 조립하기 위해서 인간 또는 기계 등이 동원되는 추가 비용이 들지 아니하고 출력물 스스로가 움직이며 최종 결과물로 완성된다는 개념이다. 즉 프린터를 이용해 제작된 부품들이 저절로 조립되는 조립에 대한 자동화automation개념이다.

4D 프린터는 어떠한 가능성을 보여줄까? 티비츠 교수가 TED영상에서 설명했듯 인간이 도달하기 어렵거나 불가능한 장소에 노동력을

투입할 필요 없이 스스로 조립되게 하는 구조물, 그리고 온도에 따라 그 형태가 변형하는 의상, 특정 온도에서 반응하는 밸브나 파이프 등이 스스로 움직여 저절로 형태를 구성하는 출력물이 가능해진다는 것이다. 여기에서 장소란 극한 환경인 우주나 심해, 혹은 체내와 같은 극소공간 등이 될 수 있을 것이다. 또한 개인이 사용하는 3D 프린터의 한계로 지적되어 있는 출력물의 크기와 부피 문제를 해결하는 방안이 될 수도 있다. 길게 출력하여 스스로 원하는 부피의 크기로 조립되게 하는 형식이 될 것이다. 또는 이것을 자동차 외장에 적용하게 되면 사고나 충돌 등으로 훼손이 되었을 때 그 부위에 열을 가하거나 일정한 주파수를 갖는 진동을 가해 주어서 특정조건을 만족시키면 원상으로 복구되는 기능이 개발될 수 있을 것이라고 한다.

앞으로 기술 발전이 더 이루어져서 3D 프린터의 재료 단가가 내려가면, 이것을 개인용 프린터로 구매하는 경우가 많아질 것으로 예상된다. 현재도 시중에 저렴한 개인용 3D 프린터가 다수 출시되고 있는 실정이다.

그리고 안창현 지음 '3D 프린터'에 의하면 3D 프린터가 ICT Information & Communication Technology, 정보통신기술용 복합기술, 인터넷 비즈니스 등이 연계되어 3차 4차 산업혁명을 이끄는데 아주 많은 역할을 할 것이라고 기대하고 있으며, 우리사회가 급속하게 고령화로 진입하고 있는 상황에서 3D나 4D 프린터를 이용하여 1인 공장 개념을 활용함으로써 노후에 일자리, 여가생활 등 문제를 해결할 수도 있을 것이라고 전망하고 있다.

3D 프린팅 기술은 개발된 지 30여년이 지났지만 불과 3~4년 정도

밖에 안 된 4D 프린팅은 창의적 설계 기술과 스마트 소재를 기반으로 할 때 그것의 다양한 무한 가능성 때문에 더욱 더 많은 관심이 집중되고 있다.

<참고문헌>

1. Mtaho, Adam et al., "3D Printing: Developing Countries Perspectives". International Journal of Computer Applications. 104 (11): 30 (2014).

2. Ge, Qi; Dunn, Conner K.; Qi, H. Jerry; Dunn, Martin L., "Active Origami by 4D Printing". Smart Materials and Structures. 23 (9), 35 (2014).

3. Ge, Qi; Sakhaei, Amir Hosein; Lee, Howon, "Multimaterial 4D Printing with Tailorable Shape Memory Polymers". Scientific Reports. 6 (1): 31110, (2016).

4. Sydney Gladman, A., Lewis, Jennifer A., "Biomimetic 4D Printing", Nature Materials, 15 (4) 413 (2016).

5. 호드 립슨, 멜바 컬만, 3D 프린팅의 신세계, 한스미디어, (2013).

6. 이기훈, 3D 프린터 A to Z, 인투북스 (2014).

7. 허재, 고산, 3D 프린터의 모든 것, 동아시아 펴냄 (2014).

8. 안창현, 3D 프린터, 코드미디어 (2014).

9. 크리스토퍼 바넷, 3D 프린팅 넥스트 레불루션, 한빛비즈 (2014).

(2016.05.04, 과학 이야기, 과학 칼럼)

제3장

태양에너지, 전자기술혁명

태양太陽에너지의 개발현황開發現況과 그 전망展望 Ⅰ

1. 서언

옛날은 인간과 자연 사이에 순환하는 에너지 사이클Energy cycle이 안정된 <The good old days>였다는 말이 있다. 즉, 문예진흥文藝振興 이후 과학기술은 급속도로 발전하여 인류에게 행복을 안겨다주는 마술의 지팡이로 여겨질 만큼 풍부한 물질문명物質文明을 제공했다. 과학문명이 인간의 모든 욕구를 충족시킬 수 있고 아무리 힘든 일이라도 과학적으로 해결할 수 있으리라는 생각을 가졌던 것이다.

그 때는 인구가 적었고 에너지 소모량도 많지 않았다. 에너지 자원은 무진장한 것으로 생각되었고 소비는 미덕이고 생산의 급속도 신장은 바로 국력의 부강이라고 생각하던 시대였다.

그러나 오늘날에는 폭발적인 인구의 증가와 문명혜택의 균배均配로 수요증가에 의한 에너지 다량소모로 말미암아 지구의 자원은 점점 고갈枯渴되어가고 있다. 지금까지의 인구증가의 추세로 보아 서기 2000년경에는 세계 인구가 57~64억이 되어 전 인류의 에너지 소비량은 현재의 2~6배가 될 것이라 한다. 따라서 몇십년 후에 자원고갈이 예상되고 있다. 생산의 급속도 신장이 몰고 온 공장생산 폐기물은 환경을 오염汚染시키고 드디어는 심각한 공해문제公害問題를 불러일으키고 있다.

미래의 인류를 위한 새로운 에너지 자원의 확보 및 개발은 전세계적으로 중요한 과제이며 최대의 시급한 문제가 아닐 수 없다.

현재 인류의 가장 중대한 에너지 원천은 석유와 석탄인데 석유는 향후 50년이 지나면 그 매장량의 80%가 소비되며 석탄은 열량적으로 계산할 때 석유의 약 20배 정도는 매장되어 있으나 그 대부분이 채광하기 어려운 깊은 지하에 있다. 이것을 대체할 에너지원으로는 원자핵原子核 에너지가 있다.

핵분열核分裂 에너지의 이용기술은 실용단계에 도달하여 발전원가도 석유연료와 거의 비슷한 정도까지 되었으나 우라늄자원도 매장량이 열량적으로 보아 석유의 2.5배 정도로 역시 제한되어 있고 핵분열 결과의 생성물은 반감기半減期가 긴 방사성 물질이어서 환경문제 때문에 어려운 점이 많다. 또한 핵융합核融合을 이용하는 경우에는 원료자원은 무진장한 수소 등으로 문제가 없으나 안정되고 지속적인 핵융합의 기술은 매우 불투명한 상태이어서 몇십년 내 해결은 어려운 것으로 예측하고 있다. 지열이나 천연 가스도 부분적인 에너지 수요 충당은 되겠지만 그 규모가 작고 환경파괴環境破壞의 문제점이 있다.

한편 태양에너지는 그 가격이 무상이며 세계 어느 곳에서나 얻을 수 있고 환경 파괴가 적고 공해문제가 생길 우려가 없어 큰 기대를 갖게 된다. 반면에 밤과 낮 교대에 의하여 정상성이 없고 기상 변화의 영향이 크며, 에너지 밀도가 희박하다는 결점 등이 없지 않다.

따라서 세계 각국에서는 태양에너지개발에 관한 연구가 진지하게 진행되고 있다. 미국에서는 1971년 이래 해마다 연구개발비용이 기하급수적幾何級數的으로 증가해가고 있으며 일본에서도 1974년에서 2000년까지 완성시킬 Sun Shine 계획을 세우고 태양에너지개발에 상당한 비중을 두어 연구비를 계상하고 있다. 1973년 이후 수차례에 걸쳐 국제태양에너지협회의 태양에너지 국제회의 및 학회가 개최되는 등 다대한 관심 속에 활발한 연구 조사가 진행 중이다.

우리나라에서도 지난해 태양에너지연구소가 발족되어 연구에 열을 올리고 있다. 따라서 태양의 기원, 태양열 에너지의 내용, 태양열 에너지의 이용방법 및 전망에 대하여 살펴보기로 한다.

2. 태양의 원천源泉

태양은 태양계 질량의 99% 이상을 차지하며 그 강한 인력으로 태양계의 모든 천체운동天體運動을 지배하고 있을 뿐 아니라 많은 빛과 열을 계속해서 방출하여 지구상의 생물이 살아가는 원천이 되고 있다. 오랜 인류의 역사를 통하여 태양은 인류의 희망과 활력의 상징으로 숭배되었다. 과학이 발달할수록 더욱 그것은 뚜렷해진다. 수력발전은 태양열의 의한 수증기와 물의 대류현상對流現像에 의한 것이고 석탄이나 석유도 수억년 전 지질시대의 태양광의 광합성光合成 작용의 결과이므로 간접적인 태양 에너지에 의한 것(화석 연료)이다.

그러면 현대 천문학에서 태양의 생성을 어떻게 설명하고 있는가 살펴보자. 태양은 직경 약 10만 광년光年의 은하계銀河系 우주 속의 수천

억 개의 별 중의 한 작은 별이다.

은하계 우주의 중심부로부터 약 3만 5천 광년의 거리에서 약 2억년의 주기로 공전하고 있다. 별과 별 사이의 공간에는 수소, H_2O, CH_4, NH_3, SiO_2, C 등의 별들 사이의 물질이 감돌고 있는 흑체성운暗黑星雲 속에서 새로운 별들이 탄생한다. 암흑성운속의 밀도분포의 요동에 의해 밀도의 큰 부분이 생기면 중력에 의해 더욱더 응축해 가면서 중력의 위치에너지가 운동에너지로 전환되고 별 사이의 먼지는 막대한 속도를 얻는다.

그것은 바로 온도 상승을 의미하며 온도가 1천만°C에 도달하면 서로 충돌하여 핵융합반응이 시작되어 그 결과로 생기는 전자파의 방사압이 중력수축重力收縮과 평형不衡되어 별이 탄생하는 것으로 보고 있다. 이때 수소가 여러 과정을 통하여 헬륨으로 전환되면서 그 질량 감소가 상대성相對性 이론에 의하여 전자파의 에너지로 전환되어 빛과 열을 방사放射한다. 현재의 태양은 탄생 후 약 50억년이 경과된 별이며 수명은 약 1백억년으로 추산되므로 태양에너지의 남은 수명은 걱정하지 않아도 된다고 한다.

3. 태양에너지의 질과 양

자연적인 거대한 수소폭탄水素爆彈이라고 말할 수 있는 태양은 우주라고 하는 거의 진공의 공간을 통하여 핵융합반응에서 방출되는 전자파 에너지를 지구 표면으로 보내고 있다. 이 전자파 에너지는 감마선, X선, 자외선, 가시광선, 적외선의 모든 파장대역波長帶域을 가지고 있다.

즉 에너지 스펙트럼은 넓은 파장대역을 가지지만 대기권에 들어오면 짧은 파장인 X선, 자외선 등은 거의 흡수되어 지표에 도달하는 직사일광은 약 5700K의 흑체복사黑體輻射에서 나오는 것과 거의 일치하는 연속스펙트럼 분포分布를 가지고 있다.

단위 시간당 태양표면에서 방사되는 에너지는 전력으로 환산해서 3.8×10^{23}kw로 추산되고 있는데 대기권大氣圈 가까이에 도달하면 그 복사에너지 밀도는 1.4kw/m^3 정도이다. 이 값은 인공위성에 의하여 실측된 것으로 태양정수Solar constant라고 한다.

한편 지구 표면에서의 복사輻射에너지 밀도는 1.0kw/m^{2}로 줄어든다. 지구에 도달하는 총 태양에너지는 1.77×10^{24}kw인데 그 중 약 30%는 빛으로 우주에 반사된다. 우주선상에서 지구를 보면 달 표면에 비해서 반사율이 좋은 바다와 구름을 가져서 매우 밝은 달의 형태로 보인다고 한다. 23%는 바다나 강물에 열로 축적되고 47%는 땅에 축적되어 기온을 유지한다. 동식물의 광합성 그리고 바람, 파도, 대류 등에 소유되는 에너지는 전체의 0.22%의 정도에 불과하다.

따라서 세계 인구는 현재 약 40억이며 에너지 평균소비량은 약 7×10^{12}kw이며 이것은 지구에 도달하는 태양에너지의 약 1/17에 해당된다. 그러므로 태양에너지를 효과적으로 이용할 수만 있다면 전혀 무공해한 에너지가 무상無償으로 얻어진다는 아주 고무적鼓舞的인 예상이 나온다.

<참고문헌>

1. Agrafiotis, C.; Roeb, M.; Konstandopoulos, A.G.; Nalbandian, L.; Zaspalis, V.T.; Sattler, C.; Stobbe, P.; Steele, A.M. "Solar water splitting for hydrogen production with monolithic reactors". 《Solar

Energy》 79 (4): pp. 409, doi:10.1016/j.solener.2005.02.026 (1975).

2. Anderson, Lorraine; Palkovic, Rick 《Cooking with Sunshine (The Complete Guide to Solar Cuisine with 150 Easy Sun-Cooked Recipes)》, Marlowe & Company, ISBN 156924300X (1974).

3. Bénard, C.; Gobin, D.; Gutierrez, M. Experimental Results of a Latent-Heat Solar-Roof, Used for Breeding Chickens, 《Solar Energy》 26 (4), p. 347, doi:10.1016/0038-092X (81)90181-X (1979).

4. Bolton, James 《Solar Power and Fuels》. Academic Press, Inc. ISBN 0121123502 (1977).

5. Butti, Ken; Perlin, John 《A Golden Thread (2500 Years of Solar Architecture and Technology)》, Van Nostrand Reinhold. ISBN 0442240058 (1979).

6. Daniels, Farrington 《Direct Use of the Sun's Energy》, Ballantine Books. ISBN 0345259386 (1964).

7. Halacy, Daniel; 《The Coming Age of Solar Energy》. Harper and Row. ISBN 0380002337 (1973).

8. Hunt, V. Daniel 《Energy Dictionary》. Van Nostrand Reinhold Company. ISBN 0442273959 (1979).

9. Lieth, Helmut; Whittaker, Robert 《Primary Productivity of the Biosphere》, Springer-Verlag1. ISBN 0387070834 (1975).

10. Mazria, Edward, 《The Passive Solar Energy Book》. Rondale Press. ISBN 0878572384 (1979).

11. Vecchia A., Formisano W., Rosselli V., Ruggi D., Possibilities for the Application of Solar Energy in the European Community Agriculture, 《Solar Energy》 26 (6): p. 479, doi:10.1016/0038-092X (81)90158-4. (1978).

(1979.03.22. 과학 논단, 숙대 신보)

태양太陽에너지의 개발현황開發現況과 그 전망展望 II

4. 태양에너지의 이용

- 주택의 난방暖房

미국에서는 아리조나 대학, 플로리다 대학, 델라웨어 대학 등에서 태양열 에너지에 의한 주택의 냉난방 연구가 활발히 진행 중이며 그중 플로리다 대학의 E. A. Farber 교수는 25년간의 계속적인 연구를 통하여 태양열 이용에는 냉난방이 가장 유망한 것으로 보고 있다. 이것은 물을 열저장 및 순환매질循環媒質로 이용하는 가장 전통적인 방법이다. 일본에서도 간단한 태양열을 이용한 가정용 온수기溫水器가 1973년 말까지 250만대나 팔렸으며 석유파동 이후에는 그 수요가 폭발적으로 증가하고 있다고 한다.

이것은 면적 $2m^2$, 길이 20cm 정도의 철제상자 내에 폴리에틸렌 투명원통 6개를 넣고 이 속에 약 200리터의 물을 넣어 지붕 위에 올려놓은 것으로 목욕물 등에 상당히 실용적으로 쓰이고 있다고 한다. 또

남쪽 창문 전체에 온수기를 설치하는 태양의 집을 짓고 있는데 맑은 날에는 물의 온도가 50°C로 상승하여 이것을 물통 속에 저장하여 순환循環시키면 20°C 정도의 실내온도를 유지할 수 있게 되어 월평균 연료비가 반감된다고 하며 건조비는 절약된 연료비용으로 충당할 수 있다는 것이다. 그리고 일본의 주택 공단에서도 금년경까지는 1가구당 25만엔 정도 규모의 온수 및 난방 장치를 개발하여 연료의 반을 절약하려는 계획을 세우고 있다.

한편 태양열 온수기의 효율을 높이기 위하여 많은 연구가 계속되고 있다. 중요한 것은 태양열을 쉽게 받아들이고 열흡수판에 의해 더워진 열전도매질熱傳導媒質의 열을 외부로 방출되지 않게 하는 것인데, 그 사이가 진공이 된 이중유리관으로 제작한 미국 코닝회사 등의 제품이 높은 열효율을 갖고 있지만 제작비가 높은 것이 단점이라 할 수 있다. 우리나라에서도 태양열에너지 연구소가 태양열 주택의 대량 보급을 위하여 서울 장안평에 모델하우스를 짓고 경제성을 비교검토 분석하고 있어 2~3년 내에 실용화가 될 전망이다.

- 주택의 냉방冷房

냉각 효과를 얻도록 하는 장치는 태양열의 의한 온수로 암모니아를 증발蒸發시켜 그 증발에 의하여 온도를 내리게 하는 것이다. 실용적인 목적에서의 구체화한 방법은 아직 완성하지 못한 상태로 계속해서 연구를 하고 있다.

- 집광集光에 의한 고온 발생

태양에너지 이용에서 어려움 중의 하나는 태양에너지의 희박성을 들수 있다. 태양 에너지는 그 약 절반이 대기 중에서 소실되고 1평방미터당 1kw가 지표에 도달한다. 이것은 맑은 날 빛이 수직으로 입사할 때의 이상적인 경우이고 흐린 날, 밤 중 등을 고려해서 연간 평균을 계산하면 1평방미터당 160w 정도밖에 안 되어 에너지 밀도密度는 낮은 편이다.

에너지 밀도를 증가시켜 고온을 얻기 위해서는 반사경反射鏡을 써서 작은 면적에 집광시키는 장치가 필요하게 된다. 프랑스의 Pyrenees 산맥 속에 있는 국립태양에너지 연구소에는 63개의 거대한 오목거울을 Heliostat에 의하여 태양을 자동 추적하여 한 점에 집중시켜 최고 3825°C를 얻어, 금속 및 도체 연구 등에 활용하고 있다. 미네소타 대학과 Honeywell 회사 공동 개발로 포물면抛物面 반사경의 초점선 상에 파이프를 놓고 300°C로 가열된 수증기를 얻어 증기 터빈으로 발전하려는 계획이 진행 중이다. 휴스턴 대학에서는 수년 내에 텍사스 사막 내의 2.5평방km의 넓은 면적에 무수한 반사경을 깔고 지상에서 450m 높이에 있는 2500톤 용량의 보일러를 집광하여 700°C로 가열하여 20만 kw의 발전소를 계획 중에 있다.

- 태양전지太陽電池

태양전지는 태양광선을 직접 전기적인 에너지로 변환시키는 방식에 의한 것이다. Si, CdS, GaAs 등의 단결정單結晶을 모결정으로 한 태양전지의 변환능률을 높이려는 많은 연구가 진행 중에 있다. 최근 IBM

의 Watson 연구소에서는 변환 능률이 20%나 되는 특수 구조의 전지 개발에 성공하여 놀라운 성과를 올렸다 한다. 이러한 태양전지의 난점은 가격이 극히 비싼 단결정을 쓴다는데 있다. 생산 단가가 1kw당 30달러나 되어 재래식 화력발전火力發電의 50센트 정도와 비교하면 무려 60배나 비싸다. 또 방사선에 약한 단결정의 한정된 수명 때문에, 수명 내에 발전하는 총 에너지가 단결정 제작에 사용된 전기에너지보다 작아서 인공위성 등의 경제성을 고려하지 않는 특수용도 밖에 쓸 수 없다는 어려움이 따른다.

가정용 지붕의 태양열 집열판執熱版 위에 설치하는 소규모적인 것에 서부터 인공위성에 사용하는 중간 규모, 대기의 흡수 및 야간과 구름 등의 지상조건을 피하기 위하여 기구Balloon를 써서 대기권大氣圈 밖으로 띄워 올리려는 미국 항공우주국NASA의 대규모 계획도 있다. 이것은 거대한 기구 표면에 태양전지를 붙이고 그 속에 헬륨기체를 채워 부력을 이용하여 지상 15km 상공에 띄워 25만kw 이상의 발전을 하려는 것이다. 그러면 태양정수 1.4kw/m가 완전히 이용되고 기상 조건에도 구애받지 않게 된다. 한 가지 난점은 송전선送電線의 무게와 강도를 기구가 지탱하기 곤란하므로 전력을 마이크로파로 전환하여 지상에서 포물면 안테나로 받으려고 하는 계획을 세우고 있다. 그러면 변환능률變換能率을 80%까지 올릴 수 있다고 한다.

또한 나사에서는 기구보다는 차라리 인공위성식으로 고도 3만6천km의 궤도상에 발전소를 쏘아 올리려는 장대한 계획도 세우고 있다. 여기에 8평방km의 태양 전지판을 올려놓으면 1천만kw의 발전이 얻어지며 이것이 20만개만 있다면 미국의 현재의 전체발전량과 맞먹게 된다는 것이다.

이 계획의 실현상의 난점은 다음과 같다. 마이크로파 송신 안테나의 직경은 1km나 되어 그 질량은 2만5천 톤인데 지금의 인공위성이 최대 20톤 정도인 것으로 보면 1250개 이상의 인공위성을 결합해야 되므로 경제적으로 보통의 문제가 아니다. 수송비만 약 60억 달러가 들게 되며 태양전지의 가격이 현재의 1/100이 된다 해도 260억 달러, 지상의 수신용 안테나의 직경은 30km나 되어야 한다. 1천만kw의 발전소 건설 비용은 수송용 우주비행기의 개발 비용을 별도로 하더라도 약 350억 달러가 되어 1kw당 3,500달러의 경비가 드니 현재의 경제단가로는 실현 가능성이 희박하다. 또 그 외에도 발전소의 유지와 보수를 위하여 하루 몇 대씩 우주수송기가 왕복해야 하는데 그때의 연료소모에 의한 성층권 오염成層圈 汚染은 지금의 초음속 제트여객기의 수십 배가 되어 공해문제, 기상이변 등의 환경파괴環境破壞가 우려된다.

또, 마이크로파 송전방향제어送電方向制御가 고장이 나는 경우, 주위의 환경은 강력한 마이크로파에 의하여 대화재가 발생할 우려가 있으며 지상에 TV 등 통신에 주는 영향, 비행기가 마이크로파 송전빔 속에 들어갔을 때의 문제점 등이 있어서 벌써 많은 논란이 일고 있으며 몇십년내의 실용화는 어렵다고 봐야 할 것이다.

<참고문헌>

1. Bolton, James 《Solar Power and Fuels》. Academic Press, Inc. ISBN 0121123502 (1977).

2. Butti, Ken; Perlin, John 《A Golden Thread (2500 Years of Solar Architecture

and Technology)》, Van Nostrand Reinhold. ISBN 0442240058 (1979).

3. Daniels, Farrington 《Direct Use of the Sun's Energy》, Ballantine Books. ISBN 0345259386 (1964).

4. Halacy, Daniel; 《The Coming Age of Solar Energy》. Harper and Row. ISBN 0380002337 (1973).

5. Agrafiotis, C.; Roeb, M.; Konstandopoulos, A.G.; Nalbandian, L.; Zaspalis, V.T.; Sattler, C.; Stobbe, P.; Steele, A.M. "Solar water splitting for hydrogen production with monolithic reactors". 《Solar Energy》 79 (4): pp. 409, doi:10.1016/j.solener.2005.02.026 (1975).

6. Anderson, Lorraine; Palkovic, Rick 《Cooking with Sunshine (The Complete Guide to Solar Cuisine with 150 Easy Sun-Cooked Recipes)》, Marlowe & Company, ISBN 156924300X (1974).

7. Bénard, C.; Gobin, D.; Gutierrez, M. Experimental Results of a Latent-Heat Solar-Roof, Used for Breeding Chickens, 《Solar Energy》 26 (4), p. 347, doi:10.1016/0038-092X (81)90181-X (1979).8. Hunt, V. Daniel 《Energy Dictionary》. Van Nostrand Reinhold Company. ISBN 0442273959 (1979).

8. Lieth, Helmut; Whittaker, Robert 《Primary Productivity of the Biosphere》, Springer-Verlag1. ISBN 0387070834 (1975).

9. Mazria, Edward, 《The Passive Solar Energy Book》. Rondale Press. ISBN 0878572384 (1979).

10. Vecchia A., Formisano W., Rosselli V., Ruggi D., Possibilities for the Application of Solar Energy in the European Community Agriculture, 《Solar Energy》 26 (6): p. 479, doi:10.1016/0038-092X (81)90158-4. (1978).

(1979.03.22, 과학 논단, 숙대 신보)

태양太陽에너지의 개발현황開發現況과 그 전망展望 III

- 태양열 에너지의 저장貯藏

태양열 에너지는 낮과 밤 그리고 날씨의 쾌청 등 기후조건에 따라 발전출력은 항상 일정하지 않으므로 평균적인 출력을 얻기 위한 에너지 저장문제가 생긴다. 물론 인공위성이나 기구에 의한 태양전지 발전형식은 예외가 된다고 볼 수 있다.

따라서 에너지 저장의 방법으로 축전지를 이용할 수도 있겠으나 가격이 엄청나게 비싸고 변환능률이 낮을 뿐만 아니라 또 수명이 짧다는 어려움이 있다. 한편 태양전지에 의한 전력으로 물을 전기분해電氣分解하여 수소와 산소를 만들어 저장하고 사용할 때는, 수소를 태워서 발전하려는 연구가 진행 중이다. 수소가 연소될 때는 물로만 변할 뿐이고 탄산가스나 아황산가스가 생기지 않으므로 clean energy 즉 공해가 없는 연료를 얻어내는 방법으로 매우 바람직하다. 또 전기 분해를 하여 수소를 얻는 것보다 직접 태양열을 사용하여 물을 열분해熱分解하여 수소와 산소로 변환시키는 방법도 계획 중이다.

열분해를 하는 데는 2000℃ 정도의 고온이 필요하지만 태양열을 이용하여 고온을 얻고 이때 발생한 수소와 산소의 혼합물은 원심분리기 遠心分離器를 써서 수소를 분리해낸다. 아울러 수소를 연소시킬 때 산소와 결합하는 도중 폭발할 염려가 없지 않으므로 안전하게 연소시키는 방법도 개발할 필요가 있다. 그리고 수소연소水素燃燒에 의한 발전 방법은 증기터빈을 쓸 수도 있겠으나 능률이 좋지 않으므로 수소와 산소를 직접 전기에너지로 바꿀 수 있는 연료전지를 쓸 수도 있다. 연료 전지를 쓰게 되면 능률은 상승된다고 하더라도 현재로서는 가격이 너무 높아서 경제성을 고려할 때 실용상 문제점이 있다 하겠다.

- 간접적인 이용방법

태양에너지를 간접적으로 이용하는 경우는 태양 에너지로 인한 공기와 물의 대류(태양에너지의 약 0.2%)에 의한 수력발전, 풍차발전, 조석발전潮汐發電 및 바닷물의 온도차발전 등이 있다.

수력발전은 무공해의 좋은 에너지 자원이며 역사가 깊은 발전 방식이지만 건설공사에 오랜 기간이 소요되며 막대한 시설 투자를 해야 하는 단점이 생긴다. 그러나 이것은 국토의 종합개발을 위한 다목적多目的 댐 건설계획에 호응하여 최대로 개발되어야 할 것이다.

직경 2m의 날개에 초속 10m 정도의 바람이 불면 2kw 정도의 발전이 가능한 풍차발전방식은 대규모적인 산업용으로는 부적당하며 규모가 작은 국부적局部的 발전에는 도움을 줄 수 있겠다.

그러나 이러한 풍차의 개발은 바람의 속도가 항상 크고 일정하지 않으면 어렵다. 이러한 장소를 찾기가 힘들고 또 이러한 조건을 갖추지 아니하면 풍차를 설치할 수 없는 것이 결점이라 하겠다.

조석 발전은 해안에 저수지를 만들어 만조 때 흘러 들어오는 바닷물에 의하여 터빈을 돌려 발전하고 간조干潮 때는 반대로 회전하여 발전한다. 프랑스의 란스 하구의 발전소는 높이 25m, 길이 750m의 저수지에 24개의 발전기를 설치하고 연간 5억kWh의 발전을 하고 있다.

온도차 발전은 바다의 표면과 깊은 부분의 수온의 온도차를 이용하는 방법인데 그 예로써 1초 사이에 직경 10m의 관으로 140톤의 물을 바다 밑에서 퍼 올려 표면의 따뜻한 물로 액체 암모니아를 증발시켜 터빈을 돌리고 퍼 올린 찬물로 액화液化하여 3만 6천kw의 출력을 얻을 수 있지만 이것은 바다의 환경파괴문제環境破壞問題가 생기는 어려움을 안고 있다.

한편 식물과 플랑크톤이 자라게 하는 광합성도 태양에너지의 간접적 이용이라고 할 수 있다. 프랑크톤은 고기의 먹이가 되고 식물은 동물의 먹이가 되며 식물 그 자체는 광합성光合成에 의하여 생장한다.

전 지구의 90%의 광합성작용이 바다 속에서 일어날 만큼 바다 속에서 육지 이상의 탄소동화작용이 플랑크톤이나 해조류海藻類에서 이루어지고 있다. 농업과 어업은 환경오염이나 공해문제가 뒤따르지 아니하는 자연 속에서 스스로 이루어지는 질이 좋은 에너지 자원이나, 기후조건의 영향을 받으며 개발 속도가 늦다. 그리고 인구 폭발에 따라갈 수 없으며 장기적인 안목에서의 계획이 필요하다는 문제점이 있게 된다.

5. 인공태양人工太陽의 건설

비록 크기는 작을지라도 태양을 인공적으로 만들 수 없을까? 최근

80년대 초에 인공태양의 가동이 실험적으로 성공하면 늦어도 서기 2000년경에는 실용화될 전망이 큰 것으로 미국의 과학자들은 내다보고 있다.

지금은 Solar house라든지 태양열 난방에서처럼 태양열을 이용하는 연구에 힘쓰고 있으나 한걸음 더 나가서 인공태양을 직접 지상에 건설함으로써 무한정 열을 방출하게 하는 것이다. 이것은 적극적이고 야심적인 과학자들의 의지에 찬 생각인 것이다.

태양 표면에서 높은 열을 방출하는 것은 내부에서 끊임없이 핵융합 반응이 일어나기 때문이다. 즉 태양을 내부에서 연속적으로 수소폭탄이 폭발하는 것처럼 핵반응이 일어나 천문학적인 높은 열을 낸다. 이와 같이 태양의 에너지 방출과정을 모방한 것이 바로 핵융합반응로核融合反應爐이다. 말하자면 인공 태양인 셈이다. 따라서 지상에 핵융합반응로만 건설하면 인류는 에너지 문제를 걱정하지 않아도 된다는 것이다.

핵융합 반응에 필요한 중수소重水素는 바닷물 속에 무진장 들어있고 공해가 전혀 없다는 장점이 있는가 하면 태양처럼 중수소의 융합반응을 일으키기 위해서는 우선 1억°C라는 고온이 필요하다는 문제점이 있어 인공태양의 건설과 개발에 결정적인 장애障碍가 되고 있다. 그러나 과학자들은 고온을 얻어내는 방법으로서 레이저 광선을 이용하는 것 등을 고안해내어 연구에 열을 올리고 있다. 미국 프린스턴 대학에 핵융합반응로를 건설 중이어서 80년대 초에는 실험 가동을 목표로 하고 있다. 그리하여 미국 과학자들은 서기 2000년경에는 완전 실용화될 수 있을 것이라고 예견하고 있어 에너지 문제해결의 낙관樂觀을 표시하고 있다.

6. 결론

몇 년 전에 있었던 석유파동石油波動은 세계적으로 큰 충격을 주었을 뿐 아니라 석유가 나오지 않는 나라일수록 그 타격은 심각했다. 지구 전체의 매장량에 한도가 있기 때문에 에너지자원이 날이 갈수록 고갈되어 에너지 자원 확보 문제는 전세계적인 중대한 과제이다. 따라서 화석연료化石燃料에 대체되는 에너지 자원을 찾으려는 미래의 에너지 문제 해결을 위하여 태양열에 대한 기대가 크고 태양에니지에의 의존도는 높아질 수밖에 없는 상황이다. 한편 미국의 나사 등의 보고에 의하면 2000년경까지 태양에너지로 얻을 수 있는 것은 에너지 수요량의 극소량 밖에는 안 된다는 비판적인 전망이 있다.

에너지 자원 확보에 관한 비관론의 요점은 자원 고갈枯渴은 물론이고 고갈된 자원에 대체되는 자원을 찾는 모든 방법들이 더욱 고갈을 가속화시켜서 재기불능한 환경오염을 가져오게 된다는 것이다. 그래서 결국 인류는 지구를 버리고 다른 천체로 이주할 수밖에 없다는 생각까지 하게 된다는 것이다. 현재 남아있는 총 에너지를 다 써도 40억 인구 중에서 5천만 정도 밖에는 이주하지 못한다는 계산이 나온다. 이제 우리 인류는 가까운 장래에 전개될 가능성에 대하여 누구나 다 함께 심사숙고해야 할 때가 온 것이라고 한다. 한편 당장 우리가 태양에너지를 이용하여 해결할 수 있는 방안, 즉 태양온수기를 사용하여 가정 연료의 반만 질약해도 에너지 질약으로써 큰 효과가 있으며 태양의 집의 보급, 수력발전, 조석발전의 대대적 개발 등은 실현가치가 충분한 효과적인 방법이라 하겠다.

달나라 여행이 2차대전 직후 즉 30년 전까지만 해도 실현 불가능한 꿈으로 생각되었던 것이 오늘날은 실현가능한 것으로 보아 막대한 태양에너지를 이용한 발전도 몇십년 후에는 실현될 것이라는 낙관론樂觀論도 없지는 않다.

대대로 인류가 지구상에서 영원히 행복을 누리고 신선하고 활력에 찬 축복된 지구를 물려주기 위하여, 과학문명이 인류의 복지를 위하여 봉사하게 하기 위해서는 유한한 지구의 자원 문제를 경계조건으로 삼고, 한 분야의 급속 개발이 지구 전체의 조화적調和的 자연파괴自然循環를 파탄에 몰아넣지 않는 종합적이고 전면적인 재검토를 해야만 되겠다.

새로운 에너지 개발도 중요한 동시에 지구의 자연순환에 알맞은 적정한 인구수 유지의 문제, 폐기물까지도 고려해 넣는 새로운 생산순환과정, 생활 폐기물의 재활용방안再活用方案 등 과학기술계의 분야뿐 아니라 산업, 경제, 사회, 정치의 모든 분야가 그리고 전세계의 모든 나라가 일치 협력하여 해결 방안을 모색하지 않으면 안 될 중요한 시점에 도달했다고 보아야 할 것이다.

<참고문헌>

1. Hunt, V. Daniel 《Energy Dictionary》. Van Nostrand Reinhold Company. ISBN 0442273959 (1979).

2. Lieth, Helmut; Whittaker, Robert 《Primary Productivity of the Biosphere》, Springer-Verlag1. ISBN 0387070834 (1975).

3. Mazria, Edward, 《The Passive Solar Energy Book》. Rondale Press. ISBN 0878572384 (1979).

4. Vecchia A., Formisano W., Rosselli V., Ruggi D., Possibilities for the Application of Solar Energy in the European Community Agriculture,

《Solar Energy》 26 (6): p. 479, doi:10.1016/0038-092X (81)90158-4. (1978).

5. Agrafiotis, C.; Roeb, M.; Konstandopoulos, A.G.; Nalbandian, L.; Zaspalis, V.T.; Sattler, C.; Stobbe, P.; Steele, A.M. "Solar water splitting for hydrogen production with monolithic reactors". 《Solar Energy》 79 (4): pp. 409, doi:10.1016/j.solener.2005.02.026 (1975).

6. Anderson, Lorraine; Palkovic, Rick 《Cooking with Sunshine (The Complete Guide to Solar Cuisine with 150 Easy Sun-Cooked Recipes)》, Marlowe & Company, ISBN 1569241300X (1974).

7. Bénard, C.; Gobin, D.; Gutierrez, M. Experimental Results of a Latent-Heat Solar-Roof, Used for Breeding Chickens, 《Solar Energy》 26 (4), p. 347, doi:10.1016/0038-092X (81)90181-X (1979).

8. Bolton, James 《Solar Power and Fuels》. Academic Press, Inc. ISBN 0121123502 (1977).

9. Butti, Ken; Perlin, John 《A Golden Thread (2500 Years of Solar Architecture and Technology)》, Van Nostrand Reinhold. ISBN 0442240058 (1979).

10. Daniels, Farrington 《Direct Use of the Sun's Energy》, Ballantine Books. ISBN 0345259386 (1964).

11. Halacy, Daniel; 《The Coming Age of Solar Energy》. Harper and Row. ISBN 0380002337 (1973).

(1979.03.22., 과학 논단, 숙대 신보)

스핀트로닉스Spintronics - 전자기술혁명電子技術革命 Ⅰ

작년 6월 초, 국내 연구진이 상온에서도 스핀 트랜지스터spin transistor 동작이 가능한 기술을 개발했다고 한다. 스핀 트랜지스터는 기존 반도체의 한계를 뛰어넘는 초고속·초저전력 전자 소자이다. 즉 이것은 메모리와 중앙처리장치Central Processing Unit, CPU를 1개의 칩에 집적할 수 있어 '부팅 없는 컴퓨터'를 가능하게 하는 차세대 소자이다. 그러나 지금까지는 저온에서만 동작이 가능하여 상용화하는데 큰 어려운 문제점으로 되어 왔었다. 그런데 한국과학기술연구원KIST 연구팀이 이와 같은 문제점을 해결할 수 있는 계기를 마련한 것이다. 이 연구는 스핀트로닉스spintronics 기술발전이 가져온 결과라고 할 수 있다.

스핀트로닉스는 무엇인가?

스핀트로닉스는 전자electron의 회전을 뜻하는 스핀spin과 전자공학electronics의 합성어이다. 이것의 기본 원리를 알아보자. 지구의 축을 중심으로 지구가 그 둘레를 회전하는 것과 마찬가지로 전자도 전자축을 중심으로 회전을 하는데, 이 회전운동이 바로 전자의 스핀이다. 스핀트로닉스는 전자가 가지고 있는 이러한 스핀 방향을 위와 아래로 하는, 업스핀 전자와 다운스핀 전자로 구분해서 전자의 이동을 제어함으로써 각종 정보를 처리하게 하는 새로운 개념의 전자공학이다.

전자는 1897년 영국 케임브리지 대학 물리학 교수인 노벨상 수상자 제이 제이 톰슨J. J. Thomson이 최초로 발견하였다. 이것은 음전하를 가지는 입자이며 그 질량은 수소원자보다 약 2000분의 1만큼 작다. 그후 1947년 미국 벨연구소의 쇼클리W. B. Shockley, 브래튼W. H. Brattain, 바덴John Bardeen 박사는 전자의 흐름인 전류의 크기 조절이 가능한 혁신적 트랜지스터를 발명하였다.

즉 전자는 −에서 +로 이동하려고 하고, 양전자 또는 전류는 +에서 −로 이동하는 성질이 있다. 반도체의 기본 단위인 P-N 접합형 반도체에서는 음전하 운반자인 전자와 양전하 운반자인 정공의 농도 차이에 의해 전하가 왔다갔다하며 0 또는 1의 정보를 구분하게 하여 처리하거나 저장한다. 이것이 트랜지스터인데, 이러한 트랜지스터가 무수히 많이 모여서 CPU 또는 메모리반도체 등이 된다. 이러하듯 전자의 전하 이동에 대해서만을 다룬 것이 기존의 전자공학이다.

이러한 트랜지스터 반도체 전자소자을 사용하여 제작한 스마트폰이나 컴퓨터 등 각종 디지털 정보기기의 제작으로 인하여 문명의 이기를 즐겨 쓰게 되었으며 우리가 오늘날의 정보화시대를 누리게 하고 있는 것이다.

전자공학의 발전이 인류에게 안긴 위대한 선물중의 한 예를 들어 보자. 카이스트 신성철 교수는 '선진국을 향한 과학 터치'에서, 1946년 미국 펜실베니아 대학 모클리J. W. Mauchil와 에거트J. P. Eckert 교수 등이 인류 최초로 개발한 디지털 컴퓨터 에니악ENIAC은 그 무게가 30톤이나 되었고 집 한 채 정도의 크기였었으나 그동안 전자공학의 발전으로 지금은 이것에 비해 정보처리속도는 수억 배 빠르고, 정보저장용량은 수십억 배 크지만 무게는 만분의 1밖에 안 되는 현재의 노트북 컴퓨터를 가질 수 있게 되었다고 소개한다.

그리고 최근 모든 정보를 저장하고, 여러 가지 기능을 활용하기도 하며, 현대인의 통신기기로 필수품이 된 스마트폰도 전자공학의 발전이 가져온 전자기술 혁명의 덕분이라고 할 수 있다.

그러나 반도체의 고집적화의 발전이 계속되면서 연산 과정에 따른 발열, 처리속도를 증가시키고 저장공간을 늘려야 하는 새로운 과제가 생김에 따라, 반도체 기반 전자소자기술은, 나노 이하로 갈수록 양자역학적으로 불확정성이 증가되는 현상 등 기존의 전자공학의 한계가 나타나고 있었다.

따라서 이러한 한계를 극복하기 위한 새로운 차세대 전자소자기술이 나타나기를 바라고 있었다. 이러한 요구에 부응하여 나타난 것이 바로 스핀트로닉스 기술이다. 기존의 반도체 기반의 전자소자기술은 전하만을 전기장으로 제어하는 즉 기존의 전자공학이며, 스핀트로닉스 기술은 전자의 전하와 동시에 양자역학적인 스핀을 제어하는 기술이다. 이 기술을 이용한 스핀전자소자의 개발을 통해 기존전자소자의 기술적 한계를 극복할 수 있을 것으로 내다보고 있다.

한편 전자가 스핀이란 물리적 특성을 가지고 있다는 사실은 이미 1922년 독일 물리학자인 스테른O. Stern과 겔라흐W. Gerlach가 처음으로 발견되었으나 과학자들은 60여년이 흘러갈 때까지 전자의 스핀 특성을 기술에 이용하겠다는 생각을 하지 못하고 있었다.

스핀은 전자가 자기장에 반응하여 회전운동을 한다. 스핀은 전하이동과는 다르게 제자리에서 회전운동을 한다. 즉 자기장에 반응하여 회전운동을 하며 일렬로 정렬하게 되는데, 이 원리는 마치 자석이 N극과 S극으로 구분하여 정렬되는 것과 비슷한 이치이다. 전자의 이동만을 제어하는 메모리반도체와는 다르게 자석의 이동을 제어하는 하드디스크의 원리와도 유사하다. 전자의 스핀은 +1/2와 -1/2을 각각 가지고 있어 자기력을 걸어주면 +1/2 또는 -1/2의 스핀이 정렬된다. 즉, 전자의 회전력을 이용하여 0과 1의 정보를 구분하여 처리하거나 저장하게 된다. 이와 같이 스핀을 이용하여 차세대 메모리 등을 개발하는 것이 스핀전자공학 즉 스핀트로닉스인 것이다.

<참고문헌>

1. "Transistor". American Heritage Dictionary (3rd ed.). Boston: Houghton Mifflin. 1992.

2. Burks, Arthur, "Electronic Computing Circuits of the ENIAC", Proceedings of the I.R.E., 35 (8): 756, 1947.

3. Rainer Waser (Ed.), Nanoelectronics and Information Technology, p. 532, WILEY-VCH Verlag GmbH & Co., Weinheim (2003).

4. 신성철, 경영계 2012년 3월호, 80, 선진국을 향한 과학 터치.

5. 신경호, 물리학과 첨단기술, June 17 (2006).

6. S. Tehranii etal., Proceedings of the IEEE, 91,703 (2003).

(2018.02.08, 과학 이야기, 과학 칼럼)

스핀트로닉스Spintronics - 전자기술혁명電子技術革命 II

　그런데 1988년 프랑스 물리학자 알베르 페르Albert Fert와 독일의 물리학자 페터 그륀베르크Peter Grünberg가 '거대자기저항Giant Magnetoresistance, GMR' 현상을 발견하였다. 이 현상은 철(Fe)과 크롬(Cr)을 교대로 적층하여 쌓아올린 다층증착박막에 외부에서 자기장을 걸어주면 그 전기저항이 수십 %까지 증가하거나 감소한다는 것이다. 이것은 스핀의 상태가 전기저항에 크게 영향을 준다는 것이다. 즉 전자스핀들이 반평행 상태로 정렬되어 있을 때가 서로 같은 방향으로 평행하게 정렬되어 있을 때보다 전기 저항이 훨씬 커진다는 것이다. 따라서 거대자기저항효과의 발견으로 인하여 스핀의 기술적 이용을 활발히 연구하게 하는 계기가 되었다.

　드디어 IBM사는 1997년 이 새로운 현상을 하드디스크의 고밀도 디지털 정보를 판독하는 헤드 기술에 처음으로 응용하였다. 하드디스크에는 2진법의 디지털 정보가 전자스핀의 두 방향으로 저장되어 있다. 그러므로 저장된 전자스핀 방향이 판독헤드Reading head의 스핀 방향과 같은 경우에는 저항이 작아지고, 반대 방향의 경우에는 저항이 커지므로 그 저항의 차이로 디지털 정보를 읽어낼 수 있다는 것이다.

하드디스크는 오늘날 최고의 대용량 정보저장 장치로서 모든 컴퓨터에 내장되어 사용되고 있다. 이러한 거대자기저항 현상을 처음 발견한 공로를 인정받아 알베르 페르와 그륀베르크는 2007년 노벨 물리학상을 수상하게 되었다.

현재 우리가 사용하고 있는 하드디스크 드라이브HDD에는 자기 디스크에 기록된 자화 정보를 읽기 위한 자기 센서 즉 판독 헤드로서 GMR 및 자기터널저항Tunneling Magnetoresistance, TMR 효과를 이용한 헤드가 사용되고 있다. HDD의 면기록 밀도는 연평균 약 100%의 비율로 계속 상승하고 있으며 이에 부응하여 1비트를 차지하는 디스크상의 자화 영역은 매우 작아지고 있다. 현재의 기술수준은 KAIST 신성철 교수의 저서 '선진국을 향한 과학 터치'에서 백원짜리 동전 크기 디스크에 약 100기가바이트 이상의 디지털 정보를 저장할 수 있는 기술수준에 이르렀다고 한다. 이 용량은 도서 1만권을 수록할 수 있는 엄청난 정보량이다. 앞으로 기록밀도는 머지않아 일 평방인치당 2테라바이트까지 달성할 것으로 예측하고 있다.

하드디스크 드라이브 면저장 밀도는 지수함수 곡선을 따라 급격하게 증가한다. 정보 저장의 면 밀도가 배로 증가하는 주기는 12개월로 무어 법칙Moore's law보다 훨씬 짧다. 반도체에 적용되는 무어법칙은 집적 회로 내의 트랜지스터 수가 18개월마다 배로 증가한다는 법칙이다.

한편 스핀전자소자는 스핀의 고유특성인 전원이 끊겨도 저장된 정보가 유지되는 비휘발성Non-volatility 특성을 가지고 있기 때문에 차세대 전자소자로서의 가능성이 매우 높은 것으로 알려져 있다. 특히 스핀트로닉스 기술은 2000년 초부터 미국의 국가과학기술자문회의 기술위원회가 4차 산업혁명을 선도할 수 있는 나노기술개발의 가장 대표적인 소자의 응용 예로 더욱 주목을 받기 시작하였으며, 현재 하나의 학문분야로 발전되어 전세계적으로 매우 활발한 연구가 이루어지고 있다.

KIST 신경호 박사는 '물리학과 첨단기술'에서 특히 자기램Magnetic Random Access Memory, MRAM은 비휘발성, 내구성, 정보 기록·재생 속도와 수명, 정보저장밀도 등 여러 면에서 월등하게 우수한 성능을 보이고 있다고 한다. 기존의 메모리가 서로의 단점을 보완하기 위하여 여러 종류의 메모리를 함께 써야 하는 점을 고려할 때, MRAM은 보조 메모리 없이도 독자적으로 쓸 수 있어서 진정한 유니버설 메모리로서 자리 잡을 가능성이 높은 것으로 평가하고 있다. MRAM은 2개의 자성박막과 그 사이에 한 개의 절연막을 끼워놓은 구조의 자기터널접합Magnetic Tunnel Junction, MTJ 소자를 기존의 집적회로 구조인 금속산화물반도체Comple- mentary Metal–Oxide–Semiconductor, CMOS 안에 넣어 만든다. 이때, MTJ는 디램Dynamic Random Acess Memory, DRAM의 캐패시터capacitor와 같은 역할을 한다.

결과적으로 스핀트로닉스 기술은 각각 금속과 반도체를 기반으로 하는 기술로 구분할 수 있다. 금속을 기반으로 한 스핀트로닉스는 거대자기저항 및 자기터널Tunnel Magnetoresistance, TMR 현상을 이용하여 HDD의 재생헤드로 응용되고 있으며 차세대 비휘발성 메모리 소자인

MRAM의 개발에도 응용되고 있다. 최근에는 스핀이동회전력Spin Transfer Torque 기술을 이용한 스핀소자 기술에 대한 연구가 매우 활발히 진행되고 있으며, 전류구동형 자화스위칭Current Induced Magnetization Switching, CIMS 기술의 경우 자기셀의 크기가 작아질수록 정보기록이 용이해짐으로써 고밀도의 자기램이 가능할 것으로 전망하고 있다. 또한 스핀회전력Spin Torque 기술을 이용하여 미세진동자Nano Oscillator 등 GHz 대역의 고주파 통신소자로서 응용하고자 하는 연구가 진행되고 있다. 또한 반도체를 기반으로 하는 스핀트로닉스는 자성체·반도체 하이브리드 스핀소자 기술과 자성반도체Magnetic Semiconductor 기술 분야로 나눌 수 있으며 이 기술들을 이용하여 스핀 전장효과 트랜지스터 Spin Field Effect Transistor, Spin FET, 스핀 발광 다이오드Spin Light Emitting Diode, Spin LED, 스핀 공명터널링 다이오드Spin Resonant Tunneling Diode, Spin RTD 등과 같이 전하, 스핀 및 광기능을 통합한 새로운 스핀 양자 전자소자를 구현하고자 하는 연구가 활발히 이루어지고 있다.

현재 미국의 Freescale, IBM 및 일본의 NEC, Toshiba 등이 자기램을 실용화하기 위해 활발히 연구개발을 하고 있으며 국내에서도 KIST를 비롯한 연구소와 대학 등에서 이에 대한 연구가 매우 활발하게 이루어지고 있으며, 특히 KIST 신경호 박사는 스핀트로닉스 기술 분야가 KIST의 중점 연구분야로 선정되어 현재 '신개념 스핀전자 소자 기술 개발'이라는 과제로 연구를 수행하고 있다고 한다.

앞으로 스핀트로닉스 기술의 계속적 발전은 또 다른 새로운 전자의 기술혁명을 일으키게 될 것이다. 앞에서 언급한 완벽한 스핀트랜지스터가 개발되어 부팅시간 기다림 없이 순간적으로 동작할 수 있는 새로운 컴퓨터가 만들어질 것이다.

그리고 가까운 장래에, 기억장치인 DRAM이나 전원이 공급되어야 그 내용이 보존되는 에스램Static Random Acess Memory, SRAM 같은 반도체 메모리의 근원적 한계를 극복하여 대체할 수 있는 고밀도 용량을 갖는 비휘발성 메모리개발이 가능해질 것이다.

또한 전문가들은 그동안 이론에 머물렀던 양자Quantum 기술이 빠른 속도로 발전하고 있어 양자의 특성을 이용하여 기존의 불완전한 암호 보안체계를 안전하게 만들 수 있을 것으로 기대하고 있다.

뿐만 아니라 스핀의 두 양자역학적 상태를 양자의 정보단위인 양자 Q비트로 이용한 양자 컴퓨터의 상용화가 이루어질 것으로 기대하여, 현재의 슈퍼컴퓨터로도 수천 년이 걸리는 어려운 수학문제를 양자 고유 특성인 중첩과 얽힘을 이용하여 초고속 병렬연산이 가능하게 되어 문제를 단 몇 시간 이내에 풀 수 있는 초고속 양자컴퓨터가 만들어질 것이라고 전망하고 있다.

<참고문헌>

1. Jon Slaugter, TND Technical Forum, 6 October, 2005.
2. Spintronics: A Spin-Based Electronics Vision for the Future Sciencemag.org, 21 October 2013.
3. Abert Fert, Peter Grünberg, Physical Review B39, 4828, (1989).
4. "Transistor". American Heritage Dictionary (3rd ed.). Boston: Houghton Mifflin. 1992.
5. 신성철, 경영계 2012년 3월호, 80, 선진국을 향한 과학 터치.
6. 신경호외, 물리학과 첨단기술, June 17 (2006).

7. S. Tehranii et al., Proceedings of the IEEE, 91, 703 (2003).

(2018.05.02, 과학 이야기, 과학 칼럼)

제4장

차세대 이차배터리, 신소재 그래핀

미래를 여는 차세대 이차배터리二次電池의
연구동향 및 기술발전현황 I

우리나라를 비롯한 여러 나라에서는 전기적인 에너지원으로 리튬-이온Lithium-ion 이차전지Rechargeable battery시대가 열리면서, 보다 성능이 우수한 전지개발에 관한 주도권싸움이 치열하게 전개되고 있다. 기존의 리튬-이온전지보다 에너지밀도가 높고, 보다 안정성이 있으며 빠른 충전이 가능하고 수명이 길면서 가격이 저렴한 전지개발에 심혈心血을 기울이고 있는 것이다.

향후 개발결과에 따라 전고체전지all solid state battery가 주류를 이루게 될 것이고, 연구중인 리튬-메탈전지Lithium-metal battery, 리튬-황전지Lithium-sulfur battery 및 리튬-공기전지Lithium-air battery에 대한 상용화도 시도하게 될 것이다. 그 결과로 성능이 개선된 차세대 이차배터리에 대한 상용화가 이루어지게 되면, 스마트폰은 한 번 충전으로 5일 이상 사용가능하고, 전기자동차에 장착할 경우 1회 완전충전으로 2,000km 이상 주행이 가능한 전기차의 등장을 기대해도 될 것이다.

얼마 전 보도에 의하면 현대차그룹 수석부회장은 삼성전자 부회장과 LG 그룹대표를 방문한데 이어, 최근 SK 이노베이션 배터리공장을 방문하고 내년부터 SK 이노베이션으로부터 현대-기아차의 전기차 전용플랫폼 E-GMP에 5년간 10조원의 배터리 물량을 공급받기로 하였다고 한다.

내년은 특히, 현대-기아차가 기존의 내연기관 모델을 바꾸는 정도를 벗어나 순수 전기차를 대량 생산하기 시작하는 해라 그 의미가 실로 크다 하겠다.

지난달 수석부회장의 LG 화학 방문시에는 장수명 배터리와 리튬-황 배터리 기술을 논의했고, 삼성 SDI와는 전고체 배터리 기술, SK 이노베이션과는 고에너지밀도, 급속충전 등 특성을 갖는 리튬-메탈 배터리 등 차세대 배터리 기술에 관한 정보를 공유한 것으로 알려져 있다.

또한 현대차그룹 수석부회장의 배터리 3사 총수와의 연이은 회동은 배터리 제조업체들이 상호간 경쟁을 하게하여 기술과 가격 경쟁력을 끌어올리는 효과를 가져오게 하고, 한편으로는 공급처 다변화를 통한 안정적인 수요공급을 가능하게 하기 위한 매우 의미심장한 일로 보인다.

따라서 반도체 부문의 특장점을 가진 삼성그룹, 반도체와 통신 등에 강점을 가진 SK 그룹, 그리고 자동차 전자장치부문에서 앞선 LG 그룹 등과의 배터리 협력에 의한 4개 그룹 협력체제를 통하여 전기차 분야에서 시너지 효과를 낼 수 있을 것으로 기대된다.

최근 키움증권 리서치센터의 자체적인 산업분석에 의하면 세계 각국은 차세대 배터리로 2025년까지는 기존의 리튬-이온전지가 양극재, 음극재, 전해질 등 주요소재를 개선하여 성능개량에 역량을 집중할 것이고, 그 이후에는 연구개발중인 전고체전지가 대세를 이루어 차세대배터리의 주류가 될 것이며, 리튬-메탈전지, 리튬-황전지의 상용화시도 이후에는 꿈의 전지로 불리는 리튬-공기전지를 개발할 것으로 내다보고 있다. 여기에서는 우리나라가 현재 세계 배터리시장의 중심에 서 있는 것으로 평가하고 있다.

그러면 현재 각국이 앞 다투어 개발중인 배터리의 연구동향과 개발기술의 발전현황에 대하여 알아보기로 한다.

1. 리튬-이온전지Lithium-ion battery

상용화되어 있는 이차전지 가운데 가장 성능이 우수한 전지이며, 그 우수성 때문에 핸드폰, 노트북 PC, 전동공구 등 부피가 작고 무게가 가벼운 제품, 즉 휴대용 전자제품에 주로 사용되고 있다. 그러나 탄산가스 배출에 대한 규제와 화석연료 고갈에 따른 우려가 높아짐에 따라서, 전기차에 대한 관심이 고조되어, 현재 전기자동차용 에너지원으로서 리튬-이온 이차전지가 주로 사용되고 있다. 전기차Electric Vehicle, EV에 이용하기 위해서는 주행거리, 충전시간 등 기술적인 과제들의 해결을 위해서 이차전지의 성능 개선이 필수적이다.

이차전지의 한 종류로서 리튬 이차전지는 전해질을 무엇으로 사용하느냐에 따라서, 즉 액체형 전해질을 사용하는 리튬-이온전지, 젤형 전해질을 사용하는 리튬-이온폴리머전지, 고체고분자 전해질을 사용하는 리튬-폴리머전지로 분류할 수 있다.

그러나 리튬-(이온)폴리머 전지는 액상형 전해질 대신 젤형이나 고체형 고분자 재료를 사용하여 전지의 안정성을 높이고 전지의 모양을 자유롭게 할 수 있는 장점이 있으나 타전지에 비하여 가격이 높은 단점이 있다.

리튬-이온전지의 단전지 전압은 3.7V로 휴대용 전자제품 등에 사용되며 상용화되고 있는 전지 중 무게가 가볍고 성능이 가장 우수하다. 리튬-이온전지는 양극, 분리막, 음극, 전해액으로 구성되어 있고 리튬이온의 이동이 전해액을 통해 이루어진다. 전해액이 누수되어 리튬 전이금속이 공기 중에 노출될 경우 전지가 폭발할 수 있고 또 과충전 시에도 화학반응으로 인해 전지 케이스 내의 압력이 상승하여 폭발할 가능성이 있어 이를 차단하기 위해서는 반드시 보호회로가 필요하다. 그 위험성만 해결되면 리튬-이온 전지는 무게가 가볍고 높은 전압을 갖고 있어 많이 사용되고 있는 전지이다.

리튬-(이온)폴리머Li-ion Polymer전지의 전압은 역시 3.7V로 폭발 위험이 없고 전해질이 젤이나 고체 타입이기 때문에 전지모양을 다양하게 만들 수 있는 장점이 있다. 일부 휴대폰이나 전자제품 등에 사용되고 있다. 국내에서도 많은 기업이 연구 개발 중이나 양산하는 곳이 적다. 리튬-(이온)폴리머전지의 구성은 양극, 전해질, 음극 등으로 되어 있고 양극과 음극 사이의 전해질이 양극과 음극을 분리하는 분리막과 리튬이온의 이동역할을 수행하고, 고분자 젤이나 고체형태의 전해질을 사용함으로써 과충전과 과방전으로 인한 화학적 반응에 견딜 수 있게 만들 수 있어 리튬-(이온) 폴리머전지에는 필수적인 보호회로가 없어도 되는 장점이 있다.

2. 리튬-인산철배터리Lithium-iron phosphate battery LiFePO$_4$; LFP

요즈음 나날이 인기가 높아지고 있는 리튬-인산철배터리는 1996년 미국 텍사스 주립대학의 연구팀이 만든 배터리로 철Iron을 충전물질로 사용했다. 철은 우리 지구상에 아주 흔한 원소이고 독성이 없으며 열적으로 안전하고 값이 저렴하다는 장점을 가지고 있다. 그러나 철은 전기전도도가 낮아 충/방전속도가 느려서 상용화하는데 문제점을 가지고 있었다. 이 문제를 해결하기 위해서 MIT 공대에서 철에 탄소, 알루미늄, 니오븀, 지르코늄 등과 같이 전자를 쉽게 이동하는 물질을 섞어서 전도율을 높이고, 인산철 코팅 기법을 개발하여 미국의 규모가 큰 회사들이 배터리 대량 양산체계를 갖추게 되고 본격적인 상용화 단계로 들어서게 되었다.

리튬-이온계열의 배터리 개발과정을 보면, 리튬-코발트산화물 배터리는 에너지 밀도가 높지만 안정성 문제가 좋지 못하며, 리튬-망간산화물은 안정성이 좋은 이유로 고방전 기구에 많이 사용되지만 온도에 민감하여 한계가 있을 수 있고, 리튬-인산철배터리는 가장 안정적인 성능으로 충/방전 주기가 무려 2,000회 이상 가능하여 많은 장비에 사용되고 있다.

<참고문헌>

1. 정영만, 조원일, 리튬이차전지의 기술 동향과 미래, KIST 이차전지 센터 (2010).
2. T. Nagura and K. Tazawa, Prog. Batteries Sol. Cells, 9 20-2 (1990).
3. K. J. Cho, "The Present Condition of Li-ion Battery Industry in Green

Car (in Korean)", pp. 59-82, Issue of Industry, KDB Research Institute, (2010).

4. 김준학, 이차전지의 기술, 시장동향 및 특허동향, 신기술동향 (반도체심사담당관실) (2016).

(2020.07.28, 과학 칼럼, 포커스 이코노미)

미래를 여는 차세대 이차배터리二次電池의 연구동향 및 기술발전현황 II

전기 에너지원으로서 기존의 리튬-이온전지Lithium-ion battery보다 성능이 우수한 차세대 이차전지기술개발을 위한 선두경쟁이 치열해지고 있다.

앞으로 전고체전지all solid state battery, 리튬-메탈전지Lithium-metal battery, 리튬-황전지Lithium-sulfur battery 및 리튬-공기전지Lithium-air battery에 대한 개발결과로 상용화가 이루어지게 되면, 스마트폰은 한번 충전으로 5일 이상 사용가능하고, 전기자동차에 장착할 경우 1회 완전충전으로 2,000km 이상 주행이 가능한 전기차의 등장이 기대된다.

앞에서는 주로 리튬-이온전지에 대해서 살펴보았고, 계속해서 1996년 미국 텍사스 주립대학의 연구팀이 철Iron을 충전물질로 사용하여 개발한 요즈음 인기가 높아지고 있는 리튬-인산철배터리Lithium-iron phosphate battery LiFePO₄에 대해서 조금 더 알아보기로 한다.

리튬-인산철배터리의 장점을 들어보면

- 무게가 가볍다. 인산철배터리 단전지의 전압과 용량은 각각 3.2V, 3,400mAh로, 방전시 종지전압 직전까지 3.2V를 유지하는 정전압 방전특성을 가지므로 전압조정회로가 없어도 회로구성이 가능하여 그 크기가 줄어든다. 또한 충/방전특성이 단순해서 충전회로도 정전류/정전압 방식으로 제작하므로 복잡한 배터리관리회로battery management system, BMS가 없어도 된다.

- 다른 종류의 리튬-이온 배터리에 비해 수명이 길다. 리튬-인산철배터리는 자기용량의 90%까지 방전후 재충전 반복횟수가 2,000회 이상으로 납축전지에 비해 3배 이상 수명이 길며, 2,000회 이상 충/방전 후에도 최초 성능용량의 80% 이상을 유지할 수 있다. 즉, 100Ah 배터리를 2,000회 충/방전시킨 후에도, 용량이 80Ah 정도 밖에 줄어들지 않는다. 그러므로 용량감퇴율이 다른 리튬계열의 배터리보다 낮아 더 긴 수명을 갖는다.

- 단전지 하나의 정격전압이 3.2V이므로 이것을 4개 직렬로 연결하면 12.8V로 일반적인 승용차에서 사용하는 전압인 12V와 엇비슷하다. 그러므로 리튬-인산철배터리는 지금까지 자동차 시동배터리로 주로 사용해온 기존의 납축전지를 대체할 것으로 보인다.

- 안전하다. 납축전지는 과충전이나 과방전시 수소가스가 새어나오는 위험성이 있어 고온이나 저온 환경에서 성능이 급격히 떨어진다. 그리고 리튬-이온이나 리튬-폴리머 배터리는 과충전이나 과방전시 급격한 온도상승과 폭발현상이 발생할 수 있다. 그러나, 리튬-인산철배터리는 과방전, 과충전시 폭발하지 않고 강한 외부 충격이나 고온,

화재에도 폭발하지 않는다. 리튬-인산철배터리는 섭씨 60~70도 정도의 환경에서 오히려 정격용량보다 10% 정도 더 많은 에너지를 안정적으로 방전시킨다. 현재까지 상용화된 배터리 중 가장 안전성이 우수하다 할 수 있다.

- 에너지 밀도가 높다. 리튬-인산철배터리는 납축전지에 비해 무게당 에너지 밀도가 2배 가량 높다. 그러나 리튬-이온배터리가 리튬-인산철배터리보다 에너지 밀도가 1.5배 더 높아서 리튬-인산철배터리는 에너지 밀도가 높진 않지만, 수명이 3배 이상 더 길고, 사용상 위험성이 없다는 안전성을 가지고 있다.

- 출력에너지가 크다. 실험결과에 따라서 용량과 전압이 각각 100Ah, 12V 납축전지와 100Ah, 12.8V 리튬-인산철배터리를 비교해보면, 납축전지는 완충 후 배터리 손상이 안가는 12.0V 정도까지 방전시 출력되는 에너지가 600Wh 정도이나, 리튬-인산철배터리는 1,050Wh 정도로 거의 두 배 가량 많으며, 9V까지 내려가도 배터리가 손상되지 않으며, 이때까지 출력시엔 1150Wh 정도를 사용할 수 있다.

- 낮은 자기방전율을 갖는다. 납축전지는 월 5~20%의 자가방전이 되며, 리튬-인산철배터리는 월 1%의 자가방전이 된다. 즉, 납축전지는 완충 후 6~12개월이 지나면, 배터리가 자연방전되어 손상을 입지만, 리튬-인산철배터리는 1년간 충전 안 해도 85% 정도의 용량을 그대로 유지한다.

- 좋은 방전특성을 갖는다. 납축전지는 지속방전시 배터리가 손상될 수 있지만, 리튬-인산철배터리는 지속방전 특성과 순간방전 능력 모두 납축전지보다 훨씬 뛰어나다.

- 유지보수가 불필요하다. 납축전지처럼 정기적으로 증류수 보충 등의 정기적인 유지보수가 수명주기 내에서 필요 없다.

단점으로는
- 리튬-이온이나 리튬-폴리머 배터리에 비해 에너지 밀도가 낮다. 즉, 축전량이 리튬-코발트계열에 비해 14% 정도 적은 양을 충/방전할 수 있다.
- 기존의 납축전지에 비해 3배 정도의 높은 추가비용이 소요된다.
- 기존의 다른 리튬이온 계열의 배터리와는 충전전압이 달라 사용하려면 추가로 별도의 충전기가 필요하다는 점을 들 수 있다.

결과적으로 위에 언급한 내용 중에서도 리튬-인산철배터리의 가장 큰 장점은 수명이 길고 폭발 가능성이 아주 낮아서 안전하다는 것이다. 따라서 요즈음 자동차 시동배터리, 내부의 블랙박스 등 보조전원으로 적합하여 많이 사용하고 있다.

필자도 최근에 자동차 블랙박스의 상시운용과 주차운용시간 연장을 위한 전용보조배터리로 12~14.6V의 전압과 13600mAh 용량을 갖는 리튬-인산철배터리를 장착하고 그 성능에 만족해하고 있다. 따라서 이 보조배터리의 장착으로 기존차량에 설치된 배터리의 방전걱정이 줄어들고 수명연장효과도 기대할 수 있게 되었다.

3. 전고체전지

리튬-이온 전지시대 이후의 대세를 이루게 될 전고체전지는 2011년 동경공업대 Ryoji Kanno 교수가 상온에서 유기 액체 전해질과 동등한 수준의 높은 이온전도도(1.2×10^{-2} S/cm)를 가진 LGPS($Li_{10}GeP_2S_{12}$) 계열 황화물 고체전해질을 개발하면서 비롯되었으며 전해질 뿐만 아니라 배터리의 모든 소재가 고체로 이루어져 있다.

그 개발과정에서 음극재로 리튬메탈을 채택한 리튬-메탈전지와 양극재로 황을 채택한 리튬-황전지가 부분적인 상용화를 시도할 것이다. 두 전지 모두 고체 전해질 개발이 뒤따라야 상용화 가능성이 높아질 것이다. 결국 황 양극재, 리튬메탈 음극재, 고체 전해질은 독자적인 경쟁기술이라기보다 상호보완적인 기술로 볼 수 있다.

전고체전지 장점으로서는

• 폭발 및 발화 특성이 없어 안전성이 우수하다. 고체 전해질은 온도 변화에 따른 증발이나 외부 충격에 따른 누액 위험이 없다. 부피 팽창이 발생하지 않고, 열과 압력 등 극한 외부 조건에서도 정상 작동할 수 있다.

• 높은 에너지 밀도를 갖는다. 2극성bipolar 구조로 적층가능하다. 즉 유기 전해액을 고체 전해질로 대체하면 집전체 양면에 음극과 양극이 결합된 2극성 전극의 적용으로 단전지에서 10V 이상의 고전압이 만들어진다. 즉 리튬-이온전지에서 14.4V의 전압을 얻으려면 3.7V 전지 4개를 직렬 연결해야 하는데, 전고체전지에서는 단 1개의 단전지로 가능하다. 이처럼 단전지화로 분리막, 집전체, 셀외장재 등이 감소해 셀 부피가 줄어들고, 배터리관리회로의 최소화가 가능하여 부피당 에너지 밀도를 높일 수 있다.

- 고출력이 가능하다. 액체 전해질과 달리 리튬이온이 용매와 분리되는 탈용매 반응이 불필요하다. 충/방전 반응이 곧 고체 내 리튬이온의 확산 반응으로 반영돼 높은 출력이 가능하다.
- 사용 온도가 넓다. 기존 유기 전해액에 비해 넓은 온도 영역에서 안정적인 성능을 확보할 수 있다. 전기차 사용자의 가장 큰 애로사항이 겨울철에 배터리 성능이 저하돼 주행거리가 줄어드는 것인데, 저온에서도 높은 이온전도도를 보여서 전고체전지 시대가 오면 낮은 온도환경에서의 불안이 없어질 것이다.
- 전지 구조가 단순하다. 분리막이 필요 없다. 제조공정 상에서 현탁액 slully 상태의 고체 전해질을 양극활물질에 코팅한다. 액체 전해질의 주액공정 없이 연속공정을 통해 다양한 형태의 다층구조 셀을 만들 수 있다.
- 다양한 초소형 전자기기-전기차에 활용이 가능하다는 것이다.

한편 전고체전지 단점을 들어보면, 현실적으로는 고체전해질 소재, 활물질-전해질 경계의 높은 계면저항, 제조공정 등에 관하여 많은 과제를 안고 있다. 소재는 아직 기대성능에 미치지 못하고 있다. 단전지 제조과정에서 엄청난 압력과 온도를 필요로 하여 양산설비를 만들기가 쉽지 아니하다. 고체이기 때문에 이질적인 파우더끼리 계면저항, 전극과 전해질의 계면저항을 피할 수 없다.

고체전해질은 액체전해질에 비해 이온전도도가 낮다는 것이 본질적 문제이고, 기존 리튬-이온전지처럼 전극 제조시 현탁액상태로 코팅하면 용량이나 효율 특성이 현저하게 떨어진다.

가격측면에서 볼 때 액체전해질과 분리막을 더한 것보다 원가가 더 낮은 고체전해질 소재의 개발이 쉽지 아니하다. 또한 음극재까지 리튬메탈로 바꾸면 새로운 생산 설비가 필요하기 때문에 제조원가가 높아진다.

그리고 전고체전지 시장 전망을 보면, 일본 후지경제 연구소는 글로벌 전고체전지 시장이 2035년에 2조 8,000억 엔 규모로 성장할 것으로 전망하고 있다.

성남소재 SNE Research에 따르면, 전고체전지를 탑재한 전기차는 2030년 200만대로 전기차 시장의 10%를 차지할 것으로 전망하고 있다.

전고체전지를 연구하는 주요국내연구소는 한국전자부품연구원, 삼성종합기술연구원, KIST 그리고 한국화학연구소 등이다.

<참고문헌>

1. T. Nagura and K. Tazawa, Prog. Batteries Sol. Cells, 9 20-2 (1990).
2. K. J. Cho, "The Present Condition of Li-ion Battery Industry in Green Car (in Korean)", pp. 59-82, Issue of Industry, KDB Research Institute, (2010).
3. 정영만, 조원일, 리튬이차전지의 기술 동향과 미래, KIST 이차전지 센터 (2010).
4. 김준학, 이차전지의 기술, 시장동향 및 특허동향, 신기술동향 (반도체심사 담당관실) (2016).

(2020.08.11, 과학 칼럼, 포커스 이코노미)

미래를 여는 차세대 이차배터리二次電池의 연구동향 및 기술발전현황 III

이차전지업계의 자체적인 산업분석에 의하면 2025년까지는 기존의 리튬-이온전지Lithium-ion battery 성능개량에 나설 것이고, 이후에는 전고체전지all solid state battery가 대세를 이루어 차세대배터리의 주류가 될 것으로 전망하고 있다. 연구개발 중인 리튬-금속전지Lithium-metal battery, 리튬-황전지Lithium-sulfur battery의 상용화 이후에는 꿈의 전지로 불리는 리튬-공기전지Lithium-air battery를 개발할 것으로 내다보고 있다. 이렇듯 우리나라를 포함하여 여러 나라에서는 앞 다투어 성능이 우수한 차세대 이차전지의 기술개발에 역량을 집중하고 있다.

지난호에서는 리튬-이온배터리, 리튬-인산철배터리Lithium-iron phosphate battery, 그리고 전고체전지의 개발현황에 대하여 알아보았고, 여기에서는 현재 개발중인 리튬-금속전지, 리튬-황전지, 그리고 차세대 꿈의 전지로 불리는 리튬-공기전지 등에 대하여 살펴보기로 한다.

4. 리튬-금속전지

리튬-금속전지는 리튬금속을 음극으로 사용하는 전지이다. 리튬-이온전지가 상용화되기 전, 1970년대에 Stanley Whittingham이 이황화티타늄TiS$_2$을 양극으로 하고, 리튬금속을 음극으로 하는 리튬-금속전지를 개발하였다. 이후 1980년대에 들어서는 Moli Energy 회사에 의해서 이황화몰리브덴MoS$_2$를 양극으로 하고 과량의 리튬금속을 음극으로 하는 리튬-금속전지로 상용화되었으나 전극단락과 전지가 폭발하는 바람에 생산이 중지되었다.

리튬금속을 음극재로 쓰게 되면 리튬 반응성이 좋아져서 배터리 충전시 리튬을 반대 방향으로 보내게 되는데, 보내진 리튬이 반대편에 리튬덴드라이트Lithium dendrite; 나뭇가지 모양의 결정체 현상으로 날카로운 나뭇가지모양으로 뾰족하게 자라게 된다. 이렇게 되면 날카로운 리튬금속이 분리막을 뚫어 전지가 폭파하게 되거나 망가져 기능을 잃게 되는 현상이 일어난다. 그러한 이유로 리튬-금속전지보다 앞서 리튬-이온전지가 1991년에 먼저 상용화되어 많은 관심이 집중되었으며, 현재까지 가장 성능이 뛰어난 이차전지로 사용되어온 것이다.

그 후, 전기자동차, 노트북, 드론 등에 사용되는 이차전지의 대용량화 요구에 따라 리튬-금속전지가 자연스럽게 재조명을 받게 되었다. 리튬-이온전지에 음극재로 들어가는 흑연 대신 리튬금속을 음극으로 사용하게 되면 질량 대비 10배, 부피대비 3배 이상 전기용량이 늘어나 작은 크기의 배터리로도 효율을 획기적으로 올릴 수 있게 된다.

즉, 현재 상용화된 리튬-이온전지의 음극은 흑연물질로 이론용량이 372mAh/g이지만, 리튬금속은 이론 용량이 3,860mAh/g으로 흑연보다

10배 이상 높은 이론용량을 가지며, 표준수소전극 대비 −3.040V로 가장 낮은 전기화학전위와 0.534g/cm³의 낮은 밀도를 가지기 때문에, 리튬금속은 음극으로서 아주 큰 가능성을 가진 물질이다.

그러나, 리튬금속 음극은 전기화학적 반응성이 높기 때문에, 낮은 쿨롱 효율Coulombic efficiency; 전지의 충/방전 비율로 충전과 방전이 계속되면 전해질과 리튬이 빠르게 소모돼 전지의 수명은 더욱 짧아진다. 또한, 전해질과 리튬음극의 부반응으로 생성된 불안정한 고체-전해질 계면상은 리튬음극 표면에 리튬의 나뭇가지모양의 성장을 유도해 전지의 사이클 수명과 안전성을 해친다. 양극표면에서의 전해질 산화 또한 양극-전해질 계면 생성으로 이어지고, 높은 전압에서 전해질이 지속적인 산화가 일어나는 불안정성 때문에 전지수명이 줄어들게 되므로 극복해야 할 과제이다.

최근 연구동향으로서, KIST 에너지저장연구단 조원일 박사팀은 기존의 순수 리튬금속 음극을 리튬-알루미늄 합금으로 대체해 불안정성을 제거하고, 또한 음극 표면에 이황화몰리브덴MoS₂ 기반의 초박막 인조보호막을 형성하여 전지 용량과 수명을 급격히 떨어뜨리는 덴드라이트의 성장을 억제하였다. 초박막 인조보호막은 고체-전해질 계면상으로 그래핀계 나노소재를 리튬금속 표면에 고르게 전사한 것이다. 이와 동시에 리튬-알루미늄 합금을 사용한 전지를 개발, 리튬-금속전지의 성능과 수명을 향상시켰다. 이와 함께 전해질 시스템을 최적화하여 기존에 개발된 리튬-이온전지 대비 2배 이상 수명을 끌어올리는 데도 성공했다고 한다.

따라서, 최근에 흑연 음극을 리튬금속 음극으로 바꾸는 리튬-금속전지개발에 많은 연구들이 집중되어 상당한 부분은 개선이 되고 있다. 이러한 노력들이 지속된다면, 리튬-금속전지가 머지않아 상용화되어 이차전지의 에너지 밀도를 획기적으로 증가시킬 것으로 기대된다. 이 때, 복잡한 리튬금속의 반응 메커니즘에 대한 비중 있는 연구도 병행한다면, 리튬-금속전지의 상용화는 더 앞당겨 질 것이다.

5. 리튬-황전지

리튬-황전지는 현재 스마트폰이나 노트북, PC 등에 주로 사용하는 리튬-이온전지보다 이론적으로 약 8배 높은 에너지 밀도를 갖는 차세대 이차전지로, 스마트폰을 5일 이상 사용가능하게 하고, 전기자동차에 장착할 경우 1회 완충으로 2,000km 이상주행을 가능하게 하는 초고용량 전지이다. 2030년 이후 상용화될 것으로 기대하고 있다.

리튬-황전지의 구성은 양극 소재로 자원이 풍부한 황 또는 황화물을, 음극 소재로 리튬금속을 사용하는 전지이다. 전해질로는 유기체/고체 전해질이 쓰인다. 기존의 리튬-이온전지의 제조공정을 활용 가능하다는 이로운 점이 있으며 제조원가가 저렴해 최근 차세대 이차전지로 주목받고 있다. 그러나 계속되는 충/방전시 충전과 방전 과정에 생성되는 다양한 형태의 리튬 다황화물로 황에 손실이 발생하여 양극재(황)의 감소로 전지 수명이 짧아지고 용량이 줄어들게 되며 다소 위험하다는 단점을 가지고 있다. 또한 제조설비가 황에 의해서 부식하기 쉽다는 단점도 가지고 있다. 이 때문에 이를 개선하려는 황 복합전극 소재 개발이 활발히 이뤄지고 있다.

리튬-황전지의 상용화를 앞당기기 위하여 진행해 온 연구동향을 살펴본다.

키움증권 리서치센터의 자체적인 산업분석에 따르면 양극재는 첫째, 최대한 많은 양의 황을 함유해야 하고, 둘째, 우수한 전도성 물질과 혼합을 통해 전기전도도를 높여야 하며, 셋째, 충/방전시 부피 팽창에 내성을 가지는 구조여야 하고, 넷째, 황의 환원 반응으로 생성되는 폴리설파이드polysulfide; 다중 황화물가 음극으로 이동하는 것을 제한할 수 있어야 한다. 이를 위해 우수한 전기전도도, 넓은 비표면적(단위질량당 표면적), 기계적 강성 등을 가진 다공성 탄소, 탄소나노튜브, 그래핀graphene 등을 황과 합성해 복합소재를 제조하는 연구가 활발하게 진행되고 있다.

음극재는 높은 에너지 밀도와 단전지 전압을 보유한 리튬메탈이 적합하다. 그러나 리튬메탈이 폴리설파이드와 반응하고, 리튬덴드라이트 현상으로 나뭇가지 모양의 결정체가 표면에 형성되기도 한다. 이러한 문제점을 해결하기 위해 리튬메탈 표면에 보호층을 입히는 방법, 실리콘 나노와이어를 이용한 음극 합성방법 등이 연구되고 있다. 그리고 전해질은 고체 전해질이라야 하며 이것은 높은 이온전도도, 리튬메탈과 반응시 화학적 안정성이 유지되어야하고, 전극과 전해질의 접촉계면 등이 넓어야 한다.

겔gel; 반고체 상태 전해질은 고체 전해질에 비해 상대적으로 높은 이온전도도, 화학적 전기적 안전성 등이 장점이지만, 폴리설파이드의 용해를 원천적으로 막을 수 없다. 따라서 고체전해질이 개발되기 전까지는 분리막을 통해 폴리설파이드를 물리적으로 차단하는 기술이 병행되어야 할 것이다.

현재 국내에서는 KAIST 생명화학공학과, 숙명여대 화학공학과, KIST, DGIST 에너지공학연구소 등에서 연구가 진행되고 있다.

6. 리튬-공기전지

리튬-공기전지는 충/방전 과정에서 산화물의 결합, 분해로 에너지를 생성하는 새로운 기술을 활용한 배터리로, 현재까지 알려진 이차전지 시스템 중에서 가장 높은 에너지 용량을 얻는 것이 가능하기 때문에 차세대 꿈의 전지로 불리며, 가장 활발히 연구가 이루어지고 있는 이차전지 중 하나이다. 현재까지 다양한 연구가 진행되어 급격한 성능의 개선이 이루어져 왔으나 아직 상용화되기에는 많은 문제점을 가지고 있다.

리튬-공기전지의 이론적 에너지 밀도는 3,500Wh/kg 이상으로 리튬-이온전지의 10배에 해당하고, 차세대 배터리 중 가장 높은 용량을 얻을 수 있어 효율적으로 휘발유와 동급이라 할 수 있다. 리튬-공기전지는 공기 중의 산소를 무제한으로 공급받기 때문에 비표면적이 넓은 공기극을 통해서 많은 양의 에너지를 저장할 수 있기 때문이다. 음극에서는 리튬의 산화 및 환원 반응, 공기극에서는 외부로부터 유입되는 산소의 환원 및 산화 반응이 일어나며 이차전지 및 연료전지기술이 복합된 전지라 할 수 있다.

리튬-공기전지 구동 원리를 알아보자. 리튬-공기전지는 음극으로는 공기와 전위차가 있는 리튬메탈을 사용하고, 양극인 공기극은 활물질 active material; 전지의 전극반응에 관여하는 물질로 공기중의 산소를 이용하는 전지시스템으로, 리튬-황전지와 더불어 에너지 밀도가 큰 특성을 갖는다. 즉, 리튬-공기전지는 방전반응시 리튬금속의 산화 반응에 의해 리튬이온과 전자가 생성되고, 리튬이온은 전해질을 통해 이동하고, 전자는 외부 도선을 따라 공기극으로 이동하게 된다. 외부 공기에 포함된 산소는 공기극으로 유입되어 도선에 따라 이동한 전자에 의해 환원되면 Li_2O_2가 형성된다. 충전반응은 이와 반대 반응으로 진행된다.

그러나 단점으로서는 고순도 산소확보가 어려우며 산소 여과장치, 송풍장치 등 추가 장치로 부피가 증가될 수밖에 없으며, 수명이 짧다는 것이다. 또한 충전에 쓰이는 일반적인 촉매인 백금이나 산화이리듐도 내구성이 낮고 가격이 비싸서 이 전지의 상용화에 큰 걸림돌이 되고 있다.

따라서 이미 상용화된 리튬-이온전지는 현재의 기술로 완전충전하면 그것의 99.99%를 사용할 수 있는데, 리튬-공기전지는 완전충전하더라도 그것의 60% 정도만 사용할 수 있을 정도이어서 차세대 배터리개발 로드맵 중에서 상용화계획이 가장 늦을 만큼 기술적 한계를 가지고 있으며 해결해야 할 과제가 많다.

국내에서 DGIST 에너지공학전공 상가라쥬 샨무감Sangaraju Shanmugam 교수 연구팀이 리튬-공기전지의 효율과 수명을 향상시키는 촉매관련 핵심기술을 개발하는 연구를 수행하고 있다.

결론적으로, 4차산업혁명을 이끌어갈 기반기술로서의 전기에너지원인 차세대 이차전지기술은 미래를 열어가는 주요기술 중 하나라 할 수 있다. 따라서 여러 나라가 보다 성능이 우수한 이차전지의 기술개발을 위해 열띤 경쟁을 벌리고 있다. 그 와중에 우리나라 역시 세계 배터리 시장의 중심에 서 있다.

정부도 국내 전지업체와 학교, 연구소간의 산-학-연 상호협력체계를 구축하여 이차전지 산업을 주도할 전문 인력을 양성하여야 하며, 그동안 전지셀업체, 장비업체, 소재업체 등이 폐쇄적 협력체제였다면 개방적 협력체제로 유도하여 개발된 소재와 공정장비가 조속히 양산될 수 있도록 지원하고, 국내 전지업체가 해외의 수요처를 대상으로 적극적인 마케팅을 전개할 수 있도록 각종 시책을 수립하여 협조해 나가도록 해야할 것이다.

<참고문헌>

1. K. J. Cho, "The Present Condition of Li-ion Battery Industry in Green Car (in Korean)", pp. 59-82, Issue of Industry, KDB Research Institute, (2010).
2. 정영만, 조원일, 리튬이차전지의 기술 동향과 미래, KIST 이차전지 센터 (2010).
3. T. Nagura and K. Tazawa, Prog. Batteries Sol. Cells, 9 20-2 (1990).
4. 김준학, 이차전지의 기술, 시장동향 및 특허동향, 신기술동향 (반도체심사 담당관실) (2016).

(2020.08.24. 과학 칼럼, 포커스 이코노미)

꿈의 신소재新素材 그래핀graphene I

세상에서 가장 얇은 물질은 무엇일까? 이 정답은 바로 2010년 노벨 물리학상을 수상한 꿈의 신소재 '그래핀graphene'이다. 영국 맨체스터 대학의 안드레 가임Andre Geim 연구팀과 러시아 체르노골로브카Chernogolovka 마이크로일렉트로닉스의 콘스탄틴 노보셀로프Konstantin Novoselov의 연구팀이 2004년 최초로 스카치테이프를 사용하여 흑연에서 그래핀을 분리해낸 공로로 안드레 가임과 노보셀로프는 2010년 노벨물리학상을 수상했다.

그렇다면 그래핀은 얼마나 얇을까? 그 두께는 0.35nm (나노미터: 10억분의 1m)로, 고작 원자 한 층 밖에 안 되는 두께다. 1nm 두께에 그래핀을 3장 정도나 쌓을 수 있는 두께이다.

그러면 꿈의 신소재 그래핀은 어떻게 만들고 어떤 특성을 가지고 있으며 어디에 응용할 수 있을까? 시장전망은 어떠한가? 그래핀graphene은 연필심에 쓰이는 흑연의 구성 물질이다. 흑연을 뜻하는 그래파이트graphite와 화학에서 탄소 이중결합을 가진 분자를 뜻하는 접미사 -ene

을 결합해 만든 용어이다.

노보셀로브 그룹에서 그래핀을 분리하게 된 계기를 알아보자. 가끔씩 진행하는 연구와는 무관하게 호기심을 충족하기 위한 간단한 실험에서 "세상에서 가장 얇은 물질을 어떻게 만들 수 있을까?"하면서 착안한 것이 스카치테이프에 흑연을 붙인 후 테이프를 붙였다 떼었다 하니까 기하급수적으로 얇아지면서 최종적으로 단일 원자 두께의 그래핀을 분리해냈다고 한다.

정확한 원리는, 흑연에 스카치테이프를 붙이면, 그래핀 표면과 스카치테이프의 접착력으로 인한 결합이 그래핀 사이의 결합보다 더 강해지게 되고, 이 상태에서 스카치테이프를 떼내면 그래핀이 스카치테이프에 붙은 채 떨어지게 되는 것이다. 정말 간단한 방법이다.

그래핀을 합성하기 위한 방법이 수없이 많이 나왔지만, 아직도 이 스카치테이프 방법으로 얻은 그래핀보다 질적인 측면에서 볼 때 더 나은 것은 없어 보인다. 가장 순수하면서 전도도 또한 높은 '이상적인' 그래핀을 얻으려면 스카치테이프를 써야 한다는 것이다.

그래핀은 탄소 나노소재로, 탄소 원자가 벌집 모양의 육각 구조를 이루면서 한 층으로 펼쳐져 있다. 구조적으로만 보면 공 모양으로 싸면 풀러렌fullerene, 김밥처럼 말면 탄소 나노튜브Carbon nano-tube, 계속 쌓으면 흑연이 된다고 한다. 이렇게 탄소 나노소재에는 풀러렌, 탄소나노튜브, 그래핀이 있다. 그래핀이 등장하기 전까지 한때 '꿈의 신소재' 하면 탄소나노튜브만 거론할 정도였으나 이것을 꺾고 현재는 그래핀이 최고로 각광받는 꿈의 신소재가 됐다.

그래핀의 제조와 합성 방법에 대하여 윤창주 지음 '미래를 열어가는 탄소재료의 힘'에서 소개하는 내용을 알아보자.

첫째, 물리적 박피방법이 있다. 앞서의 안드레 가임과 콘스탄틴 노보셀로프가 그래핀을 최초 만들어낸 흑연과 스카치테이프를 이용하여 흑연 결정에서 기계적인 힘으로 한 층을 벗겨내어 그래핀을 만드는 방법이다.

둘째, 화학기상 증착법은 그래핀을 성장시키고자 하는 기판 표면에 높은 운동 에너지를 지닌 기체 또는 증기형태의 탄소 전구체를 흡착-분해 또는 반응시켜 탄소원자로 분리시키고, 해당 탄소원자들이 서로 원자간 결합을 이루게 함으로서 결정질 그래핀을 성장시키는 방법이다.

셋째, 화학적 박리법은 흑연의 산화-환원 특성을 활용한 방법이다. 먼저 흑연을 강한 산과 산화제 등으로 산화시켜 산화흑Graphite Oxide을 제작하고 물과 닿게 하면 산화 흑연의 강한 친수성으로 물 분자가 면과 면 사이에 침투하여 면간 간격이 늘어나게 하여 장시간의 교반이나 초음파 분쇄기를 이용해 쉽게 박리시킬 수 있다.

넷째, 에피텍셜 합성법은 실리콘 카바이드SiC와 같이 탄소가 결정에 흡착되거나 포함되어 있는 재료를 약 1,500°C의 고온 상태에서 열처리하면 탄소가 실리콘 카바이드 표면의 결을 따라 성장하면서 그래핀이 형성된다.

\<참고문헌\>

1. "This Month in Physics History: October 22, 2004: Discovery of Graphene". APS News Series II. 18(9), 2 (2009).

2. K. I. Bolotin et al., Solid State Commun. 146, 351 (2008).

3. S. V. Morozov et al., Phys. Rev. Lett. 100 (2008).

4. A. A. Balandin et al., Nano Lett. 8, 902 (2008).

5. 데이코산업연구소 편집부, 그래핀 나노소재 관련 시장과 기술개발 동향, 데이코산업연구소발행 (2014).

6. 윤창주, 정해상, 미래를 열어가는 탄소재료의 힘, 일진사 (2011).

(2016.08.25. 과학 이야기, 과학 칼럼)

꿈의 신소재新素材 그래핀graphene II

앞에서는 안드레 가임과 노보셀로프가 2004년 최초로 스카치테이프를 사용하여 흑연에서 그래핀을 분리해낸 공로로 2010년 노벨물리학상을 수상했던 꿈의 신소재 그래핀의 제작방법에 대하여 주로 이야기하였다.

여기에서는 그래핀이 어떤 특성을 가지고 있으며 어디에 응용할 수 있을까, 그리고 시장전망은 어떠한가에 대하여 알아보고자 한다.

그렇다면 세계 과학자들이 열광하는 그래핀은 어떠한 우수한 특성을 가지고 있는가?

그래핀의 특성에 대하여 '하연 편집부' 지음, '차세대 신소재 그래핀의 기술현황 및 연구개발 동향'에서 그 내용을 살펴보면, 전기적으로는 상온에서 단위면적당 구리보다 약 100배 많은 전류를 흐르게 하여, 실리콘보다 100배 이상 빠르게 전달하게 할 수 있을 뿐만 아니라, 열전도성이 최고인 다이아몬드보다 2배 이상 높으며, 기계적 강도는 강철보다 200배 이상 강하다고 한다. 그리고 투과에서는 빛이 98%나 통과

될 정도로 투명하며 또한 자기 면적의 20%까지 늘어날 정도로 신축성이 좋아 늘리거나 접어도 전기전도성이 사라지지 않는다는 것이다.

탄소가 마치 그물처럼 연결돼 벌집 구조를 만드는 그래핀은 이때 생긴 공간적 여유로 신축성이 생겨 구조가 변해도 비교적 잘 견딜 수 있다. 이것은 육각형의 탄소 구조가 가지는 전자배치의 특성 때문에 전도성을 잃지 않아 화학적으로 안정한 것이다. 이 특성은 미래의 기술로 각광받는 휘어지는 디스플레이나 입는 컴퓨터wearable computer에 적용될 수 있다는 이야기다.

그러면 소재로서 부족함이 없는 그래핀의 응용 및 활용에 대하여, 데이코산업연구소에서 발행한 저서 '그래핀 나노소재 관련 시장과 기술개발 동향'에서 소개된 내용을 살펴보자. 그래핀 소재는 기존 실리콘 반도체를 대체하거나 휘어지는 액정화면이 가능해 손목시계형 등 다양한 모양의 휴대전화를 만들 수 있다. 또 고효율 태양전지와 이차전지용 전극, 초고속 충전기, 두루마리 컴퓨터, 접어서 들고 다니는 전자종이제작 등에도 적용할 수 있다. 과학자들은 그래핀을 사용하여 일반 반도체로 만들 때보다 저장 용량이 큰 컴퓨터칩과 전자소자 등 초고속 나노메모리nano memory를 만들 수 있을 것으로 기대하고 있다.

그래핀이 플라스틱과 만나면 플라스틱에 전혀 새로운 특성이 나타나게 된다. 전기가 통하지 않는 플라스틱에 1%의 그래핀만 섞어도 전기가 잘 통하게 된다. 또한 플라스틱에 불과 0.1% 소량의 그래핀을 집어넣으면 열에 대한 저항이 30%나 늘어난다. 그러니 얇으면서도 잘 휘어지고 가볍기까지 한 새로운 초강력 물질이 탄생하는 것이다.

그리하여 그래핀은 무엇보다 투명 플렉시블 디스플레이의 제작에 적용이 가능하다. 즉 이것을 이용하여 제작한 대형 TV를 주머니에 접거나 말아서 들고 다니다가 캠핑 텐트 안에서 집에서와 똑같은 화질로 드라마를 시청할 수 있다는 것이다.

현재 자동차 기업들은 유리창에 head-up display를 띄우고 있다. 여기에서 투명도가 좋고 전기전도도가 높으며 잘 휠 뿐 아니라 튼튼하기까지 한 Graphene만이 가지는 특성을 자동차분야에서 잘 활용할 수 있다는 것이다. 차 유리창의 대체물질로 Graphene을 사용하여 안개 낀 날 적외선을 비춰 반사된 것을 영상처리하고 그 영상을 띄우는 것이 현재의 head-up display의 최적의 발전방향이라 할 수 있다. 이미 여러 기업들은 이것을 이용한 기술개발을 진행하고 있다고 한다.

윤창주 지음 '미래를 열어가는 탄소재료의 힘'에 의하면 향후 그래핀 소재의 시장규모는 2030년까지 매년 22.1% 증가, 세계시장 규모가 약 5,000억 달러에 이를 것으로 전망하고 있다. 투명전극 산화인듐주석ITO를 대체할 수 있는 투명전극 분야로 확대되면, 디스플레이 시장에 적용될 수 있어 1,200억 달러의 시장이 예상되며, 전기자동차 등을 위한 이차전지 및 초대용량전지의 전극으로 응용되면, 약 1,631억 달러의 시장이 형성될 것으로 보고 있다.

그래핀은 향후 10~20년에 걸쳐 기존의 전도성 소재와 필름재 등을 대체하며 시장규모가 폭발적으로 증가할 것으로 예상되며, 그래핀을 이용한 완제품 및 그래핀 생산에 필요한 기계장비들의 시장규모가 급증할 것으로 보인다.

따라서 산·학·연이 유기적 협력형태로 참여하여 상용화 기술개발에 주력하는 형태로 추진하는 것이 바람직할 것이다. 아울러 대기업 및 중소기업의 동반참여가 필요한 사업추진 구조가 형성되어야 그 효과가 극대화될 수 있을 것이다.

<참고문헌>

1. C. Lee et al., Science 321, 385 (2008).

2. R. R. Nair et al., Science 320, 1308 (2008).

3. Hyosub An et al., Current Applied Physics 11, S81 (2011).

4. Elena Loginova et al., Physical Review B 80 (2009).

5. 데이코산업연구소 편집부, 그래핀 나노소재 관련 시장과 기술개발 동향, 데이코산업연구소발행 (2014).

6. 하연 편집부, 차세대 신소재 그래핀의 기술현황 및 연구개발 동향, 하연출판사 (2011).

7. 윤창주, 정해상, 미래를 열어가는 탄소재료의 힘, 일진사 (2011).

(2016.09.08, 과학 이야기, 과학 칼럼)

제5장

태양전지

태양전지Solar Cell, 太陽電池 I / II

태양전지 Solar Cell, 太陽電池 Ⅰ

    태양의 크기는 지구의 109배나 되고 지구에서 1억5천만km 떨어진 곳에 위치하고 있으며 수소 73%, 헬륨 24%로 이루어진 기체 덩어리이다. 이것은 1초당 3.8×10^{23} kW의 에너지를 우주에 방출하는 거대한 화염이다. 지구는 태양으로부터 지표면 1제곱m 당 700W의 에너지를 받게 되는데, 이것은 다시 말해 지구전체에 도달하는 태양에너지의 양이 태양자신이 방사하는 에너지량의 22억분의 1이다. 그 에너지량 1.2×10^{14} kW는 전 인류의 소비 에너지량 1.2×10^{10} kW의 약 1만 배에 해당한다고 한다. 즉 1시간 동안 지구로 입사하는 태양광 에너지는 인류가 1년 동안 사용하는 에너지와 같은 양으로 광장히 큰 양이다. 이처럼 태양에너지는 무한하며 깨끗할 뿐만 아니라 어디에서나 이용 가능한 유일한 에너지원이다.

    그동안 무분별한 화석원료의 사용으로 인한 심각한 환경오염, 그리고 에너지 자원 고갈을 우려하여 청정에너지에 대한 관심이 높아지고 있다. 청정에너지원으로 주목받고 있는 것으로는 태양광발전, 풍력발전, 수소전지 등이 있는데, 이들 모두가 아직까지 미래에 절대적인 대체 에너지의 대안이 되지는 못하고 있다.

태양광발전기술에 관한 송진수 지음 '태양광발전기술의 개발과 보급 동향'에 따르면 그 중에서도 공해가 적고 자원이 무한하며 반영구적 수명을 가진 태양전지는 미래 에너지 문제를 해결하는 핵심 열쇠로 떠오르고 있다.

즉 태양전지는 태양광선을 받아 전기에너지로 바꾸는 장치이다. 즉 태양으로부터 생성된 빛 에너지를 전기 에너지로 바꾸는 반도체 소자이므로 햇빛만 있으면 무한 전기를 생산할 수 있기 때문에 주로 우주 비행 물체나 통신 위성의 에너지원 등으로 사용되어 왔다. 그리고 태양전지는 부식성 화학 물질이 사용되지 않아 공해나 소멸 위험도가 적어 재생에너지원으로 각광받고 있다. 현재 생산량과 보급량이 꾸준히 증가하고 있으며, 유럽과 중국, 일본, 대만 등 아시아국가에서 전년대비 120% 이상의 효율을 보이고 있어 전 세계가 주목하는 대체 에너지원으로 자리매김하고 있다.

태양전지의 연혁을 살펴보기로 한다. 신성철 교수는 '선진국을 향한 과학터치'에서 태양광을 이용하여 전기에너지를 만들겠다는 인류의 꿈은 지금으로부터 180여년전 프랑스 과학자 베퀴렐Becquerel이 전해질 속에 담겨진 금속전극에 빛을 비추면 전력이 발생하는 현상 즉 광기전력효과Photovoltaic effect을 발견하면서 시작되었다고 한다. 1954년 미국의 벨Bell연구소에서 세계최초로 발명한 태양전지는 4년 후 미국 뱅가드Vanguard 우주선에 보조전원으로 사용되었다. 그리하여 1970년대에 2차에 걸친 석유파동을 겪으면서 태양전지에 대한 관심이 고조되는 계기가 되었다. 일본에서는 선샤인 프로젝트Sunshine Project라는 태양전지 개발연구가 시작되면서 태양전지에 대한 연구를 촉발시켰고 미국 최대의 정유회사인 엑손Exxon Mobil사는 유명과학자들을 유치하기 위하여 파격적인 연봉과 연구비를 제공하여 큰 화제가 되기도 하였다. 그러나 80년대 후반부터 타 전지에 비해서 경제성이 낮다는 이유로 이에 대한 연구가 식어가기 시작하였다.

그러나 21세기 초에 들어서면서 고유가, 친환경시대를 맞이하면서 태양전지 개발 붐이 20여년 만에 다시 화려하게 부활하게 된 것이다. 우리나라에서도 태양전지에 대한 연구를 그린에너지 개발사업의 하나로 선정하고 국가차원에서 지원해오고 있다.

그러면 태양전지의 원리를 살펴보자. 김종권 저 '태양전지 원리 및 제조방법'에 의하면 태양의 빛에너지를 전기에너지로 바꾸는 장치가 태양전지이므로 태양전지는 우리가 생활에서 흔히 사용하는 화학전지와는 다른 구조를 가진 것으로 물리전지라고도 한다. 즉 이것은 P형 반도체와 N형 반도체라고 하는 2종류의 반도체를 사용해 전기를 일으킨다. 태양전지에 빛을 비추면 내부에서 전자와 정공이 발생한다. 발생된 전하들은 각각 P극과 N극으로 이동하는데, 이 작용에 의해 P극과 N극 사이에 전위차(광기전력)가 발생하며, 이때 태양전지에 부하를 연결하면 전류가 흐르게 된다. 이것이 광기전력효과이다.

태양전지 모듈은 대형의 시스템에서는 여러 태양전지를 직·병렬로 연결하여 전력을 꺼낸다. 셀은 전기를 일으키는 최소 단위이며, 모듈은 전기를 꺼내는 최소 단위이고 현관문의 절반만한 크기이다. 어레이는 직·병렬로 연결한 여러 개의 모듈을 정리한 단위이다.

태양전지가 변환효율 10% 내외로 태양에너지를 가장 유용한 에너지 형태인 전기에너지로 변환시킬 수 있어 가장 매력적이긴 하지만 에너지 생산 단가가 다른 방법으로 생산되는 것보다 높아 이를 낮추려는 노력이 필요하다.

따라서 태양전지 평가에 관련한 이준신 등의 저서, '태양전지 평가 및 분석론'에 의하면 태양전지에서는 에너지 변환 효율 10% 이상을 상용화 가능한 효율로 보는 경우가 일반적이라고 한다. 이 효율값은 가솔린 엔진, 디젤엔진, 터빈 등의 카르노 기관 효율과 견주어 볼 때 턱없이 낮은 값이라 생각할 수 있지만, 카르노 기관에 원료로 사용하는 석유는 태양광에너지의 0.02%가 2억년 동안 축적되어 형성된 것이고, 이것을 효율 30% 정도의 역학적인 에너지로 변환하는 것에 불과하다는 것을 감안하면, 효율 10%는 엄청나게 큰 에너지 변환효율임을 알 수 있다.

태양전지의 종류에 대하여 최인환 교수 지음, '태양전지 기술동향, CIGS 박막형 태양전지 기술'에 따르면 태양전지의 종류를 실리콘 반도체를 재료로 사용하는 것과 화합물 반도체를 재료로 하는 것으로 크게 나누고 있으며 다시 실리콘 반도체에 의한 것은 결정계와 비결정계로 분류한다. 현재 태양광 발전 시스템으로 일반적으로 사용하고 있는 것은 실리콘 반도체가 대부분으로, 특히 결정계 실리콘 반도체의 단결정 및 다결정 태양전지는 변환 효율이 좋고 신뢰성이 높아 널리 사용해오고 있다.

그동안 상용화되고 있는 태양전지의 대부분은 실리콘(Si) 결정을 이용한 것이다. 태양전지 시장의 급성장으로 인하여, 태양전지의 주원료인 실리콘 가격이 폭등하였다. 주재료인 실리콘을 생산하는 업체들은 증산투자에 매우 보수적인 입장을 취하고 있어 실리콘 가격이 급등하였다. 태양전지 생산업체에서는 실리콘 확보를 중요시하고 기업의 생존과 직결한다고 믿고 충분한 실리콘 확보를 위한 경쟁이 매우 치열하였다.

따라서 태양전지업체들은 실리콘 기판의 두께를 얇게 하여 실리콘의 소모량을 줄이려는 시도를 해오고 있다. 또한 실리콘의 부족을 박막 Thin film형 태양전지 개발로 극복하려는 노력이 이루어지고 있었다. 박막형 태양전지는 실리콘 결정을 이용하는 태양전지에 비해 여러 가지 장점이 많다. 골드만삭스는 2010년 이후에는 박막형 태양전지가 태양전지 시장을 주도할 것으로 예측하고 있고, 미국의 나노 마켓Nano Markets은 박막형 태양광 발전 시장이 2016년 이후에는 72억 달러를 상회할 것으로 내다보고 있다.

<참고문헌>

1. Zyg, Lisa (4 June 2015). "Solar cell sets world record with a stabilized efficiency of 13.6%". Phys.org.

2. "Technology Roadmap: Solar Photovoltaic Energy", 7 October 2014.

3. 송진수, 태양광발전기술의 개발과 보급동향, 대한전기협회 전기저널, 289, 32 (2001).

4. Hoppe, H., & Sariciftci, N. S., "Organic solar cells: An overview". J. Mater. Res. 19 (7): 1924 (2004).

5. 신성철, 경영계 2012년 3월호, 선진국을 향한 과학 터치 (2012).

6. 이준신 외, 태양전지 평가 및 분석론, 그린 퍼냄, (2016).

7. 최인환, '태양전지 기술동향, CIGS 박막형 태양전지 기술', Technology Focus, (2008).

8. 한원석 외, '차세대 고효율 태양전지 기술 동향', 전자통신동향분석, 22(5) (2007).

9. 김종권, '태양전지 원리 및 제조방법', 특허청 전기전자심사본부 전자소자 심사팀 (2006).

10. 이종찬 외, '태양전지 제조기술', 문운당 (2012).

(2016.04.20, 과학 이야기, 과학 칼럼)

태양전지 Solar Cell, 太陽電池 Ⅱ

앞에서는 태양전지의 연혁, 그 원리 등에 대하여 알아보았다. 여기서는 태양전지의 종류, 특히 유기태양전지와 발전효율에 관하여 살펴보기로 한다.

태양전지의 기술동향에 대하여 최인환 교수의 보고서 '태양전지 기술동향 연구'에서 박막형 태양전지 중에서 카파 인듐 갈륨 다이셀레나이드(CuInGaSe2; CIGS) 박막형 태양전지는 비 실리콘 계열 태양전지 중 에너지 변환 효율이 가장 높고(미국, NREL, 19.5%) 구성원소의 재료가격이 다른 종류의 태양전지에 비해 저렴하고 유연하게 제작할 수 있을 뿐만 아니라 오랜 시간 동안 현장실험에서 성능이 열화degradation 되지 않는 등의 우수한 물성을 보였다고 보고하였다.

한편, 카드뮴 테러라이드CdTe 박막형 태양전지는 CIGS 태양전지보다 먼저 상용화가 이루어졌고, 에너지가 큰 우주선 또는 방사선 등에 장시간 노출되어도 열화현상이 작아 위성의 에너지원으로 한때는 연구되기도 했지만, 에너지 변환효율이 그다지 높지 않고, 박막형 태양전지의 장점인 유연한 태양전지로 제작할 수 없을 뿐만 아니라 카드뮴Cd 중금속 오염에 따른 환경파괴를 우려하여 현재는 거의 생산되지 않고 있다.

얼마 전까지 연구되고 있는 CIGS 태양전지의 흡수층 제작 방법 중 상용화를 위한 주요 제작방법에는 동시증착co-evaporation법과 스퍼터링sputtering법 등이 있다. 동시증착법은 진공 챔버 내에 설치된 작은 전기로의 내부에 각 원소(구리Cu, 인듐In, 갈륨Ga, 셀레늄Se 등)를 넣고, 이를 저항가열하여 기판에 진공증착시켜 CIGS 박막을 제작하는 기술로서 구조가 간단하고, 저렴하게 구성할 수 있어 오래 전부터 실험실에서 폭넓게 사용해오던 방법이다. 이 방법은 큰 면적을 갖게 하는 것이 어렵고, 진공장치 내부의 오염이 심각하며, 양질의 박막 제작이 용이치 않은 단점이 있지만, 이 방법으로 미국의 국립재생에너지연구소NREL에서 19.5% 이상의 에너지 변환효율을 보였다.

다른 상용화 기술인 스퍼터링Sputtering법은 비교적 장치가 간단하고 손쉽게 금속 또는 절연체를 증착할 수 있어 연구용뿐만 아니라 생산용으로 폭넓게 활용되고 있는 기술이다. 특히, 스퍼터링은 아르곤Ar과 다른 혼합가스를 사용함으로써 반응을 수반한 화합물 증착이 가능한 이 방법은 대면적화가 용이하다는 장점은 있으나, 양질의 박막제작이 어려워 실제 얻어지는 에너지 변환 효율은 동시증착법에 미치지 못하고 있다.

유기태양전지에 관한 최효성 교수 지음, '유기태양전지 개념/원리 및 계면공학'을 살펴보면 최근 활발한 연구가 진행되고 있는 유기태양전지Organic solar cell는 저가의 태양전지 개발을 위해 유기물질을 이용한 한 단계 업그레이드된 태양전지라고 한다.

현재 상용화된 다결정 실리콘 태양전지는 원료물질의 가격이 높으며, 복잡한 제작공정으로 대형화 및 대량 생산이 어렵고, 두꺼운 소자 두께가 요구되어 기술 발전에 한계에 도달했다.

한편, 유기 태양전지는 1990년대 Heeger 그룹에 의해 발표된 이후 차세대 태양전지 기술로 연구되어 왔다. 최근 10% 이상의 효율을 달성하여 상용화의 가능성을 보이고 있다. 유기태양전지는 수백 나노미터 수준의 매우 얇은 광활성층을 요구하며 이에 따라 플렉서블 태양전지, 저중량 태양전지, 반투명 태양전지와 같이 소자 구조의 한계로부터 자유롭다.

유기태양전지는 빛을 흡수해 전자를 발생시키는 광활성층 소재를 자유자재로 변형할 수 있다. 2003년 이후 7년간 발전효율을 3배 가까이 상승시키며 놀라운 개발속도를 보여왔다. 이 같은 속도는 기존의 무기계 태양전지에서는 전혀 볼 수 없던 것으로, 유기태양전지의 높은 가능성을 보여주었다. 유기태양전지는 가시광을 흡수하는 메로시아닌, 프탈로시아닌, 필리륨과 같은 유기색소를 주원료로 사용하고 있다. 또한 저가형 혹은 차세대 플렉시블 전자 소자의 전원 등으로 폭넓게 응용할 수 있어 더욱 큰 기대를 얻고 있다.

유기태양전지의 장점은 친환경 유기물을 사용하므로 기존에 주로 생산되었던 실리콘계 태양전지나 박막 태양전지에 비해 가공이 쉽고 재료가 다양하다는 것이다. 뿐만 아니라 제작비용이 저렴해 경제성이 좋고, 발전 효율이 좋아 원하는 성능에 대한 실현 가능성이 높다고 한다.

유기태양전지는 수많은 장점을 가졌음에도 불구하고 효율이 낮고 수명이 짧다는 단점이 있어 아직까지는 소규모의 전력을 필요로 하는 MP3플레이어, 휴대전화, 노트북 등 가볍게 휴대할 수 있는 전자기기에 적합하다. 계속해서 개발이 진행되고 있기 때문에 가까운 미래에는 유기태양전지가 고효율 에너지원으로 큰 역할을 할 것으로 기대하고 있다.

유기태양전지의 효율과 수명이 개선되면 건물 지붕이나 외벽, 텐트, 자동차 유리 등으로 응용범위를 넓힐 수 있고, 산소와 수분의 침투를 막아 외부환경으로 인한 수명단축 문제를 해결하면 그 활용 범위는 더욱 넓어질 것으로 보인다. 유기태양전지의 가장 기본적인 재료는 태양광을 직접 흡수해 전자를 발생시키는 광활성층 소재이다. 이 광활성층 소재를 자유자재로 변형할 수 있어 에너지 효율과 성능을 더욱 높일 수 있다. 실제로 기존 3%에 불과했던 효율을 7년 만에 3배 가까이 높였다는 사례도 있다. 따라서 유기태양전지의 고효율화를 위해선 반드시 우수한 성능의 광활성층 소재 개발이 필수적이다. 해마다 유기태양전지의 최고 효율을 갱신하고 있는 국내의 선도기업들은 이미 대학이나 연구소 등과 함께 광활성층 소재 개발에 주력하고 있다.

유기광태양전지의 기술동향을 알아본다. 이화여대 김봉수 교수의 '유기광태양전지 기술동향' 보고에 의하면 2009년부터 유기태양전지용 도너 소재들이 개발되면서 2010년 8월엔 그 효율이 무려 8.13% 상승했다고 한다. 2016년, 고려대와 이화여대 공동연구팀은 기존 유기태양전지의 단점을 보완한 고효율 유기태양전지를 개발했다. 즉 기존 태양전지의 낮은 효율을 극복하기 위해 은 재질의 구조를 활용해 유기태양전지의 빛 흡수를 극대화했고 기존 전극과 비교해 전류밀도·광전변환 효율이 30% 이상 증가하였다.

2022년, 유기태양전지 시장의 시장규모는 5억 달러를 초과할 전망이고 최근 6년간 60%에 달하는 성장률을 보이고 있어 태양전지발전에 큰 활력을 불어 넣을 것으로 보인다.

아울러 유기태양전지의 기술 개발의 여지가 많으므로 고효율의 도너, 억셉터 물질의 개발 및 이에 맞는 계면층의 도입 기술의 발전이 이루어진다면 고효율 장수명 저비용의 유기태양전지의 상용화는 머지 않은 미래에 이루어질 것으로 기대하고 있다.

마지막으로, 전반적인 태양전지의 발전효율의 성장에 대하여 알아보자. 한원석 저 '차세대 고효율 태양전지 기술 동향'에 의하면 미국의 벨 연구소에서 발명한 태양전지가 1958년 뱅가드 우주선에 사용할 당시 태양전지는 발전효율 4%에 불과하였다. 2008년에는 NASA, 유럽 우주국 등에 태양전지를 납품하고 있는 미국의 EMCORE사는, 최근 발전효율이 최고 37%에 달하는 지상용 고집광 태양전지 수신모듈 Concentrating Photo Voltaic(CPV) System을 개발했다. 이것은 박막필름방식의 6~12% 효율보다 3배가 넘는 고효율의 태양광 발전기술로, 박막필름방식에 이어 제3세대 태양전지 기술로 인정받고 있다. 태양전지 연구로 잘 알려진 호주 뉴사우스웨일스 대학교UNSW의 태양전지연구소는 24%에 달하는 태양전지 발전효율 기술을 가지고 있어 세계 최고 권위를 인정받고 있다. 드디어 2016년 5월에는 이 대학 연구팀이 34.5%의 효율 달성을 발표하였으며 이 연구소의 마틴 그린 교수는 자국의 기술이 타국에 비해 수 년 앞서 있다고 하며 이론상 53%까지 가능하다고 하였다. 국내에서는 태양전지 제조사업에 진출한 신성이엔지와 LG 태안 태양광 발전소 등이 있고 알려진 발전효율은 대략 17~24%라고 한다.

결과적으로 지난 10년간의 태양전지 시장성장 추세를 감안할 때 2030년에는 태양전지사용 비중이 10% 이상 크게 증가할 것으로 예측하고 있다. 시장규모도 연간 3,000억 달러를 상회할 것으로 전망된다. 이것은 반도체 시장규모에 버금가는 엄청난 규모이다. 겨우 우주선의 전원으로 활용하기 시작한 태양전지는 향후 전자제품, 주택, 자동차, 산업기기 등 다양한 분야에서 청정에너지로 활용될 것이 틀림없을 것으로 전망하고 있다.

<참고문헌>

1. "Technology Roadmap: Solar Photovoltaic Energy", 7 October 2014.
2. 최인환, '태양전지 기술동향, CIGS 박막형 태양전지 기술', Technology Focus (2008).
3. Hoppe, H., & Sariciftci, N. S., "Organic solar cells: An overview". J. Mater. Res. 19 (7): 1924 (2004).
4. K. M. Coakley et al., "Conjugated Polymer Photovoltaic Cells", Chemistry of Materials 16, 4533 (2004).
5. 최효성, 유기태양전지 개념/원리 및 계면공학, 물리학과 첨단기술, JULY/AUGUST, 6-10 (2017).
6. 한원석 외, '차세대 고효율 태양전지 기술 동향', 전자통신동향분석, 22(5) (2007).
7. 김봉수, 유기태양전지연구동향, 전자전자재료, 28(11) 11 (2015).

8. 이준신 외, 태양전지 평가 및 분석론, 그린 펴냄, (2016).

9. 송진수, 태양광발전기술의 개발과 보급동향, 대한전기협회 전기저널, 289, 32 (2001).

10. 이재덕, 태양광 발전시스템(마스터핸드북), 인포도북스 (2013).

11. 이재관 외, 유기태양전지의 전자이동현상에 관한 전기화학적 특성연구', 과학고 R&E 결과보고서, 한국과학창의재단 (2012).

(2017.05.02, 과학 이야기, 과학 칼럼)

제6장

스마트폰, 현대의 과학사상

만능기기萬能器機 스마트폰Smart Phone I / II

현대現代의 과학사상科學思想 I / II

만능기기萬能器機 스마트폰Smart Phone I

스마트폰은 휴대용 컴퓨터를 탑재한 무선 통신 장치로서 만능기기로 일컬어지기도 한다. 오늘날 스마트폰은 할 수 없는 것이 거의 없을 정도로 필수불가결必須不可缺한 생활필수품이 되었음은 부인할 수 없는 사실이다.

다시 말하면 스마트폰Smart Phone은 소프트웨어의 호환성이 높고, 전화 가능한 휴대 전화로서, 표준화된 인터페이스와 플랫폼을 기반한 운영 체제OS로 종합 구성한 전화통신기기이다. 또한 이것은 전자 우편, 인터넷 검색, 텍스트 읽고, 쓰고 저장하기, 추가적인 앱 설치로, 응용기기로의 기능이 가능하고 내장형 키보드나 외장 USB, 키보드, 외부 출력 가능한 VGA 단자, HDMI 단자 등을 갖춘 소형 전자컴퓨팅 기기로도 사용이 가능하다.

그리고 같은 운영 체제를 가진 스마트폰 간에 애플리케이션을 공유할 수 있어 스마트폰이 출시되기 전에 나온 최저성능의 휴대 전화인 기존 피처폰Feature Phone이 갖지 않은 여러 가지 장점을 가지고 있다.

그러나 스마트폰 과다 사용으로 인한 거북목 증후군, 스마트폰 중독 등 여러 가지 다른 단점이 나타날 수 있다.

여기서는 스마트폰의 역사, 활용, 이동통신세대의 발전단계, 그리고 스마트폰의 기술경쟁력 등에 대하여 알아보기로 한다.

스마트폰의 역사를 살펴보면, 최초의 스마트폰은 IBM 사이먼Simon이다. IBM사가 1992년에 설계하여 그 해에 미국 네바다 주의 라스베이거스에서 열린 컴덱스Comdex 전시회에서 주요 제품으로 전시되었다. 휴대 전화기능 뿐만 아니라 주소록, 세계 시각, 계산기, 메모장, 전자우편, 팩스 송수신, 오락까지 할 수 있었다. 전화번호를 누르기 위한 물리적인 단추가 없이 터치스크린을 사용하여 손가락으로 전화번호를 입력할 수 있었다. 또, 팩시밀리와 메모를 수행하기 위해 부가적인 스타일러스stylus 펜을 사용할 수 있었다. 문자열 또한 화면상의 키보드로 입력이 가능하였다. 오늘날의 표준에서 사이먼은 매우 저가 제품으로 여겨져 있으나 당시에는 믿기지 못할 정도로 기능이 고급이었다고 평가받았다.

노키아Nokia 커뮤니케이터 라인은 1996년에 노키아 9000 커뮤니케이터를 시작으로 첫 스마트폰 제품라인을 발표했다. 노키아 9210은 최초의 컬러 스크린 커뮤니케이터 모델이면서 개방형 운영 체제를 가진 최초의 진정한 스마트폰이었다. 노키아 9500 커뮤니케이터 또한 노키아의 첫 카메라폰이자 WiFi폰이었다. 노키아 커뮤니케이터 모델은 가장 고가의 휴대폰으로 다른 제조사의 스마트폰보다도 20~40% 정도 더 비쌌다. 또한 2010년 노키아는 심비안Symbian을 운영체제로 하였다. 그러나 노키아는 2007년 이후 애플을 중심으로 급박하게 바뀌던 모바일

생태계에 적응하지 못하고 적자를 맞고 현재는 마이크로소프트에 인수된 상태이다.

한편 마이크로소프트Microsoft의 윈도우 모바일은 유·무선 네트워크 연결을 지원하기 시작하고, 각각 2002년, 2003년 정식으로 OS 상에서 전화 모듈을 지원함으로써 PDAPersonal Digital Assistant폰과 스마트폰이 출시되었다.

2012년부터 스마트폰용 운영 체제 윈도우 폰을 출시해 노키아를 필두로 많은 스마트폰을 만들고 있지만 여전히 시장의 반응은 그렇게 좋지 못하다.

애플Apple은 2007년 1월 9일, 부드럽고 유연성 있는 UIUser Interface 및 OSOperating System, 각종 센서를 장착하고 다양한 앱을 제작하고 이용할 수 있는, 인적 서비스적 환경이 구축된 iPhone을 출시하였다. iPhone은 최초로 다양한 Multi-Touch 제스처를 지원하는 iPhone OSiOS를 탑재하고 GPS와 App Store, 지금의 iOS를 출시하여 현대적인 스마트폰의 개념을 재정립했다고 할 수 있다.

원래 스마트폰은 PDA폰이라는 이름처럼 사무기기의 일종이라는 개념이 강했다. 따라서 사용 계층도 주로 직장인과 대학생들이었다. 대표적으로 블랙베리이다. iPhone도 1세대가 막 출시됐을 때는 인터넷, 메일, 달력, 문자 등 기본 앱만 구동할 수 있는 비싸기만 한 사무기기에 가까웠으나 이후 운영체제 업데이트와 함께 App Store가 추가되면서 용도가 기하급수적으로 증가했다. 아이폰의 운용체제 iOS가 수년간 쓰여온 심비안, 블랙베리 OS와 Windows Mobile의 아성을 무너뜨릴 수 있었던 이유는 GUIGraphic User Interface의 수준이 높고, 애플리케이션을

능동적으로 잘 활용할 수 있었다는 것과, 높은 최적화 수준을 보여주었다는 점 등이 있다. 아이폰은 세계 스마트폰 시장 수익의 94%를 차지한다. 2016년 7월 28일에는 스마트폰 최초로 누적 판매량 10억대를 돌파하였다. 따라서 현재 아이폰이 스마트폰 시장을 석권하고 있다.

한국에서는 LG전자와 삼성전자가 CDMA코드분할다중접속 방식의 디지털 휴대폰에 초소형 컴퓨터를 결합한 스마트폰을 개발하였다. 이것은 휴대폰으로 사용하는 것 외 휴대형 컴퓨터로도 사용할 수 있고, 이동 중에 무선으로 인터넷 및 PC통신, 팩스 전송 등을 할 수 있는 것이다. 2009년에 안드로이드를 내장한 갤럭시를 출시하였고, 2010년에는 갤럭시 S를 출시하였다. 2019년 8월에는 갤럭시 노트 10과 갤럭시 노트 10+가 출시되었다. 다음해인 2020년 2월에는 갤럭시 S20, S20+와 갤럭시 Z플립이 출시되었다.

LG전자는 옵티머스 시리즈의 여러 안드로이드폰을 만든 이래, 세계 최초의 듀얼코어 스마트폰인 옵티머스 2X를 출시했다. 그리고 스마트폰 최초로 3D 디스플레이를 탑재하고 3D 촬영이 가능한 옵티머스 3D를 출시했다. 한때 4:3 화면 비율의 노트형 스마트폰 LG 뷰 시리즈도 선보인 바 있다. 2021년 4월, LG전자는 계속된 적자를 이기지 못하고 LG 스마트폰 사업을 전면 철수하였다.

이와 같이 새로운 스마트폰이 기존 피처폰의 한계를 뛰어넘을 수 있었던 이유로, 첫 번째는 물리적 버튼을 없애고 정전식 Multi-touch 디스플레이를 장착함으로써 소프트웨어의 UI 디자인에 엄청난 유동성이 주어 졌었다. 두 번째 이유는 높은 수준의 운영체제이다. 당시 iPhone OS는 깔끔한 유저 인터페이스와 발전한 기능을 선보임으로써 비슷한 기존 모바일 운영체제들보다 진일보했다는 평을 받았다. 세 번째 이유로, 애플리케이션 스토어를 위시한 모바일 개발자 지원과 새로운 하드웨어적 기준 마련에 있었다. 스마트폰은 Multi-Touch 제스처와 물리적 버튼의 제거, 다양한 센서, 고성능의 모바일 CPU와 GPU를 장착함으로써, 그에 걸맞은 수많은 종류의 애플리케이션 제작을 가능케 했다. 결과적으로 App Store에 우후죽순 올라오는 다양한 소프트웨어가 스마트폰에 바로 설치될 수 있었고, 이는 스마트폰이 단순한 전화기를 넘어선 "만능 기기"로 재분류될 수 있는 계기를 만들어 내었다고 할 수 있다.

이러한 iPhone의 성공을 벤치마킹한 구글과 삼성전자를 비롯한 많은 IT업계 기업들은 안드로이드나 삼성 갤럭시 등을 출시하여 현재 스마트폰 시장의 기반을 구축해 나가고 있다.

<참고문헌>

1. TELUS, news, headlines, stories, breaking, canada, canadian, national (2020).

2. Evolution of smart phone market | Deloitte Telecommunications Predictions, (2009).

3. 권기덕, 임태윤, 취우석, 박성배, 오동현, 삼성경제연구소 CEO 인포메이션 제741호, (2019).

4. http://imnews.imbc.com/news/econo/article/986997_19133.html (2008).

5. Schneidawind, J: "Big Blue Unveiling", USA Today, November 23, page 2B, (1992).

(2021.03.21, 과학 이야기, 과학 칼럼)

만능기기萬能器機 스마트폰Smart Phone II

그리고 스마트폰 활용의 핵심은 다양한 애플리케이션application을 이용할 수 있는 애플리케이션 스토어store에 있다. 애플리케이션 스토어는 게임, e북, 음악, 사진, 동영상 등 사용자들이 원하는 애플리케이션과 콘텐츠를 쉽게 내려받을 수 있게 해주는 서비스로 애플의 앱스토어 출시 이후 활성화되었다. 노키아, 구글, 마이크로소프트 등에 이어 통신사업자, 인터넷 포털과 모바일 소프트웨어 개발 기업들도 사업진출을 시도했다. 타 통신사의 앱스토어로는 구글 플레이, 오비스토어, 앱월드, 원스토어, 삼성 갤럭시 스토어 등이 있다.

스마트폰에서 볼 수 있는 운영 체제는 심비안 OS, 안드로이드, iOS, 블랙베리 OS, 윈도우 폰 7, 윈도우 폰 8, 팜 웹 OS, 삼성 바다, 윈도우 모바일, 미고, 타이젠, 리모가 있다. 안드로이드와 미모 그리고 삼성 바다는 리눅스를 기반으로 작성되었다. 또한 리눅스 운영 체제를 기반으로 모바일 플랫폼을 구축하기 위해 설립된 컨소시엄인 리모도 있다.

요즈음 스마트폰 기기 생산업체나 한국의 통신 3사에서 5G 출시를 다투어 홍보하고 있다. 5G에 대한 소개를 하기 전에, 1GFirst Generation Technology Standard는 과거세대인 1세대 이동 통신으로 음성만을 무선 송수신하던 핸드폰 세대인 것이다. 2G는 2세대로 음성과 문자를 무선으로 송수신하는 핸드폰과 무선호출기Paser의 결합이다. 목소리를 들을 수 있고 문자로만 메시지를 전할 수도 있고 동시에 음성과 문자를 같이 쓰는 세대인 것이다. 3G는 3세대로 미래세대이다. 음성과 문자는 물론 움직이는 사진 즉, 동영상까지 무선으로 송수신하는 미래에 있을 법한 일들이 현실로 나타난 것이다. 그러나 우리나라의 IT 기술은 3G 기술의 10배가 빠른 광속도의 4G를 개발하게 된다. 4G라는 말 대신 LTELong Term Evolution라고도 한다. 이것은 먼 기간을 두고 진화할 수 있다는 의미이다. 즉 LTE(4G)는 4세대로 먼 미래 세대라는 뜻이다.

LTE를 부연하여 설명하면 이것은 HSDPA보다 한층 진화된 휴대전화 고속 무선 데이터 패킷통신규격이다. LTE는 휴대전화 네트워크의 용량과 속도를 증가시키기 위해 고안된 4세대 무선 기술(4G)을 향한 한 단계이다. 현재 이동통신의 세대가 전체적으로 3G 3세대라고 알려진 곳에서, LTE는 4G로 마케팅된다. 미국의 버라이즌 와이어리스와 AT&T 모빌리티 그리고 몇몇 세계적 통신사는 2009년 시작되는 네트워크의 LTE 변경 계획을 발표했다.

한국의 IT산업기술은 드디어 4G보다 10배가 빠른 5G를 개발했다. 선진국들이 아무리 무인자동차를 개발 중이라 해도 5G 기술이 없으면 완성을 못 시킨다. 무인자동차는 센서기술과 GPS기술 그리고 5G 기술이 융합되어야만 성공하는 것이다. 이미 5G를 사용하여 작년 평창동계올림픽 때 KT에서 대형 버스를 서울에서 평창까지 시운전한 사례가 있다. 5G는 5세대로 가는 가상세대라고 할 수 있겠다.

5세대 이동 통신 5GFifth Generation Technology Standard는 2018년부터 채용되는 무선 네트워크 기술이다. 26, 28, 38, 60GHz 등에서 작동하는 밀리미터파 주파수를 이용하는 통신이다. 모바일 업계가 5G 인프라를 구축하기 위해서는 5G 주파수의 밀리미터파(3.6GHz, 6GHz, 24~86GHz 대역 등)를 고려해야 한다. 길이가 수십 센티미터 인 3G 또는 4G 주파수(850MHz, 1800MHz, 2100MHz, 2300MHz 및 2600MHz)와는 짧은 1~10mm 파가 필요하다. 5G 네트워크 셀룰러 타워는 현재 3G/4G 기지국 타워에 비해 훨씬 작은 셀을 위해 설계되어야 한다. 3G/4G 네트워크 셀룰러 타워의 경우, 출력 전력을 조정하여 최대 50~150km 거리를 커버할 수 있지만, 5G에서 사용되는 밀리미터 파 스펙트럼(30~300 GHz)은 주파수 특성으로 인해 물리적 장애물인 건물 등에 의한 중요한 전파 차단으로 짧은 거리만 전송이 가능하므로 이 문제를 극복하기 위해 5G 셀 스테이션은 이상적으로 250~300m의 거리를 커버하도록 설계되어야 한다. 이 지역에는 5G 네트워크 주요기술 중 하나인 5G 고정 무선서비스Fixed Wireless Service라고 불리는 여러 개의 수많은 MIMO 안테나가 설치된다. 대용량 MIMO 안테나를 사용하여 대역폭을 향상시킬 수 있는 타켓빔 및 고급신호처리를 통해 많은 무선데이터를 실제로 필요한 장소에 집중적으로 빠르게 전송할 수 있게 된다.

미국 최대 통신사 버라이즌은 미네소타 등 도시에 5G 네트워크를 먼저 구축하였다. 중국의 경우 2020년대부터 본격적으로 상용화 준비에 박차를 가하게 되자, 중국 정부의 의도에 따라 5세대 이동 통신을 첨단 통신 시스템으로 활용할 계획에 있는 것으로 드러나고 있다. 한국에선 한국전자통신연구원의 주도로 Gigabyte 프로젝트가 시작된 이래, 한국은 2018년 12월 1일부로 상용화를 위한 5G 무선 이동통신을 세계 최초로 개통했다. 영국은 먼저 5G를 런던과 다른 주요 도시에 배치하고 출발점으로 5G 네트워크를 구축하여 다른 주요 도시에 5G 네트워크를 구축하고 다음 단계는 영국의 중소 도시에 네트워크를 설치한다. 올림픽개최를 앞두고 일본 도쿄에서 개최하는 스포츠 국제 경기에 맞춰, 관객들에게 5G를 체험할 수 있도록 시범 서비스를 실시할 예정으로 있다.

그리고, 스마트폰은 다음의 3대 기술로 경쟁하고 있다. 첫째가 속도 Speed이고, 둘째는 접속Connection이고, 셋째가 용량Capacity이다. 우선 접속력에 대해 알아보자. 공중에 떠다니는 전파를 잡아당기어 내 스마트폰으로 끌어들이는 것이 접속이다. 초창기 때에는 외장 안테나였으나 나중에는 내장안테나로 디바이스 안에 집어넣게 된다. 우리가 흔히 뿔이라고 말하는 안테나를 옥타코어라고 하는데 이것을 2개에서 4개로 늘리다가 갤럭시4에서는 8개까지 확장한다. 전파의 접속력을 극대화하기 위해서이다. 마지막에는 4개로 고정된다.

다음은 데이터의 저장용량이다. 1GB(기가바이트)는 1024MB이고, 1MB(메가바이트)는 1024KB이며, 1KB(킬로바이트)는 1024Byte(바이트)이다. 그러므로 1GB는 1,073,741,824byte이다. 손톱만한 마이크로 칩에 처음에는 8GB를 저장했는데 해마다 기술이 발전해 16GB에서 32GB로 또 64GB에서 128GB로 비약을 하여, 요즘은 스마트폰에 256GB, 512GB를 내장해주는 경우가 많아지고 있다. 32GB만해도 방 한 칸에 가득 찬 서적을 다 집어넣을 수 있는 저장용량이다.

그리고 속도경쟁인데 3G일 때 2시간짜리 영화 한 편을 다운로드 받으려면 약 15분 정도 걸렸다. 그것이 LTE(4G)의 개발로 단 몇 분이면 복사가 되었다. 그런데 5G에서는 단 1초면 다운로드가 된다는 것이다. 3G를 일반 국도에 비하면 4G는 고속도로라고 말할 수 있으며, 5G는 10개의 고속도로를 합쳐 놓은 것과 같다고 할 수 있다.

이번에는, 스마트폰이 인류에게 어떠한 영향을 미쳤는지 알아보자. 스마트폰은 인류의 생활 양상 자체를 크게 바꿔 놓았을 만큼 현대 사회에 막대한 영향을 끼쳤다. 스마트폰 사용으로 인하여 포노 사피엔스Phono sapiens, 디지털문명을 이용하는 신인류라는 용어가 생겨날 정도였다.

스마트폰의 대중화로 운전을 할 때 네비게이션을 사용하여 길을 못 찾아가는 일이 없어졌고, SMS나 카카오톡 등의 문자 메시지를 사용함으로서 친구와 약속시간이나 장소를 오인하여 만나지 못하는 경우도 없어지게 되었다. 그리고 여친이나 남친의 집에 전화를 하고 싶지만 부모님이 받을까봐 망설인다거나 걱정해야 하는 일이 없어지게 되었다.

또한, 학교나 교육기관에서도, 옛날처럼 일일이 필기를 하는 모습도 많이 사라지게 되었다. 필요하면 스마트폰으로 칠판 판서 내용이나 파워포인트 내용을 사진 촬영하거나 녹화하면 되기 때문이다.

이외에도 과거에 21세기의 미래의 생활상으로 예상되었던, 각종 예약업무, 사진 및 동영상 촬영, 논문작성, 은행 업무, 음성 인식, 내비게이션, 인터넷 강의, 화상통화, UCC(이용자 창작 콘텐츠) 등을 각자 스마트폰이라는 단 하나의 기기로 이 모든 것을 실행할 수 있게 되었다.

따라서 대중의 생활 형태에도 변화가 생기게 되었다. 스마트폰의 사용으로 언제나 어디서나 연락이 가능하게 되었으며, 인류의 지식이 집대성되고 축적된, 인터넷 네트워크에 항상 연결이 가능하므로, 쇼핑, 금융, 교통, 뉴스 등 온갖 서비스를 즉시 이용할 수 있게 되었다. 그러나 이런 것 때문에 퇴근 후에도 스마트폰을 통해 업무 관련 지시가 오는 일이 흔하게 되어 퇴근이라는 개념이 사실상 무의미해지게 되었다. 이러한 SNS의 홍수 때문에 고시공부나 공부에 집중하려는 학생들은 아예 인터넷이 되지 않는, 소위 문자나 전화만 가능한 2G통신 기기인, 공신폰(공부의 신 휴대전화)이나 피처폰을 최소한의 연락 수단으로 사용하기도 한다.

한편, 서비스업과 문화 산업에도 변화가 있었다. 즉 스마트폰은 서비스업에도 커다란 변화를 가져오게 하였다. 2000년대까지 급성장하던 공짜신문 홍보지 시장이 스마트폰 때문에 한순간에 사라졌으며 신문과 책 등의 출판업계도 엄청난 타격을 입었다. 그러나 제지업계는 침체기 후 다시 호황을 맞이하였는데, 이것은 인터넷 쇼핑 시장의 확장에 따른 택배종이 상자의 수요증가 때문이다.

그리고, 스마트폰이 장난감 기능을 갖게 되자 전세계 장난감 시장은 큰 불황을 맞이하게 되었다. 2010년대 초중반 이후 산업계 전반적으로 1년 이상 사용하는 내구재 시장이 크게 위축되었으며, 서비스업 시장이 크게 확대된 것에는 스마트폰의 영향이 가장 컸다고 볼 수 있다.

결과적으로, 스마트폰은 인간 생활과 밀착된 도구이다 보니 스마트폰에 대한 일반 대중의 관심은 다른 어떤 서비스나 상품과도 비교할 수 없을 정도로 높으며, 많은 일반대중이 특정 메이커의 스마트폰의 출시나 평가에 많은 관심을 가지고 지켜볼 수밖에 없게 되었다.

지금까지 스마트폰의 기능, 발전약사, 응용, 이동통신세대의 발전단계, 폰의 3대 경쟁력, 그리고 스마트폰이 인간에게 미친 영향 등에 대하여 살펴보았다.

초창기에 세계 휴대폰 시장의 70%를 점유했던 스웨덴의 노키아도 경영혁신과 기술개발을 하지 않아 무대 뒤로 사라졌으며, 한국인들이 많이 선호했던 모토로라도 지금은 그 휴대폰을 찾아보기 힘들게 되었다. 그러나 2010년 한국의 삼성전자가 "갤럭시 A"로 스마트폰 시장에 뛰어들어 해를 넘기지 않고 그해 말에 "갤럭시 S"를 개발하여 세계시장에 내놓으면서 안드로이드의 역습이란 신화를 남겼다. 그 이후 삼성은 애플 아이폰의 스마트폰 시장점유율에는 뒤지지만 꾸준히 노력하여 기술경쟁력면에서는 각축하며 경쟁하고 있다. 그리고, 그 첨단기술력을 이용해 통신인프라를 설치해 국민들에게 통신편의를 제공해주는 KT, SK 텔레콤, LG U+ 3개 통신사에게도 감사하게 생각한다.

<참고문헌>

1. 권기덕, 임태윤, 취우석, 박성배, 오동현, 삼성경제연구소 CEO 인포메이션 제741호, (2019).

2. http://imnews.imbc.com/news/econo/article/986997_19133.html (2008).

3. TELUS, news, headlines, stories, breaking, canada, canadian, national (2020).

4. Evolution of smart phone market | Deloitte Telecommunications Predictions, (2009).

5. Schneidawind, J: "Big Blue Unveiling", USA Today, November 23, page 2B, (1992).

(2021.03.26, 과학 이야기, 과학 칼럼)

현대現代의 과학사상科學思想 Ⅰ

Ⅰ.

인간의 새로운 이념과 새로운 욕망에 따라 과학은 눈부시게 발전해 왔다. 과학은 기술과 환경을 변화시켰을 뿐만 아니라 그 자체의 철학적 사상적인 면에서 다른 학문분야의 사상과 철학哲學에까지 영향을 주고 있는 것이 사실이다. 자연 과학이 앞으로도 더욱 우리의 사상과 관습과 제도와 문화를 변하게 하리라는 것은 거의 의심할 바 없다. 물론 자연과학自然科學이 진리를 탐구하는 과학이라고 하는 점에서는 예술이나 다른 학문과 다를 바가 없다. 그러나 실용적인 면에서 볼 때 예술이나 그 밖의 학문들이 미치지 못하는 중요성을 가지기 때문에 우리는 자연 과학을 결코 소홀히 할 수 없다.

자연과학의 이론의 밑바닥에 내재해 있는 사상을 비롯하여 그 이론이 적용되어 발전하는 기술은 사회와 인간에게 작용하여 영향을 끼친다. 자연과학은 이러한 2가지 면을 통하여 인간의 역사에 작용하여 왔고 사상과 철학에 영향을 주었고 또 사회 및 생활환경을 변하게 하여 오늘에 이른 것이다.

자연과학을 연구하는 사람이 그 자신과 독립하여 존재하는 자연을 있는 그대로 인식하려는 것이 자연과학의 이상이며 근본 목적이기 때문에 때로는 소박한 실재론實在論 또는 경험론經驗論과 일치되고, 때로는 유물론唯物論과 동일시되어 관념론觀念論 또는 유심론唯心論과 대립되고 구별되어 왔다. 유물론과 관념론과의 대립은 자연과학과 종교의 피비린내 나는 싸움을 불가피하게 하였고 그것이 오히려 당연한 것이었는지도 모른다.

이러한 두 대립된 관념은 그 후 여러 부분에서 노정된 대조적인 관계와 더불어 우리가 극복할 수 없는 수많은 사회적 문제를 야기했음은 숨길 수 없는 사실이다. 이런 두 대조적인 관념 때문에 파생된 근대사회가 노골적으로 나타내 보이는 대조적인 사실은, 우리의 정신적, 육체적인 생활과 밀접하게 접촉되어 있고 이제 우리들 자신이 이것을 직접 해결해야 할 심각한 문제로 되어 버린 것이다. 즉 종교와 자연과학, 유신론과 무신론無神論의 대립, 최고의 지성과 우상 광신자狂信者의 대립, 낡은 표준과 새로운 표준과의 대립, 또 강력한 사회주의와 개인주의와의 투쟁 등이다. 우리는 이것들을 자각하고 고심하며 끊임없이 사색하고 탐구하여 왔지만 아직 완전히 극복하고 해결하지 못한 문제로서 남아있다. 그런 가운데서 학문과 학문, 학문과 생활은 그 자체를 비판하고 개방하여 전체적인 입장에서 다시 자체를 바라보게 되고 그러면서 학문과 생활은 서로 침투하고 교섭하며 상호작용相互作用하고 있는 것이다. 일반적인 이런 상황에서 온갖 간난과 역경을 개척하며 걸어온 자연과학은 방법론적方法論的, 인식론적認識論的 전환으로 몇 단계의 사상적 변천變遷을 하게 되었다.

따라서 여기에서는 현대를 이끌어 온 과학사상의 역사적 변천과정과 더불어 현대과학의 사상적 기초에 대해서 알아보기로 한다.

II.

현대 자연과학 속에서 그리스의 과학을 빼어내면 자연과학의 토대가 허물어져 그 기초를 잃어버릴 정도이다. 인류문화의 중요한 기반을 이루는 그리스의 기적奇蹟이 그리스에서 생겼다는 것은 당시 그리스가 학문적 자유를 충분히 누릴 수 있는 민주체제를 가졌고 지중해의 상업적 패권覇權으로 경제적으로 윤택하였기 때문에 그들은 자연을 관조觀照하고 자연에 대한 놀라움을 갖게 되었다.

바로 거기에서부터 그리스의 학문은 학문다운 출발점을 가지게 되었던 것이다. 이때 탈레스Thales가 물질의 근본 요소를 물이라고 주장한 것을 비롯하여 공기설, 불설, 물·불·공기·흙의 4원소설 등은 주장하는 내용은 다를지라도 누구나 직접 경험할 수 있는 객관적인 자연물을 선택하여 설명한 태도와 방법은 동일하였으며 이것은 근세 자연과학에서의 원소개념과 상통하는 것으로 원자설原子說의 출발이라 할 수 있는 것이다. 그 후 데모크리토스Demokritos는 더 이상 쪼갤 수 없는 물질의 극한적인 것을 원자라고 하여 원자의 크기와 모양의 2가지 성질을 주었다. 또 에피쿠로스Epikuros는 거기에다가 무게를 덧붙였고 아낙사고라스Anaxagoras는 색, 맛, 향기 같은 것을 물체의 주관적인 성질이라 하여 물체의 속성에서 빼버렸다. 피타고라스Pythagoras는 물체에서 소위 물체성을 추상하여 거기에는 단순시 공간적이며 기하학적 형상, 즉 수학적인 점, 선, 면만이 남는다 하여 이 기하학적인 형상만을 실체로 보았던 것이다. 아테네가 위대한 지도자 페리클레스Perikles를 잃은 후에 외세의 침략으로 사회적 혼란과 정치적, 도의적 폐단을 가져왔고 자연과 사물에 대한 애지적愛知的 관심이 정치, 도덕, 윤리 문제 등을 주제로 하는 내향적인 전향轉向으로 흐른 계기契機가 된 것은 불가피한 일이었다. 아리스토텔레스Aristoteles는 경험을 인식의 기초로 하여 모든 자연 현상을 있는 그대로 관찰하였으나 자연물의 존재와 변화에 대해서는 그것이 신성의 목적론目的論을 주장하여 결국 관념론에 기울어지고 말았다. 따라서 아리스토텔레스의 사상은 중세를 통한 약 200년간 완전히 신학의 지주가 되었다.

헬레니즘 시대 아르키메데스Archimedes는 투석기를 만들어 조국을 위해서 싸웠고 나선형 양수기揚水機를 발명하여 나일강 유역의 논에 양수하는데 사용하였다. 아르키메데스의 원리 및 지레의 원리 등의 실제 문제에의 응용은 아리스토텔레스의 사변적思辨的이며 관념적인 철학사상과 대조對照를 보인다.

정신주의를 그리스도교적 세계관으로 하는 교회 밑에서 자연과학은 암흑시대를 맞게 되었고, 스콜라 철학에 의해 모든 물질적 존재는 가상이며 보편과 정신적인 것만이 참다운 실재라고 변증辨證되었다. 이때 이와는 반대로 물질적 존재를 참다운 실재라고 생각하고 지식은 경험에 의해서만 얻을 수 있다고 주장하는 학자들이 있었으나 이 사상은 교회의 충돌과 반발을 샀으며 로저 베이컨Roger Bacon의 다년간의 감금

생활, 사상가 브루노Bruno의 분살焚殺, 물리학자인 갈릴레이 갈릴레오 Galieo Galilei의 종교 재판 등으로 희생되고 수난을 받았다. 특히 로저 베이컨은 진리가 성경 속에나 아리스토텔레스의 저서 속에만 있다고 주장한 교의에 대한 가차 없는 비판을 가하여 경험주의經驗主義 사상의 선구자先驅者가 된 것이다.

갈릴레오는 실험과 경험을 토대로 하여 관념적인 아리스토텔레스의 역학관力學觀을 변혁하고, 뉴턴도 역학을 실제 경험과 관찰을 기초로 하는 경험적인 자연과학으로 확립하여 관념적인 것과 대립했던 것이다. 이러한 방법은 아르키메데스의 실험적 정신에 바탕을 둔 것 이상의 구체적인 표현인 것이라 할 수 있다.

뉴턴Newton은 갈릴레오가 창시한 근대적 자연과학의 연구방법을 주장하였고 이것을 수학적 체계에 의하여 그 규범規範을 크게 확대시킨 점에서 자연과학사상의 위대한 공적자功績者였다. 특히 만유인력萬有引力의 법칙과 운동의 3법칙은 그의 사상의 중심이었다. 말하자면 각각의 질량의 곱에 비례하고 서로의 거리의 제곱에 반비례한다는 만유인력의 법칙은 태양계에 관한 오랫동안의 의문을 풀어주는 열쇠가 되어 갈릴레오 이래의 역학원칙을 세우게 하였다. 또한 운동의 제3법칙은 물리학에 있어서의 힘의 개념을 규정하고 작용과 반작용의 관계를 법칙화하였다.

그는 운동의 법칙에서 물체의 본성은 문제 삼지 않았고 물체와 물체가 작용하고 물체가 물체에 작용하는 계기적인 현상만을 역학적인 관계에서 문제로 하였다. 그리하여 소리가 공기나 다른 물질 사이를 전파하는 파동波動임을 역학적으로 설명했다. 얼핏 보기에 아주 다른 현상도 에너지 개념을 도입하여 열역학熱力學이란 이름 아래 역학과 밀접한 관계를 가지게 하여 이러한 신념과 노력을 자연과학부문 전체에 확대시켰다. 따라서 뉴턴 이래의 자연과학을 역학적, 기계적 자연관을 특색으로 하는 이유도 여기에 있다. 그러나 뉴턴은 가설을 만들지 않는다고 하면서도 많은 가설을 만들었다는 것은 절대적인 실증주의(경험주의)를 이상으로 하면서 합리적 실증주의合理的 實證主義를 벗어나지 못했음을 의미하는 것이라 하겠다.

그러나 합리주의자들은 원래 실증주의가 자연의 예측적 성격 즉 엄밀한 인과적 질서를 알 수 없는데 대하여 공격하였다. 한편 근대 자연과학에 가장 대표적인 합리주의적 측면을 가지고 나타난 것은 라이프니츠Leibniz였다. 라이프니츠는 궁극적窮極的으로 모든 자연과학을 수학적으로 전환시킬 수 있다는 점에서 경험적 요소를 완전히 무시하고 모든 지식은 논리에 불과하다는 신념을 굳게 가졌다. 따라서 논리는 경험적 지식을 공급하여 줄 뿐만 아니라 경험적 지식보다 우위성優位性을 갖는다고 믿었다. 라이프니츠는 모든 운명을 예정적으로 조화되어 있다고 하는 예정조화설豫定調和說를 주장하였고 그것은 이러한 논리에 의한 창작의 하나라 하겠다. 그러나 모든 경험적 지식을 이와 같이 연역적 논리로 해석하려 한 것은 독단이었고 경험주의적 해석해 의하여 제기된 모든 문제를 결코 그것만으로는 해결할 수 없었다. 물론 자연과학은 수학에 의한 연역적演繹的 방법과 관찰실험에 의한 귀납적歸納的 방법과의 복잡한 조합에 의해 이루어지는 것을 부정할 수는 없다. 갈릴레오, 뉴턴과 같은 고전 물리학자들은 이것을 고도의 정확성을 가진 조작방법에 의하여 자연과학의 절대성絕對性을 이념화하고 실천하여 자연과학이 마치 역학에 의한 실증주위에 의해서만 이루어지는 것같이 확신하고 자부하여 인과필연적因果必然的인 역학적, 기계적 자연관의 특색을 가지게 되었다.

<참고문헌>

1. Hewitt외 3인 공저(장낙한 외 3인 공역), 개념으로 엮은 자연과학개론, Addison Wesley, (1983).

2. Dicks, D.R., 아리스토텔레스의 초기 천문학. 이타카, 뉴욕, 코넬대학교 출판부, p. 72, ISBN 978-0-8014-0561-7 (1970).

3. G. E. R. Lloyd, 고대 그리스 과학: 탈레스에서 아리스토텔레스까지, 뉴욕: W. W. Norton, p. 144 (1970).

4. 픽오버, 클리포드, 《아르키메데스에서 스티븐호킹까지: 과학의 법칙과 과학자들의 호연지기적 마음가짐》. 옥스퍼드 대학교 출판부. 105쪽. ISBN 9780195336115 (1982).

5. Europe: A History, p 139. Oxford: Oxford University Press, ISBN 0-19-820171-0 (1983).

6. Sameen Ahmed Khan, Arab Origins of the Discovery of the Refraction of Light; Roshdi Hifni Rashed (1982).

7. Toby Huff, 근현대 과학의 태동 개정판, P. 180 (1983).

8. Edward Grant, "Science in the Medieval University", in James M. Kittleson and Pamela J. Transue, ed., Rebirth, Reform and Resilience: Universities in Transition, 1300-1700, Columbus: Ohio State University Press, p. 68 (1981).

9. 에드워드 그랜트, 중세 과학에 대하여, 하버드대학교 출판부, p. 232 (1974).

10. David C. Lindberg, Theories of Vision from al-Kindi to Kepler, 시카고대학교 출판부, p. 140 (1976).

11. Allen Debus, Man and Nature in the Renaissance, (Cambridge: Cambridge Univ. Pr., 1978).

12. Alpher, Ralph A., Herman, Robert, Evolution of the Universe". 《네이처》 162: p. 774 (1948).

13. James D. Watson and Francis H. Crick. "Letters to Nature: Molecular Structure of Nucleic Acid." 네이처 171, p. 737 (1953).

(1983.03.10, 현대의 과학사상, 숙대 학보)

현대現代의 과학사상科學思想 II

III.

1905년 아인슈타인Einstein은 근세의 과학으로 하여금 특수상대성特殊相對性 원리의 근본 개념을 형성하는 시간時間과 공간空間의 상대성에 의해 자연을 기술하는 방법에 근본변혁根本變革을 가져오게 하였다.

상대성원리 이전의 물리학을 고전물리학古典物理學이라 하는데 이것의 특징은 대상을 주로 3차원 공간 내의 분포로 보고 시간흐름의 변화에 따르는 물리적 세계의 상태를 표현하려는 것이었다. 즉 물리적 현상의 운동은 공간적으로 그리는 상의 운동으로 그것이 시간의 흐름에 따라 그 위치가 어떻게 변하는가에 의하여 표현되었다. 이때 시간적인 것과 공간적인 것은 서로 관계하면서도 서로 독립하여 절대성絶對性을 보유한다. 즉 공간이라고 하는 것은 절대적으로 변하지 않는 하나의 용기와 같이 그 속에서 만물이 어떻게 움직이고 변하고, 시간이 어떻게 흐르든 관계없이 그것은 그것대로 독립하여 존재하는 것이라 생각하였다.

또 마찬가지로 시간도 지구상에서나 공중의 비행기 속에서나 또는 달세계 등을 불문하고 모든 천체에서 공동이며 모든 장소와 사람에게 있어서도 동일하고, 그것들이 어떻게 움직이고 변하더라도 시간의 흐름이란 그것들과는 완전히 독립하여 절대성을 가진다고 생각하였다.

따라서 아인슈타인은 시간과 공간은 상대적이며 물리적인 대상은 시간과 공간의 결합으로 구성되는 4차원 연속체로서 설명해야 한다고 주장하였다. 이러한 시간과 공간의 상대적인 관계는 시간 자체의 규정문제에서부터 출발한다. 즉 기차를 타고 가는 사람과 지상에서 있는 사람, 지상을 걸어가는 사람과 공중을 비행하는 사람 사이에 동일한 시간이라도 그것이 짧고 길고 하는 것은 각자의 경우에 따라 다르며 다른 만큼 각자의 시간은 각자에게 절대적이고 그 절대적인 상호관계相互關係는 서로 상대적이 된다는 것이다. 이와 같이 시간이라는 것이 관측하는 입장에 따라 다르게 되므로 시간은 단순한 객관적 시간이 아니라 주관적 시간이 되며, 이러한 주관적 시간은 서로 상대적인 것으로 단순한 시간의 상대성이 아니라 시간 규정의 상대성이 되는 것이었다. 더욱이 이러한 시간 규정의 상대성은 각 관측자의 절대성을 통한 상대성이 되는 것이고 따라서 상대성원리에 있어서는 고전물리학과 같이 유일한 절대시간絶對時間은 존재할 수 없게 되고 각 관측자의 절대성을 통한 시간의 상대성만이 인정되었다. 이러한 시간 관측의 상대화는 동시에 장소, 즉 공간의 상대화를 의미하게 된다.

운동하는 물체는 그 자체의 운동의 방향에 따라 그 길이를 단축한다고 하는 로렌츠Lorentz의 길이 단축설短縮說이 그것이다. 1m의 막대는 언제나 1m이지 그것이 움직였기 때문에 길이의 감소로 단축되어 보인다는 것은 우리에게 잘 납득되지 않는 문제이다. 그러나 실제로 1m의 막대기는 움직이면 정지해있는 사람의 입장에서 명백히 그 길이는 단축되어 보인다는 것이다. 이것이 빠르면 빠를수록 단축은 더욱 크게 되며 광속도의 극한에서는 그 효과가 더욱 더 커진다는 것이다. 그러므로 상대성원리에 의한 물리학의 입장에서는 주로 시간 공간의 상대성을 기본으로 하여 일반적인 물리적 양을 모두 시간 공간적인 상에 의하여 정의하려는 것이었다. 그리하여 자연을 통일적統一的으로 이야기할 수 있는 시간, 공간상에 도달하려는 아인슈타인의 물리학을 물리학의 기하학幾何學, 공간의 물리학 및 정의 물리학이라 불리우는 까닭이 여기에 있다 하겠다.

IV.

상대성이론에 관심을 집중하고있는 동안 한편에서는 전자電子, 양극선陽極線 같은 전기를 띤 물질입자의 발견과 더불어 미시적微視的인 원자구조 문제에 관심을 쏟게 되었다. 여러 가지 실험의 결과 원자는 원자핵原子核이라는 양전기를 띤 무거운 입자를 중심으로 하여 전자가 그 주위를 궤도운동軌道運動한다고 설명되었다. 원자물리학의 선구자들은 전자운동의 관측에 새로운 방법을 고려하게 되었다. 즉 어떤 계가 주어졌을 때 그 계가 가지는 에너지의 값을 직접 산출하는 방법이었다. 다시 말하면 원자는 어떤 구조와 어떤 운동을 한다는 것이 먼저 밝혀진 다음에 그 에너지는 어떻다는 것을 결정하는 고전 물리학적 방법이 아니라, 원자 내에서 전자 운동은 실제로 볼 수 없는 것이므로 그것을 문제시하지 않고 직접 그 계가 가질 수 에너지의 값을 계산하는 것이었다. 실제로 이 방법을 여러 가지로 응용한 결과 그것이 실험의 결과와 놀라울 정도의 일치를 보여주었으며 이 방법이 보다 더 진리성을 입증하는 것이라 믿게 되었다.

양자역학量子力學은 이러한 방법을 광범위하게 적용할 수 있는 이런 체계를 확립하였다. 그러나 원자 구조에 대하여 그 전체의 에너지에 관해서는 이야기할 수 있어도 전자가 움직이는 그 시간 공간성을 기술하는 것은 어려웠다.

실제로 전자의 시간, 공간성을 기술하는 데 있어서 필요한 중요개념은 물체 입자粒子의 개념이며, 이러한 물체 입자로서의 개념이 정립하는 데 필요하고 중요한 근본개념은 위치와 운동량運動量 또는 시간과 에너지였다. 위치의 개념만이 주어진 물체나, 혹은 운동량의 개념만 주어진 물체는 생각할 수 없었다. 우리가 보통 경험하고 있는 외계에 존재하는 물체는 물리학적 입장에서 볼 때 언제나 그 위치와 운동량이 동시각에 우리 감각에 주어졌기 때문일 것이다.

그리하여 하이젠베르그Heisenberg는 불확정성원리不確定性原理를 통하여, 전자에 대하여 동시각에 위치와 운동량을 측정 경험한다는 것은 원리적으로 불가능하다는 보편적인 정의를 인정하고, 만일 위치와 운동량의 개념을 동시각에 경험할 수 있고 이것에 어느 정도의 불확정도만 허용한다면, 여기에 정확한 물체입자의 개념이 성립하고 이 물체입자의 현상을 이것이 허용하는 한도에서 정확하게 관측할 수 있다고 하는 것을 수식화하여 원리화原理化 하였다.

그러나 그러한 양의 동시각의 정의에서 양자역학이 직면한 곤란한 문제는 결코 전자의 경우만이 아니었다. 빛이 입자냐 파동이냐 하는 것은 고전 물리학에 있어서 제기된 가장 오래 되고 심각한 문제였다. 역사적으로 때로는 입자성粒子性이 우세하였다가 때로는 파동성波動性이 우세하였으나 결국 양자역학이 이것을 빛의 동일체에서 나타나는 현상의 양면이라고 합리화하였지만, 빛의 이러한 양면성兩面性을 빛 자체에 귀속시킬 것인가의 여부는 속단할 수 없는 철학적인 문제라 하겠다. 이와 같이 동일한 실제에서 일어나는 2가지 현상은 그 형식은 다르지만 광자光子, 중성자中性子, 양성자陽性子 등의 상호전화相互轉化하는 현상에서도 볼 수 있다.

즉 빛은 음전자陰電子와 양전자陽電子의 결합으로 생기기도 하고 분리되기도 하며, 더욱 중성자는 양성자와 음전자, 양성자는 중성자와 양전자의 결합 혹은 그 역 현상으로 나타나는 것이라든지, 또는 양성자에 반양성자, 중성자에 반중성자, 음전자에 양전자(반전자)를 보게 되는 것은 여기에 자연과학 사상의 중요한 일면이 있다 하겠다.

이상에서와 같이 시간, 공간의 상대성과 더불어 4차원 세계에 있어서의 관측의 상대성, 관측할 수 있는 양만에 대한 대상의 관측, 그리고 관측의 불확정성, 실재 소립자素粒子의 부단한 상호전화성 등은 현대 물리학에서 보는 자연개념의 새로운 특징이다. 특히 불확정성 원리는 관측의 절대적 정확성을 부정하고 그 이상 뛰어넘을 수 없는 불확정성의 한계를 원리적으로 명시하여 준 것은 과거의 인과사상因果思想에 새로운 의미를 부여하는 것이었다. 물론 이 때의 불확정도는 조직수단의 정밀성과 정확성에 의하여 경험상 무시할 수 있으나, 이처럼 무시할 수 있는 한도 내에서 물리학은 통계적, 확률적確率的 방법에 의하여 정확성에 근사적으로 도달할 수 있다고 믿는 것이다.

확률은 어떤 일이 일어날 수 있는 가능성의 정도를 말한다. 따라서 어떤 사상이 다음에 일어날 것인가 하는 예측의 확정 속에는 다분히 불확실, 불확정의 불가피성 여부, 즉 예기할 수 없는 우연의 여부를 내포하고 있다. 다시 말하면 그렇게 될 가능성 가운데는 반드시 그렇게 되지 않을 우연성偶然性을 내포하는 것이므로 현대과학을 우연성의 과학이라 속단을 내리는 이유도 바로 여기에 있다. 그러나 여기에서 말하는 우연성이란 확실성確實性에 무한히 근사 접근할 수 있는 우연성을 말하는 것으로 현대 과학이 그처럼 확실한 원자탄, 인공위성 및 로켓을 만든 사실은 참으로 우연성의 확실성을 입증하는 것이라 하겠다. 우리는 이것으로 과학에서 말하는 우연성이란 얼마나 근사한 확실성을 말하는가를 이해할 수 있을 것이다.

따라서 확정성을 가졌다고 신뢰한 고전적 개념(뉴턴적 개념)의 부정이라든지 결정적 인과성(필연적 인과성)의 단념은 과학의 어떤 무질서한 혼란을 의미하는 것이 아니라 그 속에서 어떤 통계적 확률성確率性을 가진 규칙성을 표시하는 것이다. 즉 고전적 관념을 단념함으로서 생기는 혼란 속에서 새로운 통계적 확률을 가진 규칙성을 가지고 나타난 것이다.

이런 가운데서 합리적인 조화와 보다 높은 과학의 이상화理想化를 가지게 된 것은 오늘날 자연과학의 새로운 특징이라 하겠다. 여기에 고전적 이론을 매개로 하여 보다 높은 위치에 서게 된 현대 과학이 변증법辨證法으로 발전한 동시에 이러한 대립의 변증법적 통일 속에 현대 과학사상의 특징이 있다 하겠다.

<참고문헌>

1. Toby Huff, 근현대 과학의 태동 개정판, P. 180 (1983).

2. Edward Grant, "Science in the Medieval University", in James M. Kittleson and Pamela J. Transue, ed., Rebirth, Reform and Resilience: Universities in Transition, 1300-1700, Columbus: Ohio State University Press, p. 68 (1981).

3. 에드워드 그랜트, 중세 과학에 대하여, 하버드대학교 출판부, p. 232 (1974).

4. David C. Lindberg, Theories of Vision from al-Kindi to Kepler, 시카고대학교 출판부, p. 140 (1976).

5. Allen Debus, Man and Nature in the Renaissance, (Cambridge: Cambridge Univ. Pr., 1978).

6. Alpher, Ralph A., Herman, Robert, Evolution of the Universe". 《네이처》 162: p. 774 (1948).

7. James D. Watson and Francis H. Crick. "Letters to Nature: Molecular structure of Nucleic Acid." 네이처 171, p. 737 (1953).1. Hewitt외 3인 공저(장낙한 외 3인 공역), 개념으로 엮은 자연과학개론, Addison Wesley, (1983).

8. Dicks, D.R., 아리스토텔레스의 초기 천문학. 이타카, 뉴욕, 코넬대학교 출판부, p. 72, ISBN 978-0-8014-0561-7 (1970).

9. G. E. R. Lloyd, 고대 그리스 과학: 탈레스에서 아리스토텔레스까지, 뉴욕: W. W. Norton, p. 144 (1970).

10. 픽오버, 클리포드, 《아르키메데스에서 스티븐호킹까지: 과학의 법칙과 과학자들의 호연지기적 마음가짐》. 옥스퍼드대학교 출판부. 105쪽. ISBN 9780195336115 (1982).

11. Europe: A History, p 139. Oxford: Oxford University Press, ISBN 0-19-820171-0 (1983).

12. Sameen Ahmed Khan, Arab Origins of the Discovery of the Refraction of Light; Roshdi Hifni Rashed (1982).

(1983.03.10, 현대의 과학사상, 숙대 학보)

제7장

상대론적 시간, 물의 철학 - 상선약수

시간지연時間遲延 우주여행과 상대론적相對論的 시간 I / II

물Water, 水의 물리, 화학, 생물, 의학적 및 철학적 고찰 I / II / III

시간지연時間遲延 우주여행과
상대론적相對論的 시간 Ⅰ

요즈음 어느 공중파 TV방송 인기 개그 프로그램의 한 코너가 인기 절정이다. 광속光速: speed of light에 가까운 빠르기를 가진 우주선을 타고 우주여행 1년 후 지구에 돌아와보니 지구상에서는 60여년이 흘러 그의 아들은 꼬부랑 백발 할아버지가, 손자 역시 자기보다 나이가 더 많은 할아버지가 되어있었다는 설정이다.

이것은 빠르게 운동하는 우주선 시계로 측정한 시간간격이 정지해 있는 지구상 시계로 잰 시간간격보다 더 길어서 생긴 현상이다.

이 상황에서 아흔살 꼬부랑 백발 할아버지가 되어 있는 아들은 우주 여행으로 자기보다 더 젊어진 쉰살 아버지에게 자기 손자의 손아래 여자친구를 새엄마로 맞이하게 하고, 새엄마에게 동생을 만들어 달라고 졸라대기도 한다. 그리고 할아버지가 되어 있는 일흔살 손자는 자기보다 나이 어린 할아버지에게 여러 가지 재롱을 부리는 등 재미있는 코미디 코너가 탄생하게 된 것이다.

이 프로그램은 빠르게 운동하는 사람의 시간이 늦게 간다는 즉, 우주여행을 다녀오면 젊어진다는 아인슈타인Einstein의 특수상대성 이론의 시간지연time dilation현상을 활용한 것이라 할 수 있다.

시간이란 무엇인가? 시간표준의 정의, 고전적 시간개념의 운명론, 상대론적 시간의 비결정론 등을 시간에 관한 에피소드와 더불어 살펴보고자 한다.

가장 작은 물질인 입자로부터 거대한 은하에 이르기까지 우주는 끊임없이 변화하고 있다. 순간순간의 시간의 흐름은 물질을 변화시키고 상상하기 어려운 형태로 변모되게 한다. 시간이 존재하지 않는 세계는 상상할 수가 없다.

시간의 측정에는 두 가지 요소가 있다. 즉 일상생활에서나, 과학적 연구를 위해서나 우리는 사건이나 현상이 어느 날 어느 때에 일어났는가를 바로 알고 싶어 한다. 즉 사건이 일어난 시각을 앎으로써 사건들을 순서대로 나열할 수 있는 것이다. 그러나 대부분의 과학 연구의 측정에서는 시각보다도 그 현상이 얼마나 오래 지속되는지(시간 간격)를 물을 때가 많다. 그러므로 시간의 표준을 정하는 데 있어서는 언제(시각) 그리고 얼마나 오래(시간)계속되느냐 하는 두 가지 질문을 고려하여야 한다.

아리스토텔레스Aristoteles는 시간을 "운동의 숫자"라고 했으며 라이프니츠Leibniz는 "시간은 모든 연속관계의 추상적인 개념이다"라고 했다. 시간측정에서 기본적인 기준은 규칙적이고 셀 수 있는 재현성이 있어야 한다는 것이다. 그것은 우리가 아리스토텔레스의 '수'와 라이프니츠의 '연속'을 둘 다 갖고 있어야 한다는 것을 의미한다.

옛날에는 시간의 단위로 하루의 길이를 사용했고 보다 정밀한 측정이 가능하면서부터 하루를 모래시계에 의해서 몇 개로 나누어 쓰기도 했다. 또한 보다 짧은 시간은 인간 심장의 박동수를 기준으로 측정하기도 하였다. 갈릴레오Galileo Galilei는 이와 같은 방법으로 돌과 실로 만든 '진자'의 진동주기를 측정하였다. 돌을 매단 실을 잡고 돌을 약간 흔들어주면 왔다 갔다 하는 왕복운동을 하는데 이것을 '진자'라 한다. 그리고 이보다 정밀하게 시간을 재는 장치들이 고안되었다. 이것들은 모두 다 그것이 용수철이건, 수정이건, 분자이건 간에 진자의 진동이 근본적으로 일정한 주기를 갖는다는 사실에 근거한 것이다.

1967년까지 시간의 표준은 지구가 태양둘레를 한 바퀴 도는데 걸리는 시간의 평균치를 구함으로써 정의하였다. 평균 태양일을 표준으로 정하여 그 평균 태양일의 86,400분의 1을 평균태양초로 정의하고, 이렇게 정의된 시간을 만국표준시universal time라고 하였다. 이러한 시간의 단위를 정의했음에도 불구하고 지구의 회전을 관측하여 시간을 측정하고 고도의 정밀도를 얻기에는 쉽지 아니하였다. 왜냐하면 지구가 회전하는 속도에는 아주 작기는 하지만 1년 동안에 약 10의 8승분의 1 정도의, 우리가 느낄 수 있는 주기적인 변화가 있기 때문이다. 사실, 보다 안정되고 쓰기 쉬운 시간의 표준이 필요하게 되어 1967년 13회 국제도량형위원회 총회에서 시간에 대하여 원자론적으로 정의한 단위가 국제표준으로 채택이 되었다.

우리가 현재 사용하고 있는 원자시계는 세슘 원자가 갖고 있는 진동을 이용한 것이다. 물리적으로 1초는 세슘 내에서 일어나는 진동이

9,192,631,770회 일어나는데 걸리는 시간으로 정의되었다. 이렇게 1초를 정의하면 정확도가 10의 12승분의 1로 시간 간격을 비교할 수 있는데 이것은 3만년에 1초가 틀리는 것에 해당한다. 현재 진행되고 있는 다른 원자의 진동에 대한 연구 특히, 완성단계에 이른 수소 메이저에 관련된 연구가 이루어지면 10의 15승분의 1의 정확도, 즉 3천만년만에 1초가 틀리는 시계를 보게 될 것이다.

우주 안에 존재하는 시간간격으로는 빛이 원자핵 지름을 통과하는 시간(10의 24승분의 1 초)으로부터 우주의 나이(10의 18승 초)까지로, 가장 짧은 시간과 가장 긴 시간의 비는 10의 40승 배 이상이다.

<참고문헌>

1. David Halliday and Robert Resnick, Physics, John Wiley & Sons, Inc., (1978).
2. Arthur Beiser, Concepts of Modern Physics, 3rd Ed., McGraw-Hill Book Co., (1982).
3. 이장로 외 역, F. W. Sears 등 원저, '대학물리학', 광림사 (2003).
4. 남경태 옮김, 스튜어트 매크리디 저, 시간에 대한 거의 모든 것들 (2010).
5. 매들렌 렝글, 시간의 주름, 문학과 지성사 (2001).

(2020.02.08, 과학 칼럼, 포커스 데일리)

시간지연時間遲延 우주여행과
상대론적相對論的 시간 II

　앞에서는 주로 시간표준의 정의에 대해 살펴보았다. 여기에서는 고전적 시간개념의 운명론, 상대론적 시간의 비결정론 등을 시간에 관한 에피소드와 더불어 알아보고자 한다.

　아인슈타인Einstein에 따르면 시간은 제4차원의 좌표로서 시공간이라는 4차원 세계(3차원 공간+1차원 시간)의 한 좌표이긴 하지만 성질만큼은 공간의 성질과 전혀 다르다. 공간 속에서 우리는 앞뒤, 좌우, 상하로 마음대로 움직일 수 있다. 그러나 시간의 방향은 오직 한쪽, 즉 미래라 불리는 방향으로만 고정되어 있다.

　따라서 우리는 현재를 뛰어 넘어 곧장 미래로 가거나 또는 과거로 갈 수가 없다. 사건들은 언제나 과거에서 미래를 향해 흐르지 그 반대로는 절대로 흐르지 않는다. 시간은 거꾸로 흐를 수 없다. 영국의 공상과학 소설가 허버트 조지 웰즈H. G. wells의 '타임머신time machine' 같은 공상과학소설에서는 쉽게 이루어지는 이 시간여행도 완전히 공상일뿐 현실적으로 불가능하다.

어떤 사람이 '타임머신'을 타고 과거의 세계로 돌아가서 어릴 때의 자기자신을 보게 되는, 여행자의 자기모순적인 역설Paradox을 한번 생각해보자. 만약 그가 그 아이(어릴 때의 자기 자신)를 죽인다면 그 순간 그 아이가 죽고 말았으니 여행자 그 자신도 꺼져 없어질 것인가 아니면 그대로 살아 있을 것인가?

여행자 자신은 존재하면서도 그 아이는 더 이상 존재하지 않게 되는 모순에 빠지게 된다. 스티븐 앨런 스필버그Steven Allan Spielberg 감독이 만든 영화 '미래세계로의 여행'은 재미있는 영화이긴 하지만 엄격하게 따져보면 논리적 모순으로 가득 찬 공상영화에 불과한 것이다.

뉴턴Newton은 시간을 "절대적으로 참된 수학적 시간은 외부와 관계를 갖지 않은 채 스스로의 성질에 따라 균일하게 흐르며 무한한 과거로부터 무한한 미래로 그저 흘러가며 지속하는 것"이라고 정의하였다.

즉 시간은 항상 일정하고 고른 속도로 무한한 과거로부터 지금 이 순간을 거쳐 무한한 미래로 직선적으로 흘러간다는 뜻이다. 따라서 뉴턴의 이러한 고전적인 절대시간 개념에 따르면 시간은 외부로부터 아무런 영향력도 받지 않고 그 자체의 성질에 따라 똑바로 나아가기 때문에 단 한가지 밖에 있을 수가 없다. 그러므로 그러한 시간의 흐름에 따라 만들어지는 세계도 하나뿐일 수밖에 없다.

즉 뉴턴에 의하면 우리의 과거가 한 가지인 것과 마찬가지로 미래도 단 한가지뿐이다. 만약 신이 존재하여 어느 순간 우주의 모든 물체를 구성하는 분자나 원자의 처음 위치와 처음 속도를 알 수 있다면 시간은 늘 일정한 속도로 흐르기 때문에 그 분자의 과거 및 미래의 위치를 정확히 계산해낼 수 있게 된다.

즉 그런 신의 존재를 믿는다면 우주의 과거와 미래를 모조리 예언할 수 있다는 것이다. 인간의 미래, 국가 나아가 우주전체의 미래마저 전부 결정되어 있다는 것이다. 이른바 이것을 뉴턴의 고전론적 시간개념에 따른 기계론적 결정론 또는 운명론fatalism이라 할 수 있다.

그러나 시간의 본질은 아인슈타인의 상대성 이론Theory of relativity, 1905년 및 1915년에 의해 달라졌고 또 하이젠베르그Heisenberg의 불확정성 원리Uncertainty principle, 1927년에 의해 다시 한 번 크게 다르게 해석되게 되었다.

상대론적 시간개념에 따르면 시간은 구부러진 시간 축을 따라 균일하지 않은 속도로 흐를 뿐만 아니라 그 시간축의 휘어진 정도나 공간 축과의 기울기는 그때 그때마다 거기에 작용하는 힘의 성질이나 물질의 분포에 따라 달라진다.

그 결과, 이제 시간은 단 하나만 있을 수 있는 것이 아니라 관찰자의 운동상태나 그 주변의 상태에 따라 무수히 많이 존재할 수 있게 되었다. 그 한 예로 특수상대성이론의 시간지연time dilation 현상이 있다. 즉 운동하는 시계로 측정한 시간간격이 정지해있는 시계로 잰 시간간격보다 더 길다. 다시 말해서 운동하는 사람의 시간이 늦게 간다는 말이다.

이런 시간지연은 우주여행을 다녀오면 젊어진다는 말로 이해할 수 있다. 움직이는 우주선을 타고 시간을 보내면 시간이 지연되어 나이를 덜 먹게 된다는 것이다.

이 현상과 관련하여 기독교의 성경이나 불교계의 불경에서도 천국 (천상계)의 하루가 이세상의 60일, 천일로 비유하는 영생과 관련한 이야기 등도 우주여행 시간지연과 연관성을 가진 것으로 보인다.

그러나 이러한 상대성이론으로서는 아직 뉴턴의 기계론적 결정론이 완전히 극복될 수는 없었다. 그 후 1927년에 하이젠베르그가 불확정성 원리를 발표하였다.

여러 실험을 통하여 확인된 이 원리에 의하면 원자는 물론이고 모든 물체의 초기위치와 초기속도는 동시에 정확히 결정할 수 없다는 것이다. 다시 말하면 어느 물체의 초기위치를 정확히 알면 초기속도에 대해서는 전혀 알 수 없게 된다는 뜻이다. 또 초기속도를 정확히 알면 초기위치에 대해서는 전혀 모르게 된다는 것이다. 이 불확정성원리가 사실이라면 신도 이제는 어쩔 수 없게 된다. 어떤 순간이 우주의 모든 전자의 초기위치와 초기속도를 확정할 수 없다면 우주의 미래를 예측할 수도 없는 것이다.

이렇게 운명론이 설 자리를 잃게 되면 미래에 대한 우리의 생각도 달라진다. 즉 미래는 단 하나로 결정되어 있는 것이 아니고 여러 개가 되어 선택의 폭이 넓어진다. 이렇게 다양한 미래는 우리에게 희망을 안겨줄 수 있게 된다.

따라서 우리의 노력 여하에 따른 선택에 따라 이 다양한 많은 미래 중에서 희망에 찬 미래를 맞이할 수 있을 것이다. 우리 모두는 미래가 선택 가능하다는 것을 믿고, 보다 나은 미래를 위하여 항상 최선의 노력으로 무한히 정진하여야 할 것이다.

\<참고문헌\>

1. 이장로 외 역, F. W. Sears 등 원저, '대학물리학', 광림사 (2003).

2. 남경태 옮김, 스튜어트 매크리디 저, 시간에 대한 거의 모든 것들 (2010).

3. David Halliday and Robert Resnick, Physics, John Wiley & Sons, Inc., (1978).

4. Arthur Beiser, Concepts of Modern Physics, 3rd Ed., McGraw-Hill Book Co., (1982).

5. 매들렌 렝글, 시간의 주름, 문학과 지성사 (2001).

(2020.02.16, 과학 칼럼, 포커스 데일리)

물Water, 水의 물리, 화학, 생물, 의학적 및 철학적 고찰 I

　'상선약수上善若水'라는 사자성어가 우리들 주변에서 자주 회자膾炙되고 있다.

　이것은 '가장 좋은 것은 물과 같다'는 뜻으로, 선하고 아름다운 인생은 물처럼 사는 것이란 의미가 함축含蓄되어 있다. 물은 위급한 상황에서 필요할 때 귀중한 생명을 구하는 한 모금의 물이 되기도 하며, 또 물은 더러운 것을 깨끗이 정화하고 자기 자신은 오염되어 폐수廢水가 된다. 이와 같이 물처럼 희생과 봉사정신을 발휘하면서 바르게 살아가는 것이라는 뜻으로 풀이된다.

　옛말에 '정수유심 심수무성靜水流深 深水無聲'이란 말이 있다. 이는 '고요한 물은 깊이 흐르고 깊은 물은 소리가 나지 않는다'는 뜻이다. 여기에는 물은 만물을 길러주고 키워주지만 자신의 공을 남과 다투려하지 아니한다는 의미도 들어있다. 그리고 물은 모든 사람들이 가장 싫어하는 낮은 곳으로만 흘러 늘 겸손의 철학을 일깨워주고 있다.

물이 없는 세상을 한번 상상해 보자. 이것은 생각을 해보기 만해도 끔찍한 일이다. 당장 지구상의 모든 생물은 멸망할 것이고 지구는 오염汚染되어 폐허화廢墟化 될 것이다. 따라서 우리 인간에게 물의 필요성과 중요성은 아무리 강조해도 부족하다 하겠다.

여기서는 물의 물리적, 화학적, 생물학적 성질, 물의 의학적 약용연구, 그리고 물이 인류의 문명에 미치는 영향 등을 알아본 후에 물의 도덕 및 철학적 특성을 알아보고자 한다.

물의 물리, 화학, 생물적 특성에 대해서는 기본물리학Halliday & Resnick과 위키미디어 공용Wikimedia Commons에 나타난 내용을 기준으로 하여 살펴보기로 한다. 물水, water은 수소와 산소로 이루어진 물질 중에서 안정된 액체로서 화학식 H_2O로 표시되는 생명을 유지하는 데에 없어서는 안 되는 화학 물질이다. 표준 온도 압력(STAP: 섭씨 25℃ 1바)에서 무색투명하고, 무취무미無臭無味하다. 물은 지구 위의 거의 모든 곳에서 발견되며, 지표면의 10% 정도를 덮고 있다.

물 분자는 두 개의 수소 원자와, 하나의 산소 원자가 공유결합을 한 H-O-H 형의 물질이다. 물 분자는 수소 원자와 산소 원자가 각각 전자를 내놓아 전자쌍을 만들고, 이 전자쌍을 함께 나누어 가짐으로써 결합되어 있다. 물은 자연적으로 세 가지 물질의 상태로 존재하며 지구상에서 여러 형태를 갖는다. 수증기와 구름은 하늘에 있으며 바닷물과 빙산은 극지 바다에 있다. 빙하와 강은 산에 있으며 대수층물을 함유한 토양층의 물은 땅속에 있다.

물은 표준 온도 압력에서 액체이다. 물과 얼음의 색은 본질적으로 약간 파랗지만 물은 양이 적을 때에는 빛깔이 없는 것으로 보인다. 얼음 또한 색이 없어 보이며 수증기는 기체이므로 눈에 보이지 않는다. 물은 투명하므로 햇빛이 물속에 들어올 수 있다. 따라서 수생식물은 물속에서 살 수 있다.

물 분자는 비공유 전자쌍이 공유 전자쌍을 강하게 밀기 때문에 구부러진 굽은 형 구조를 이루어 선형이 아니며 산소 원자는 수소 원자보다 더 높은 전기 음성도전자를 끌어들이는 힘를 갖고 있다. 산소가 수소보다 공유 전자쌍을 세게 끌어당기므로 산소 원자가 약간의 음전하를 띠고 있는 반면 수소 원자는 약간의 양전하를 띠어 극성을 갖는다. 그 결과물은 전기 쌍극자 모멘트가 있는 극성 분자가 되므로 좋은 무기 용매이다. 따라서 극성 물질과 잘 섞이며 소금과 같은 이온 결합을 한 분자들을 잘 녹인다. 그러나 무극성 물질과는 잘 섞이지 않는다.

물 분자는 평상시에는 수소와 산소가 쉽게 분리되지 않으나 전기분해와 같은 강한 에너지를 가해주면 분리가 가능해진다. 순수한 물은 낮은 전기전도도를 갖는다. 물은 $3.98°C$에서 최대밀도($1g/cm^3$)를 갖는다. 그 원인은 온도가 더 내려가면 물 분자는 얼음과 비슷한 육각 구조를 만들어 약간의 빈 공간이 생기기 때문이다. 더 높은 온도가 아닌 $3.98°C$인 이유는 온도가 더 높을 경우에는 분자의 평균운동속도가 증가해서 부피가 증가하기 때문이다.

물의 끓는점은 기압에 따라 달라진다. 이를테면 에베레스트 산 위에서 물은 $68°C$에 끓지만 해수면에서는 $100°C$에 끓는다. 등산시 설익은 밥을 먹지 않으려면 솥에 돌을 얹어 압력을 높여줌으로서 끓는점을 올려주어야 한다. 이와 반대로 열수구 주위의 바닷속 깊은 데 있는 뜨거운 물은 100°C가 되어도 액체 상태를 유지한다. 100°C에서 수증기의 부피는 액체 상태의 물 부피에 비해 약 1,244배 정도 증가한다. 한편 물은 다른 액체보다 끓이기 어려운데 이는 물을 끓일 때 쓰이는 에너지의 일부가 수소결합을 끊는 데 쓰이기 때문이다.

물 분자는 1기압 내에서 0°C에서 응고된다. 물이 응결할 때는 다른 분자들과는 달리 부피가 약 10% 정도 증가하는데, 이는 물 분자 사이의 수소결합이 강해지면서 육각 구조를 만들고 이 사이에 빈 공간이 생기게 되기 때문이다.

물은 에틸알코올과 같은 많은 물질과 잘 섞이고 물과 대부분의 기름은 섞이지 않아서 밀도에 따라 층을 형성한다. 기체로서의 수증기는 완전히 공기와 잘 섞인다. 세포 안의 모든 주된 구성 요소(단백질, DNA, 다당류) 또한 물에 잘 녹는다.

물이 얼 때, 찬물보다 뜨거운 물이 먼저 언다. 이를 발견한 사람의 이름을 따서 음펨바 효과라 부르는데 그 원인은 50년 가까이 밝혀지지 않다가 2013년 11월 싱가포르 연구진에 의해 물의 수소결합과 공유결합의 에너지 상관관계에 의한 현상임이 밝혀졌다.

물은 다른 분자와 달리 그 점성에 비교해 표면장력이 큰데, 표면에 있는 물 분자가 공기 중으로 끌려가지 않고 내부에 있는 물 분자의 수소결합력을 받기 때문이다. 모세관 현상은 수소나 산소원자를 포함하지 않은 물질(예: 금속)에서는 잘 안 나타나는데 그 원인은 물이 모세관 현상을 일으킬 때 그 유리관을 이루는 분자(SiO_2)와 수소결합력이 작용하기 때문이다.

물은 보통 금속류를 녹여 염기수산화이온이 많음를 만들고 비금속류를 녹여 산수소이온이 많음을 만든다. 염산, 질산, 황산 등은 모두 강한 산이다. 수산화나트륨, 수산화칼륨, 암모니아수 등은 강한 염기알칼리이다. 한편 산과 염기는 수소이온이나 수산화이온을 포함하고 있으므로 전해질이고, 이온 물질을 갖는 모든 물이 전해질이다.

물은 산소와 함께 금속을 잘 부식시키는 성질이 있다. 철의 경우 반응성이 크나 직접적으로는 산소와 잘 반응하지 않으며 아주 천천히 산화철을 생성하지만 물이 묻은 철은 급격히 산화가 이루어져 녹슬게 된다. 이것은 물이 철을 이온화하면서 전자를 내놓고 이 전자를 받은 산소원자가 양이온으로 하전된 철 분자와 결합을 하면서 이루어지기 때문이다. 이러한 산화는 물기가 완전히 없어질 때까지 계속되어 철 내부까지 모두 산화되게 된다. 금속의 산화를 막기 위해 기름칠을 하는 것은 기름과 물 사이의 반발력을 이용한 것이다. 한편 찬물에서 급격히 반응하는 금속은 포타슘, 칼슘, 소듐 등이 있고, 뜨거운 물에서 급격히 반응하는 금속은 마그네슘, 알루미늄, 아연 등이 있다.

<참고문헌>

1. Kotz, J. C., Treichel, P., & Weaver, G. C., Chemistry & Chemical Reactivity. Thomson Brooks/Cole. ISBN 0-534-39597-X, (2005).
2. 김봉래, 《완자 화학 I(1권)》 초판, 비유와 상징, (2006).
3. MESSENGER Scientists 'Astonished' to Find Water in Mercury's Thin Atmosphere - Planetary News : The Planetary Society, (2008).
4. Sparrow, Giles, The Solar System, Thunder Bay Press, ISBN 1-59223-579-4, (2006).
5. 송재우, 《수리학》 3판, 구미서관, ISBN 978-89-8225-857-2, (2012).

6. Ehlers, E.; Krafft, T, ed, J. C. I. Dooge. "Integrated Management of Water Resources", Understanding the Earth System: compartments, processes, and interactions. Springer, p. 116 (2001).

7. Strange alien world made of 'hot ice' - space - New Scientist, (2007).

8. UNEP International Environment, Environmentally Sound Technology for Wastewater and Stormwater Management: An International Source Book, IWA Publishing., ISBN 1-84339-008-6. OCLC 49204666, (2002).

9. Gardner JW, et al, Fatal water intoxication of an Army trainee during urine drug testing, Mil Med (2002).

(2021.03.05, 과학 이야기, 과학 칼럼)

물Water, 水의 물리, 화학, 생물, 의학적 및 철학적 고찰 II

물이 인간의 삶에 어떠한 영향을 미치는가를 알아보자. 생물학적 관점에서 물은 생명의 증식增殖에 없어서는 안 되는 수많은 특성을 지니고 있다. 물은 비열용량이 매우 큰 편이기 때문에 생물이 체온을 조절하는 데에 도움을 주며 바다, 호수, 강은 물로 이루어져 있기에 생명 활동이 가능한 환경을 조성한다. 즉, 물은 유기 화합물이 궁극적으로 복제를 할 수 있게 하는 방식으로 반응할 수 있게 하는 역할을 하기 때문이다. 물은 체내의 수많은 용질溶質을 녹이는 용매溶媒일 뿐 아니라 또 체내의 물질대사物質代謝에 필수적인 부분이므로 중요하다.

또한, 물은 광합성光合成과 호흡에 필수적이다. 광합성을 하는 세포는 태양 에너지를 이용하여 물의 수소를 산소에서 분리시킨다. 수소는 기체나 물에서 흡수한 CO_2와 결합하여 포도당을 형성하고 산소를 내놓는다. 살아있는 모든 세포들은 세포호흡과정을 통하여 수소와 산소를 산화시켜 태양 에너지를 받아들이며, 그 과정에서 물과 CO_2를 다시 형성한다.

생물의 최초의 형태는 물에서 발생하였고 지구 표면의 물에는 생물로 가득하다. 거의 모든 물고기는 예외 없이 물속에서 살며 돌고래, 고래와 같은 수많은 종류의 해양 포유류가 있다. 양서류와 같은 특정한 종류의 짐승들은 물과 땅을 오가며 산다. 해조류 켈프, 물속식물 말은 물에서 자라며 일부 물속 생태계를 위한 기반으로 자리잡혀 있다. 플랑크톤은 일반적으로 바다먹이 사슬로 이용된다.

다음에는 물이 인류의 문명에 미치는 영향을 살펴본다. 문명은 역사적으로 강과 주된 물길을 중심으로 번성하여 왔다. 이른바 문명의 요람이라 불리는 메소포타미아는 티그리스와 유프라테스 강을 끼고 있었다. 고대 이집트 민족은 나일 강에 온전히 의지하였다. 로테르담, 런던, 몬트리올, 파리, 뉴욕, 부에노스아이레스, 상하이, 도쿄, 시카고, 홍콩과 같은 거대 도시들은 물에 다가가기 쉬운 곳에 있고 결과적으로 무역이 팽창하여 성공할 수 있었다. 싱가포르도 역시 마찬가지였다.

사람이 마실 수 있는 물은 음료수라고 하고, 마시기에 알맞지 않은 물은 걸러내거나 정제하는 등의 다양한 물 처리로 마실 물로 바꿀 수 있다. 마실 수는 없으나 헤엄을 치거나 몸을 씻는 데 사람에게 해가 없는 물은 안전한 물이라 부른다. 개발도상국에서 모든 폐수의 90%가 정화 및 처리되지 않은 채로 지역 강과 개울로 흘러간다.

농업에서 물은 관개에 이용하며 이는 충분한 식량을 생산하는 주된 역할을 한다. 관개는 몇몇 개발도상국에서 최대 90% 물을 차지하며 선진국에서도 중요한 부분으로 잡혀 있다.

사람의 몸은 체형에 따라 최저 55%에서 최고 95%의 물로 구성되어 있다. 몸이 정상적으로 기능하려면 날마다 최소한 2리터 정도의 물을 마셔야 탈수현상을 막을 수 있는 것으로 알려져 있다. 섭취하여야 하는 정확한 물의 양은 활동 수준, 온도, 습도 등에 따라 다를 수 있다.

　물은 그 발생에 따라 다른 이름으로 구분된다. 즉, 지하수, 민물, 표층수, 광천수, 바닷물, 소금물, 이용에 따라 맹물, 음료수, 정제수(증류수, 탈이온화수), 기능에 따라 단물, 센물, 결정수, 수화물, 중수, 미생물학에 따라 음료수, 폐수, 빗물 또는 표층수表層水로 구분되며 종교적으로 성수聖水가 있다.

　물과 오줌은 다를 것이라 생각하지만, 사실 오줌은 노폐물, 걸러진 피, 포도당, 암모니아 등이 포함된 물이라고 할 수 있다. 물은 살아가는 데에 없어서는 안 되지만, 과량 섭취하면 흡수 지연으로 인해 두통, 경련 등을 일으켜 치명적일 수 있다. 비독성으로 흡입하면 폐의 폐표면 활성제를 녹일 수 있으며, 피부가 오래 담겨 있을 경우 피부박리皮膚剝離가 생길 수 있다. 그리고 눈에 들어가도 불순물이 없을 경우 위험하지 않는 것으로 알려져 있다.

　이번에는 물의 의학적 약용연구를 소개하고자 한다. 세계 의학계를 뒤흔든 이 연구는 물 치료의 최고의 권위자 바트만 게리지Batmanghelid 박사에 의해 이루어졌다. 그는 인간이 갈증을 느끼고 이것으로부터 오는 통증을 참는 것과 인간이 조기에 사망되는 것과 관련이 있다고 주장했다.

　런던대학의 세인트 메리병원 의과대학을 졸업한 바트만 게리지 박사는 페니실린penicillin의 발견자이며 노벨의학상 수상자인 플레밍Fleming의 제자이다. 그는 자신의 수많은 임상과정을 통해 약을 쓰지 않고 물로 약 3,000여명의 환자를 치료하면서 많은 만성질환의 원인이 질병환자의 체내에 물이 부족하다는 점을 세계에서 처음으로 발견한 것이다. 바트만 게리지 박사는 물로 다음과 같은 질환을 치료할 수 있다고 하였다.

첫째, 심장병과 중풍이다. 충족한 체내수분은 혈액을 묽게 하여 심뇌혈관이 막히는 것을 효과적으로 예방한다. 둘째, 골다공증이다. 물을 섭취하면 자라나는 뼈를 더 굳게 만드는 역할을 한다. 셋째, 백혈병白血病과 림프종을 치료할 수 있다. 물은 체내에서 산소를 세포에 공급하는데 암세포는 산소를 싫어하는 성질을 갖고 있다. 넷째, 고혈압을 치료한다. 물은 가장 좋은 천연 이뇨제이기 때문이다. 다섯째, 당뇨병을 치료한다. 물은 체내에서 항당뇨 성분을 갖고 있는 트립토판의 량을 증가시킨다. 여섯째, 불면증不眠症을 예방한다. 물은 체내에서 수면을 촉진하는 멜라토닌melatonin을 만든다. 일곱째, 우울증憂鬱症을 치료한다. 물은 체내에서 저절로 마음이 즐거워지는 세로토닌serotonin을 분비시킨다. 만약 몸에 수분이 부족하면 술에 취한 것과 비슷한 증세가 나타난다. 그리고 가벼운 탈수는 인간이 사고하는 데 지장을 주며, 탈수가 심각할 때에 내장기관의 문란과 감각능력을 떨어뜨려 사망에 이르게 할 수도 있다고 지적한다.

물을 마시는 방법으로는 매일 최소한 2리터 정도의 물을 마셔야 하는데, 500cc 내지 1,000cc의 끓은 물을 보온병에 나누어 준비하고, 한 번에 100cc 정도로 하여 갈증이 나기 전에 여러 번 마시는 것이 좋다고 한다. 단, 차, 커피, 와인과 각종 음료는 체내에서 필수로 하는 천연수天然水와는 달리 수분은 많을지 몰라도 탈수성분을 적지 않게 갖고 있기 때문에 오히려 체내수분을 빼앗아가게 된다고 한다.

현대의학의 발전사에서 인체기능의 퇴화성질환退化性疾患을 치료하는 첫 중대한 발견이 바로 물을 섭취하는 것인데, 일반적으로 인간은 성인이 된 후 갈증渴症을 느끼는 감각이 퇴화하게 되어 나이가 많아짐에 따라 체내세포의 수분함량도 감소되고 있다. 따라서 세포기능 활력이 떨어지게 된다. 바트만 게리지 박사는 환자의 탈수신호가 바로 몸의 통증을 통해 표현된다는 신비스러운 사실을 임상을 통하여 알게 된 것이다.

현대인들은 물이 인체에서 얼마나 중요한 역할을 하고 있는가에 대하여 잘 알아야 할 필요가 있다. 약물은 병을 개선할 수 있지만 인체의 기능성 질환을 치료하지 못한다. 많은 질병의 원인은 체내의 수분부족이다. 즉 체내 수분이 부족하면 수대사기능문란과 생리문란生理紊亂이 생겨 최종적으로 많은 질병을 앓게 된다. 바트만 게리지 박사는 많은 임상과정을 통하여, 많은 경우에 환자는 수분부족으로 앓고 있으나 이들 다수가 물 대신 화학약품으로 대체하려 한다고 지적한다. 만약 한 환자가 사망했다면 그 환자가 병으로 사망했는지 아니면 수분부족으로 사망했는지를 판별함으로써 새로운 인식을 갖고 대처하는 현대의학이 되어야 한다고 주장하고 있다.

그리고 중요한 것은 갈증이 나지 않아도 물을 마셔야 한다고 한다. 갈증이 나지 않아 물을 마시지 않게 되면 수분에 의한 인체기능은 휴면상태休眠狀態에 들어가게 되며 따라서 탈수현상이 심각할 경우 인체의 장기기능이 마비되어 질병에 걸리게 된다. 수분이 충분해야 체내의 노폐물이 쉽게 배출되고 변비나 결석 등 문제가 해소되며 피곤증疲困症 등이 개선된다. 만약 노인의 체내에 수분이 충분해지면 단백질과 효소의 활성도活性度가 높아진다. 단백질과 효소성분은 수분의 영향으로 일찍이 늙는 현상을 예방해주고, 모든 장기와 감관계통感官系統의 퇴화를 사전에 예방해준다. 따라서 우리는 매일 물을 많이 마시고 자주 마시는 습관을 키워 질병을 예방해야 한다. 이상의 내용은 바트만 게리지 박사의 저서 '물의 의학적 약용연구'의 일부 내용을 소개한 것이다.

<참고문헌>

1. 송재우,《수리학》3판, 구미서관, ISBN 978-89-8225-857-2, (2012).

2. MESSENGER Scientists 'Astonished' to Find Water in Mercury's Thin Atmosphere - Planetary News : The Planetary Society, (2008).

3. Kotz, J. C., Treichel, P., & Weaver, G. C., Chemistry & Chemical Reactivity. Thomson Brooks/Cole. ISBN 0-534-39597-X, (2005).

4. 김봉래,《완자 화학 Ⅰ(1권)》초판, 비유와 상징, (2006).

5. Sparrow, Giles, The Solar System, Thunder Bay Press, ISBN 1-59223-579-4, (2006).

6. UNEP International Environment, Environmentally Sound Technology for Wastewater and Stormwater Management: An International Source Book, IWA Publishing., ISBN 1-84339-008-6. OCLC 49204666, (2002).

7. Gardner JW, et al, Fatal water intoxication of an Army trainee during urine drug testing, Mil Med (2002).

8. Ehlers, E.; Krafft, T, ed, J. C. I. Dooge. "Integrated Management of Water Resources", Understanding the Earth System: compartments, processes, and

interactions. Springer, p. 116 (2001).

9. Strange alien world made of 'hot ice' - space - New Scientist, (2007).

(2021.03.15, 과학 이야기, 과학 칼럼)

물Water, 水의 물리, 화학, 생물, 의학적 및 철학적 고찰 III

다음에는 물의 도덕적道德的 철학적 특성을 살펴보자. 상선약수上善若水는 노자老子의 도덕경道德經 8장에 나오는 말이다. 상선약수는 '위대한 선은 물과 같다'라는 말이다.

노자 상선약수는 上善若水, 水善利萬物而不爭, 處衆人之所惡, 故幾於道. (가장 좋은 것은 물과 같다. 물은 온갖 것을 잘 이롭게 하면서도 다투지 않고, 모든 사람이 싫어하는 낮은 곳에 머문다. 그러므로 도에 가깝다.)

이것은, 부연하면, 상선약수는 물처럼 살라는 것이며 어떻게 하여야 물처럼 사는 것일까에 대한 지침을 말해주고 있다. 수선이만물水善利萬物, 물은 만물을 이롭게 한다. 물은 생명의 근원으로서 자신을 스며들게 하여 만물을 길러주고 키워 주지만 절대로 자신의 공을 자랑하지 않는다. 이렇듯 남과 세상을 위해 덕을 쌓으며 살아야 할 것이다.

수선부쟁水善不爭, 물은 산이 가로막히면 멀리 돌아가고 바위를 만나면 몸을 나누어 비켜간다. 이처럼 물은 자신의 희생을 감수하면서 산이나 바위와 다투지 않으며 흘러간다. 이러한 물의 다투지 아니하는 덕목에 따라 양보와 희생 그리고 순리대로 다툼 없이 세상을 살아야할 것이다.

수선처중인지소오水善處衆人之所惡, 물은 모든 사람들이 가장 싫어하는 낮은 곳으로 흐르는 겸손의 미덕을 가졌다. 물은 낮은 곳으로 흐르기에 강이 되고 바다가 된다. 노자는 물처럼 다투지 말고, 겸손謙遜하게 살라고 하면서 물의 정신을 이야기하고 있다. 물처럼 산다는 것은 어쩌면 세상의 변화에 적응하면서 살아가는 자연스런 인생의 한 방법인 듯하다.

한편, 노자의 도덕경에 나오는 수유칠덕水有七德은 居善地, 心善淵, 與善仁, 言善信, 正善治, 事善能, 動善時. 夫唯不爭, 故無尤. (살 때는 물처럼 땅을 좋게 하고, 마음을 쓸 때는 연못처럼 깊은 마음을 가지고, 사람을 사귈 때는 물처럼 어짊을 좋게 하고, 말할 때는 물처럼 믿음을 좋게 하고, 다스릴 때는 물처럼 바르게 하고, 일할 때는 물처럼 능력을 발휘하고, 움직일 때는 물처럼 때를 좋게 하라. 그저 오로지 다투지 아니하니 허물이 없다.)

수유칠덕은 노자가 물을 상선으로 한 것에 대한 사유를 잘 설명하고 있는 것으로 보인다. 또한, 물에는 다음의 성질이 있기 때문이라고 보고 있다.

첫째, 물은 공평함을 나타낸다. 물이 위에서 아래로 흐르는 것은 수평을 유지하기 위함이다. 물은 조금만 높이의 차가 있어도 반드시 아래로 흘러 수평을 유지하고 공평해진다. 둘째, 물은 완전을 나타낸다. 물은 아래로 흐를 때 아주 작은 웅덩이가 있어도 그것을 완전하게 채우면서 흘러간다. 그러므로 물이 수평을 이룰 때 그것은 완전한 수평이다. 셋째, 물은 상황에 따라 한없이 변하면서도 본질을 잃지 않는다. 물이 네모난 그릇에 넣으면 네모로 변하며, 둥근 그릇에 담으면 둥글게 변한다. 그러나 그러한 물은 언제나 본래의 성질을 가지고 있다. 넷째, 물은 겸손하다. 물은 가장 중요한 생명의 근원이지만, 언제나 아래로 흐르며 낮게 있는 모든 곳을 적셔준다. 아마도 노자는 물과 같은 삶을 추구한 것 같다. 그러므로 상선약수 즉 가장 위대한 선이 물과 같다고 했을 것이다. 현대를 살아가며 우리에게 한없이 아래로 내려가는 삶, 아무리 작은 웅덩이라도 메워가는 삶을 살자는 것이다.

상선약수에 대한 또 다른 해석을 덧붙이면, 첫째, 물은 자기를 고집하지 않고 어떤 상대도 받아들이며 자기를 내세우지 않는 유연성柔軟性이 있다. 둘째, 물은 만물을 이롭게 하면서도, 그 공을 내세우지 아니하는 겸손함이 있다. 다른 사람이 싫어하는 곳까지 즐거이 흐르기에 도달하지 못하는 곳이 없다. 셋째, 물은 흐를 줄을 알기에 빈 데를 채울 때까지 조용히 기다리는 기다림을 안다. 넷째, 물은 바위를 뚫을 강한 힘을 가졌으나, 뚫으려 하지 않고 유유히 돌아가는 여유를 가지고 있다. 다섯째, 흐르고 있는 물은 멈추지 않고 늘 흘러서 언제나 깨끗하고 한결 같은 새로움이 있다고 풀이하고 있다.

지금까지 물의 필요성과 중요성과 관련하여 물의 물리, 화학, 생물학적 특성, 물의 의학적 약용연구, 인간문명에 물이 미치는 영향, 그리고 물의 도덕적 철학적 특성을 살펴보았다.

결과적으로, 노자의 명언 상선약수가 말하는 겸손의 미덕, 이것은 가장 선하고 아름다운 인생은 물처럼 사는 것임을 말한다. 즉, 노자의 상선약수와 인간수양의 근본인 인수유칠덕으로 삶의 목표를 정해보자는 것과 일맥상통한다. 다시 한 번 더 요약하면 수유칠덕은 물처럼 낮은 곳으로 흐르는 겸손謙遜, 막히면 돌아갈 줄 아는 지혜智慧, 맑고 탁함에 상관없이 받아주는 포용력包容力, 담기는 그릇에 따라 모양을 바꾸는 융통성融通性, 바위도 뚫는 끈기와 인내忍耐, 장엄한 폭포처럼 과감하게 떨어지는 용기勇氣, 그리고 유유히 흘러 바다를 이루는 대의大義로 풀이되고 있는 것이다.

물의 미덕에 대한 예찬禮讚에 대해서는 아무리 많이 강조해도 부족하다. 지혜智慧로운 사람은 물을 좋아한다. 자기수양으로 흐르는 물처럼 지혜를 갖추고 물처럼 자유롭게 흐르면서, 덕을 지니는 물처럼 살아가는 것이, 이상적인 삶의 과정이 아닐까 생각한다.

<참고문헌>

1. 김봉래,《완자 화학 Ⅰ(1권)》초판, 비유와 상징, (2006).

2. 송재우,《수리학》3판, 구미서관, ISBN 978-89-8225-857-2, (2012).

3. UNEP International Environment, Environmentally Sound Technology for Wastewater and Stormwater Management: An International Source Book, IWA Publishing., ISBN 1-84339-008-6. OCLC 49204666, (2002).

4. Gardner JW, et al, Fatal water intoxication of an Army trainee during urine drug testing, Mil Med (2002).

5. MESSENGER Scientists 'Astonished' to Find Water in Mercury's Thin Atmosphere - Planetary News : The Planetary Society, (2008).

6. Sparrow, Giles, The Solar System, Thunder Bay Press, ISBN 1-59223-579-4, (2006).

7. Ehlers, E.; Krafft, T, ed, J. C. I. Dooge. "Integrated Management of Water Resources", Understanding the Earth System: compartments, processes, and interactions. Springer, p. 116 (2001).

8. Strange alien world made of 'hot ice' - space - New Scientist, (2007).

9. Kotz, J. C., Treichel, P., & Weaver, G. C., Chemistry & Chemical Reactivity. Thomson Brooks/Cole. ISBN 0-534-39597-X, (2005).

(2021.03.28, 과학 이야기, 과학 칼럼)

제8장

3D 푸드 디자인

3D 디자인design 식·의료 바이오Bio 제품 개발연구 I / II / III

3D 디자인design 식·의료 바이오Bio 제품 개발연구 I

다음은 <이달의 신기술Keit_Newtech> 보도 기사에서 이경원 과학칼럼니스트가 이진규李珍珪 교수와 인터뷰한 내용이다. 이달의 신기술은 산업통상자원부 산하 R&D 연구와 개발 전담기관들인 한국산업기술평가관리원, 한국산업기술진흥원, 한국에너지기술평가원 및 한국공학한림원이 함께하는 종합 R&D 성과 정보지이다.

- 인체의 에너지, 식품을 3D 프린터로 만들어 보자!

세상의 모든 것은 에너지 없이 움직이지 않는다. 사람 역시 마찬가지다. 식품을 먹어서 그 속의 에너지를 섭취해야 한다. 그러나 그 식품을 공급하는 식품산업은 21세기 들어 환경오염, 인구 증가, 노령화 등 거센 도전을 받고 있다. 그러한 도전을 3D 프린터로 극복하고, 기존 식품보다 훨씬 뛰어난 효능을 가진 식품을 만들려는 연구자, 이진규 교수를 만나 보았다.

<사진> 들고 있는 곰인형은 학생들에게 3D 프린팅의 위력을 설명하기 위한 교보재다. 3D 프린팅으로 곰인형 내부의 복잡한 골격도 통째로 뽑아낼 수 있다.

사실 생각해보면 식품만한 재생 에너지가 또 있을까 싶다. 생물의 몸에 에너지를 전달한 후에도 흡수되지 못한 나머지는 배설돼 다른 식품을 재배하는 에너지로 쓰이기 때문이다. 이번에 소개할 이진규 교수는 4차 산업혁명 시대의 혁신 기술인 3D 프린터로 식품의 효율과 효능을 더욱 높이고자 하는 연구자다. 이 교수는 1974년생으로, 연세대 생명공학과에서 학사~박사 학위를 취득한 후 미국 샌디에이고San Diego 소재 스크립스SCRIPPS연구소에서 박사후연구원을, 한국기초과학지원연구원에서 나노물성 영상팀장을 지냈다. 이화여대에 부임한 것은 2015년으로, 현재 식품나노공학 연구실을 운영하고 있다.

그는 지난 2018년 6월 미국 샌디에이고에서 개최된 미국 생화학 및 분자생물학회 학술회의에서 3D 프린터를 활용해 개인의 취향에 맞는 식감과 체내 흡수를 조절할 수 있는 음식의 미세구조 생성 플랫폼을 개발하고 이를 발표해 화제가 됐다. 즉, 3D 프린터로 원하는 구조를 지닌 음식을 만들어낸다는 것이다. 연구에 사용된 3D 프린터는 357개의 양방향 프린팅 노즐로 구성돼 있다. 프린터 각각의 노즐은 5피코리터(1pL = 1조분의 1L) 정도의 액상 재료를 정교하게 분사해 구조체를 가진 식품블록을 출력한다. 이 프로토타입 3D 프린터는 실제 음식 샘플에서 관찰된 물리적 특성과 나노 규모의 질감을 모방한 미세구조를 가진 음식을 제조할 수 있다. 탄수화물과 단백질 가루로 식감을 조절하고 체내에 흡수되는 방식을 조절할 수 있는 미세구조를 가진 음식으로 전환시킬 수 있는 원천기술을 개발한 것이다.

이 교수는 또한 이를 바탕으로 고기의 근육과 같은 섬유상 식품 소재를 제조하는 장치, 식품 소재의 식감과 용매에서 퍼지고 섞이는 성질을 디자인하는 장치, 일반적인 3D 프린터에 식품 재료를 이송하고 인쇄할 수 있는 장치 그리고 음파를 이용한 부양 기술로 식품 소재를 비접촉으로 배열하는 장치 등을 고안해 식품 3D 프린팅용 기반 기술을 개발해 왔다.

- 음식 맛은 알고 보면 물리적 구조의 맛

이 교수의 연구는 기존 언론 보도에서 '3D 프린터로 만드는 맛있는 음식'으로 소개됐다. 하지만 이 교수의 연구 배경과 과정, 함의에 대해서는 자세히 다루지 않은 것도 사실이다. 그는 과연 왜, 어떻게 이 연구를 한 것일까. 그리고 이러한 연구는 세상을 어떻게 바꿀 수 있을까.

인간이 섭취하는 음식은 소화기관을 통해 기계적 및 화학적 분해 과정을 거친다. 이때 음식 속의 영양분은 나노 단위로 분해돼 흡수된다. 마침 그는 석·박사 과정에서 나노 물질을 이용한 미생물 조작을 했다. 나노 물질을 만드는 방법과 분석하는 방법을 연구했다. 또한 스크립스 연구소 시절, 그 당시 새롭게 3D 프린터로 인공조직을 만들고자 하는 연구개발이 진행되는 현장을 접했다. 3D 프린터로 인공조직이라는 구조물을 만들 수 있다면 식품도 만들 수 있을 거라는 생각을 하게 됐다. 그리고 여기에 나노공학까지 접목시키면 원하는 구조와 영양분, 식감, 소화흡수 효율을 가진 식품을 만들어낼 수 있다. 기존의 식품은 이러한 변수를 인위적으로 조절할 수 없지만 나노 공학과 3D 프린팅을 접목해 만든 식품은 인위적으로 조절할 수 있는 것이다. 때문에 그는 3D 프린팅으로 대표되는 식품의 재조합 방법뿐 아니라 식품의 미세화 방법도 연구해왔다.

식품의 미세화를 위해서는 액체질소를 이용하는 초저온 미세분쇄법을 사용한다. 식품의 수분과 유분을 얼려 깨뜨려 분해한다. 또한 이 과정에서 사용된 질소에 의해 주변의 산소 접근이 어려워져 산화를 막고 저장 및 유통성, 더 나아가 상품성이 우수해진다. 또한 3D 프린팅의 재료로 사용하기도 쉽다. 식품의 미세화에는 또 다른 이점도 있다. 바로 식품의 맛을 변화시킬 수 있다는 것이다. 한 식품의 맛은 의외로 간단하게 정해지지 않는다. 맛을 정하는 요소에는 기본적인 풍미(미각과 후각 자극) 외에도 기계물리학적인 요소인 식감, 체내에서의 활용방식이 있다.

생활 속의 예를 들어보자. 갓 만들어진 아이스크림과 그 아이스크림을 한 번 녹였다가 다시 얼린 것은 먹었을 때 맛이 다르게 느껴진다. 아이스크림이 원래 가지고 있던 물리적 구조가 한 번 망가지고 재편성되었기 때문이다. 이 교수가 연구하는 3D 프린팅 방식은 이렇게 중요한 물리적 구조를 최적화해 풍미와 식감을 변화시킬 수 있다. 현재 이론상으로는 마이크로미터 단위까지 식품의 물리적 구조를 재현할 수 있다. 더 나아간다면 맛과 향, 영양분까지도 조정함으로써 기존의 식품보다 훨씬 다차원적이고 감각적인 식품을 만들 수도 있다.

- 연구에 사용하는 3D 프린터. 기성제품은 없고 다 직접 제작한 것

4차 산업혁명 시대에 맞는 음식으로 엄청난 파급효과를 갖는 이러한 연구는 어떤 의미를 갖고 있는가? 단순히 '3D 프린터로 음식을 만들어봤다'는 수준에 그치지 않는다. 실로 엄청난 파급효과를 갖는 연구다. 간단히 말하면, 이전에는 상상할 수 없던 다양한 특수식을 만들 수 있게 됐다는 것이다. 가장 먼저 떠오르는 것은 우주식량, 전투식량처럼 가혹한 조건 하에서 먹는 것을 만들 수 있다는 점이다. 이 중 우주식량의 예를 들어보자. 초창기 우주식량은 튜브에 든 치약 형태였다. 당연한 얘기지만 제조과정에서 식품 고유의 물리적 구조가 다 파괴된다. 따라서 우주비행사에게 '지구의 맛'이나 '먹는 즐거움'을 주기 힘들었다. 이 문제를 해결하기 위해 동결건조 식량이 나왔지만, 이것은 먹을 때마다 일일이 물을 넣고 가열해야하는 등 조리가 번거롭다. 그러나 우주선에서 3D 프린터로 음식을 만들면 전혀 번거롭지 않게 지구의 맛을 느낄 수 있다. 음식 재료의 보관도 한결 편해진 것은 물론이다. 또한 식량 보급이 끊어지기 일쑤인 오지의 비상식이나 조리하기 어려운 항공기의 기내식 등에도 응용할 수 있다.

- 3D 프린터를 이용한 요리의 또 다른 응용 분야는 노인식

이미 세계 인구의 고령화는 심각한 수준이다. 우리나라는 2025년, 전 세계는 2050년이면 고령화 인구 구조로 접어들 것이다. 그런데 노인은 젊은이와는 달리 음식을 섭취하는 능력이 떨어진다. 저작장애(씹는 능력 미약), 연하장애(삼키는 능력미약), 소화장애 등이 있을 수 있다. 이러한 문제가 있는 노인도 맛있고 영양가 높은 식사를 할 수 있

도록 음식의 물리적 구조를 개선할 수 있다. 인체 흡수율이 더욱 높고 거부감이 적은 형태의 의약품도 만들 수 있다.

또한 3D 프린터는 환경친화적인 식품 개발에도 사용될 수 있다. 현재 인류의 동물성 단백질을 공급하는 소, 돼지, 조류는 키우는 과정에서 환경을 오염시키는데다 질병 가능성도 있다. 이러한 문제를 타개하기 위한 대안으로 곤충을 먹는 충식蟲食이 각광받고 있다. 곤충은 기르는데 자원이 덜 들고, 환경오염 요소도 적다. 그러나 문제는 거부감이다. 충식에 익숙지 않은 사람들에게 갑자기 곤충을 들이밀면 몇이나 먹을지 안 봐도 뻔하다.

때문에 곤충을 분해한 다음 3D 프린터로 물리적 구조를 재구성, 친숙한 식감과 형상으로 바꾸어 음식을 만들면 충식에 대한 거부감을 해소할 수 있다. 좀 지저분하긴 해도 3D 프린터를 사용한 음식 제조 기술은 인간의 배설물을 재활용해 음식으로 만드는 데까지도 이용될 수 있다. 이는 실제로 장기 우주비행을 위해 진지하게 연구되는 분야 중 하나다. 인간의 배설물이라고 해도 쓸 만한 영양소가 전혀 없는 것은 아니다. 때문에 이를 분해하고 멸균 가공해 3D 프린터에 넣어 재조립하면 다시 인간이 먹을 수 있는 음식으로 만들 수 있는 것이다.

3D 프린터를 이용한 식품 제조 기술은 우리나라를 먹거리 강국으로 변모시킬 수도 있다. 현재 세계 1위의 식품 수출국은 미국, 그 다음이 네덜란드. 네덜란드 국토 면적은 남한의 반도 안 되는데 어떻게 이게 가능한가? 그 비결은 바로 외국 식품을 수입한 후 가공 수출하기 때문이다. 장차 우리나라가 3D 프린터를 이용한 식품 제조 및 가공 기술의 선진국이 된다면 이런 지위도 노려볼 만할 것이다.

힘든 여건에서도 꾸준히 정진하지만 이 교수의 연구 환경은 결코 완벽하지 않다. 그가 처음 이화여대에 부임해 3D 프린터를 이용한 식품 연구 이야기를 꺼냈을 때만 해도 주변에서는 그를 미친 사람으로 여기기까지 했다고 한다. 그러한 인식이 개선된 것은 산업부의 '발효두유를 이용한 항산화 화장품 개발', 농림식품기술기획평가원의 '소비자 맞춤형 식품 3D 프린팅 기술 및 제품 개발' 등 국가과제를 수행하면서부터였다. 너무나 생소한 개념과 분야라 연구파트너를 맡아줄 기업을 찾는데도 어려움이 컸다고 한다. 결국 9번의 도전 끝에 링크솔루션과 협업해 연구를 진행하고 있다.

사실 이 교수가 연구하는 분야가 미개척 상태인 것은 맞다. 그 때문에 연구에도 크고 작은 애로사항이 있다고 한다. 예를 들어 이 교수팀이 식품 제조에 사용하는 3D 프린터도 모두 기성품이 아니다. 기성품은 식품 제조에 사용하기에는 여러모로 미흡하기 때문이다. 따라서 3D 프린터도 직접 만들어 썼다. 앞으로도 연구를 진행하려면 관련 기계설비 설계능력을 키워야 하는데, 그건 식품공학과는 별개의 영역이라 현재의 여건상 어려움이 많다고 이 교수는 토로했다. 그래도 이 연구에 큰 가치를 부여하고, 산업화·제품화할 수 있는 곳과 협력해 연구를 계속하고 싶다고 포부를 밝혔다.

마지막으로 이 교수는 국내의 연구 환경 전반에 대한 아쉬움을 털어놓았다. 우리나라의 연구계는 성과 위주의 연구만을 인정하려 한다. 즉, 실패를 용납 못하는 것이다. 그러나 아무도 가보지 못한 분야를 개척하는 데 실패가 없을 리 없다. 한국은 세계 수위권의 생명공학과 나노공학 기술을 확보했다. 그러나 정부의 연구 규제는 필요 이상으로 엄격해 기술 발전을 저해하고 있다. 영미 등 선진국은 불필요한 규제를 가급적 해제하고, 대신 연구개발 중 문제가 생기면 기업에 엄격한 책임을 묻는다. 그러나 한국은 유사시 관에서만 책임을 다 떠맡는 구조이니 규제 개혁에 소극적인 것이다.

그러한 구조적 문제를 해결하고, 연구 성적이 뛰어난 연구자에게 더 큰 혜택과 기회를 주는 화이트리스트형 방식을 채택해야 우리의 과학 기술이 더욱 크게 발전할 수 있으며, 장차 더 큰 기회가 열릴 것이라고 말하며 이 교수는 인터뷰를 마무리했다.

(2019.01.02, <이달의 신기술Keit_Newtech> 보도)

3D 디자인design 식·의료 바이오Bio 제품 개발연구 II

이진규 교수는 금년 초 오피니언 리더Opinion Leader들을 위한 종합시사매거진 뉴스리포트News Report의 2020년 한국을 빛낸 오피니언 리더로 선정되고 그 표지인물(사진 상에서 문재인 대통령 뒷줄 이재용 삼성회장 왼쪽)로 채택되었다. 코로나-19 이후 새로운 건강 면역 먹거리 창조의 선두 개발자로 그 실적 등을 인정받아 높은 평가를 받은 것이다.

이 교수는 2018년 6월 미국 샌디에이고 개최 미국 생화학 및 분자생물학회 학술대회에서 3D 프린터를 활용한 음식의 미세구조 생성 플랫폼 개발에 대한 학술대회 발표 후 큰 화제가 되어 BBC를 비롯한 10개 이상의 글로벌 언론매체에 보도되고 기사화된 바 있다. 이후 이교수는 최근 국내 3D 프린팅산업 발전에 기여한 공로로 정보통신산업진흥원장으로부터 우수상(2020.12.16, 식품저널 보도)을 수상하였으며, 농림식품부의 과학기술대상(2020.12.20, 동아일보 보도)을 수상하였다.

이 교수의 자회사인 슈팹SUFAB(주)은 3D 디자인 식·의료 바이오 제품 개발연구로 국내외 특허 15건 취득 및 관련논문 20건을 발표하였고, 미래형 식품제품군에 집중하여 간편대용식, 가정간편식 제품 출시를 앞두고 있으며, 역시 차세대 미래식품으로 최근 집중을 받고 있는 대체육(인공육 및 배양육) 소재 개발에 박차를 가하고 있다. 또한, 최근 과학기술정보통신부 연구소기업으로 등록된 슈팹(주)은 KS Q ISO 9001 인증을 획득한 독자적인 섬유제조장치를 이동식으로 제작해 개인 맞춤 스마트 팩토리 구축에 적합하도록 설계하여 개발하였다. 이를 통해 생산한 섬유는 항균·항바이러스 섬유/필터, 식·의료용 지지체 제품뿐만이 아니라 대체육 식감 개선 및 식품 3D 프린팅 소재로 기술사업화 및 상용화를 목표로 한 주요 아이템이다.

그 이후, 이 연구와 관련한 결과 및 실적은 KBS TV, 아리랑 TV, 동아일보, 경향신문, 문화일보, 한국경제, 매일경제, News1, 대학신문(서울대학교), 고대신문, 교수신문, 대학저널, 월간인물, 에듀동아, 동아사이언스, 사이언스타임스, 이데일리, 식품저널, 식품음료신문, 식품외식경제, Biz-Tech Korea 등에 발표 및 보도되었다.

2020년 11월, 이 교수는 주한스위스대사관의 초청으로 스위스 정부의 글로벌 네트워크인 스위스넥스swissnex 브라질과 주한스위스 대사관 과학기술국이 주최한 스위스 디지털데이 행사에서 '기술과 음식(대체음식과 새로운 식량)'을 주제로 발표를 진행한 바 있다. 스위스 정부는 디지털화를 추진하며 전 세계 5개의 핵심 거점에 위치한 스위스의 글로벌 네트워크인 스위스넥스와 각국 스위스 대사관에 소속된 21개 과학기술국을 통해 전 세계 학계와 산업계의 다양한 아이디어와 지식을 나누는 스위스 디지털데이를 연중 추진 중이다. 이렇게 스위스넥스 브라질과 주한스위스대사관의 과학기술국이 주관하여 '미래에 우리는 어떻게 먹을 것인가?'라는 주제로 스위스, 브라질의 학계 및 산업계 전문가들이 참여하여 미래 식품산업에 대한 지식을 나누고 지속가능한 발전 방향과 협력을 모색하는 회의에서 이 교수는 '식품산업의 현재와 미래'에 대해 발표했다.

현재 이 글을 작성하는 2021년에 이 교수는 연구년을 지내고 있으면서, 한국푸드테크협회가 주관한 '2021 MAY FOODTECH FORUM'에서 '식물대체단백질의 지속가능성과 안전한 공급'에 관한 주제강연을 하였으며, 그리고 '2021 ILSI KOREA E-SEMINAR국제생명과학회 심포지엄'에서는 '식물성과 세포조성방법에 의한 대체용 단백질의 안전하고 지속적 공급'에 대한 주제 강연을 하는 등 바쁜 일정을 소화하고 있다.

다음은 '2021 MAY FOODTECH FORUM' 이후, 식품음료신문 황서영 기자의 2021년 5월 26일자 '포스트코로나 시대 지속가능한 노블푸드' 제하의 보도이다.

'식물 대체단백질의 지속가능성과 안전한 공급Safe and sustainable supply of alternative proteins by plant·cell-based processing'을 주제로 발표한 이화여자대학교 이진규 교수는 "2025년에 이르러서 한국이 고령화사회에 진입하면 새로운 대체육에 대한 요구들이 점차 커질 것으로 전망된다"라며 "배양육도 그 시장 규모가 점차 커질 것으로 생각돼 육류 시장 비중이 많이 변화할 것이다. 축산업이 50% 이하의 시장으로 20년 이내에 변모할 것으로 전망하고 있다"라고 설명했다.

이 교수에 따르면 최근 노블 푸드의 소비자 수용성에 대한 기업들의 고민이 심화되고 있다. 특히 대체 단백질 산업에서는 신식품을 받아들일 때 소비자의 니즈, 즉 일반 식품과 동일한 맛과 그 외 다른 즐거움, 쾌락 등을 충족시키기 위한 다양한 문제들이 새로운 고민으로 대두하고 있다.

실제로 미국 소비자들은 식물성 단백질 제품을 선택하는 가장 큰 요인으로 '맛(52%)'이라고 답했고, 친환경적 요인(13%), 동물보호(11%), 식단(10%) 등 순이었다. 많은 기업들이 이러한 부분을 선제적으로 대응, 소비자의 니즈를 맞출 수 있는 제품을 출시 중이다.

최근 연구에선 소비자들의 열량을 채우기 위한 생리적 배고픔인 '항상성homeostatic의 배고픔'과 오직 먹는 즐거움만을 위한 '쾌락적hedonic 배고픔' 모두를 만족하는 대체육 제품을 개발하기 위한 방법을 강구, 영양 개인화, 선호 식감 및 맛 특화 기술 등을 통해 다양한 제품이 개발되면서 소비자들의 더 나은 식생활에 대한 희망을 제공하고 있다는 것이 이 교수의 설명이다.

이러한 시장 상황에 따라 국내에서도 배양 기술로 만든 식물성 우유, 비 유제품 치즈 및 요구르트, 대체육, 식물성 스낵 제과, 기타 제품 등에 대한 소비자 반응도 점점 긍정적으로 변하고 있다.

이 교수는 "미래 식품 시장 전망에 따라 신식품의 제품 개발, 생산, 유통 등을 위해선 정부-기업 등 협력체계와 거버넌스가 중요해질 것"이라며 "식품이라는 보수적이면서도 사람들에게 잘 변하지 않는 기호를 대응하기 위해 지속 가능한 공급을 하기 위해서는 어떤 점을 고민해야 할지, 어떤 방법으로 전달해야 할지 등에 대한 업계, 정부 등의 고민이 필요하다"고 주장했다.

또한, 한국경제-매거진의 정채희 기자는 2021년 6월 9일자 '식자재가 잉크로… 음식 찍어내는 3D 푸드 프린팅 기술 개발'이라는 제하의 다음과 같은 스페셜 보도를 하였다.

푸드테크 유망 기업 - 슈팹SUFAB [스페셜 리포트]

미래의 식탁을 주도할 기업은 누가 될 것인가? 식품food과 기술tech-nology을 결합한 '푸드테크'에 인재와 자본이 몰리고 있다. 전 세계가 미래 먹거리로 떠오른 푸드테크에 열을 올리고 있는 가운데 한국에서도 배달을 제외한 푸드테크 분야에서 성과를 보이는 기업들이 속속 나오고 있다. 전통 산업에 혁신을 더하는 도전, K푸드테크의 유망 기업을 소개한다.

음식이 인쇄되는 3D 푸드 프린팅 산업은 첨단 3D 프린팅 기술과 음식의 결합으로, 미래 식품 생산과 유통 구조를 바꿀 신개념 기술로 손꼽힌다.

이에 따라 최근 몇 년간 세계 가전 전시회CES에 꾸준히 소개되며 미래 먹거리로 떠오른지 오래다. 미국·유럽·일본 등 선진국에서는 시제품을 출시하거나 레스토랑에 선보이며 대중화에 나서고 있지만 한국에서는 3D 푸드 프린터와 관련된 규제와 기준이 마련돼 있지 않아 연구·개발 단계에 머물러 있다.

이 같은 상황에서 한국의 3D 푸드 프린팅 개발로 두각을 나타내는 곳이 이화여대 기술지주 자회사인 슈팹이다. 2019년 설립된 슈팹은 3D 디자인 식·의료바이오 제품 개발 기업으로, 과학기술정보통신부가 인증한 연구소 기업이다. 슈팹의 대표를 맡은 식품공학과 이진규 교수와 연구진은 기후 및 환경 대응형 미래식품 개발을 대전제로 대체육과 배양육의 상용화를 목표로 하고 있다. 기반 기술로는 초저온미세분쇄, 3D 식품 프린팅 등을 보유했다.

슈팹은 이미 2018년 3D 프린터를 활용해 개인의 취향에 맞는 식감과 체내 흡수를 조절할 수 있는 음식의 미세 구조 생성 플랫폼 개발에 성공했다. 현재는 우리가 원하는 식감과 맛을 만들어내는 연구에 매진하고 있다. 특히 신세계푸드와 정부과제를 진행하며 과제 기간 이후인 2025년에는 대체육과 배양육의 제품화와 시장 선도를 예상하고 있다.

또한, 개인 건강 정보 기반 맞춤형 디지털 전환 스마트 제조 플랫폼을 구축한다는 계획이다. 개인 건강정보는 자회사 그룹인 리퓨어 생명과학과 협업하고 있다. 슈팹은 지난해 12월 제23회 농림축산식품과학기술대상(장관 표창)을 수상하며 기술의 독자성과 우수성을 인정받았다. 앞으로 해외에 지사를 설립해 연구·개발에 더 많이 투자할 계획이다.

▶인터뷰/ 이진규 슈팹SUFAB 대표
"고기 프린팅 연구 중…매력적인 식품 공급원 될 것"

- 프린팅 푸드라니, 신기하다.

"3D 프린터로 식품을 만드는 시도는 미 항공우주국NASA에서 진행한 프로젝트에서 진행됐다. 1960~1970년대 우주 식품은 튜브를 짜먹는 것이었고 이후 동결건조한 식품으로 바뀌었는데 유통기한과 다양성이 문제였다. 이에 분말과 물과 기름 등을 혼합해 영양도 풍부하고 형태나

맛에서 식감이 좋은 다양한 음식을 만들어낸다는 계획 아래 3D 푸드 프린터를 개발하게 됐다. 다만, 아직은 상용화된 기술은 없다."

- 대중화될 수 있나?

"아직까지는 갈 길이 멀다. 하지만 포스트 코로나 시대에 공급망 문제가 중요한 화두가 됐다. 어떠한 방법으로 공급하고 만들어낼 것인지가 중요해지면서 3D 푸드 프린팅이 분명 매력적인 식품 공급원이 될 것이다."

- 푸드 프린팅에서 가장 중요한 것은 뭔가?

"맛을 내는 일이다. 다이어트 제품들이 인기를 얻지 못하는 이유는 맛이 없기 때문이다. 3D 프린팅 푸드 역시 공산품이란 점을 기억해야 한다. 또한 먹거리의 재미를 더하는 일도 중요하다. 영화 '설국열차'에서 뒤 칸 사람들이 앞 칸으로 오게 된 이유는 먹거리의 즐거움이 없었기 때문이라고 생각했다. 예컨대 식용 곤충은 단백질을 대체하는 식품군으로 통하지만 혐오에 의해 먹기를 꺼린다. 이때 형태를 바꿀 필요가 있는데, 3D 푸드 프린팅이 그 해답이 될 수 있다. 먹는 것의 즐거움을 유지하면서도 환경 문제에서 자유로워질 수 있는 것이다."

- 현재 계획은…?

"A사와 함께 3D 푸드 프린팅으로 고기를 만드는 일을 하고 있다. 지방과 단백질 소재로 고기에 가까운 대체육을 만드는 작업이다. 3년의 연구 기간 동안 시제품을 만들 수 있도록 개발에 매진하고 있다."

(2021.05.26, '포스트코로나 시대 지속 가능한 노블푸드', 식품음료신문)
(2021.06.09, '식자재가 잉크로… 음식 찍어내는 3D 푸드 프린팅 기술 개발',
한국경제-매거진)

3D 디자인design 식·의료 바이오Bio 제품 개발연구 III

한국국제생명과학회ILSIKorea 주관(2021.5.31.) '건강하고 안전하며 지속 가능한 식단에 대한 접근'에 관한 세미나에서 이진규 교수의 강연에 대하여 푸드아이콘신문 김현옥 기자의 2021년 6월 14일자 보도내용이다.

[인사이트-대체단백질 시장]
"식물성고기·배양육 등 성패는 '맛'이 좌우할 것"

  - 새로운 지방 소재는 색깔·마블링·식감 동시 만족시켜야
  - 이진규 이화여대 교수, ILSIKorea 주최 세미나서 주장

최근 동물성 육류Animal based Meat를 대신하는, 안전하고 지속가능한 대체단백질 공급 방안으로 식물성 고기Plant based Meat와 세포 배양육

Cell based Meat 개발이 활발해지고 있으나 이들 제품이 시장에 안착하려면 영양도 중요하지만 궁극적으로 '맛'을 제대로 살리지 않으면 안 된다는 의견이 제기됐다.

한국국제생명과학회ILSIKorea가 지난 5월 25일 '건강하고 안전하며 지속가능한 식단에 대한 접근Access to a healthy, safe, sustainable diet'을 주제로 개최한 온라인 세미나에서 기술벤처기업 SUFAB슈팹 창업자이자 대표인 이화여대 식품공학과 이진규 교수는 '식물 및 세포 기반 공정에 의한 대체단백질의 안전하고 지속가능한 공급'에 대한 주제발표를 통해 이같이 주장했다.

이 교수는 단백질만으로 만들어진 식품은 맛을 즐길 수 있는 요인이 충분하지 않기 때문에 대체단백질 제품이 성공하려면 새로운 지방 소재들을 어떻게 보완하고 어우러지게 할 것인지, 색깔과 마블링, 식감을 함께 만족시키는 텍스쳐texture가 매우 중요하다고 말했다.

이 교수에 따르면 두부나 콩류로 만든 대체육이 오랫동안 발전하고 진화하면서 이제는 축산업의 온실가스 등 환경문제를 해결하기 위한 수단으로 유전공학 기술과 세포 배양을 통한 대체단백질원에 대한 관심이 커지고 있다.

특히 세포 배양육류 개발은 몇몇 유럽국가에서 새롭게 시작되는 분위기이고, 북미나 유럽 북쪽 지역에서는 식물 기반 고기들이 개발되고 있는 상황이다. 그 외 다른 지역에서도 활발하지는 않지만 대체단백질을 만들어낼 수 있는 회사들의 데이터베이스가 모여지고 있다.

건강과 웰니스, 안전성 외에도 알레르기를 일으키는 이종단백질에 대한 부담과 더불어 지속가능성 등의 이슈들이 동물 기반의 육류로부터 대체단백질, 특히 식물성 단백질 시장을 성장시키는 요인으로 꼽히고 있다. 이 교수는 "세계적으로 기존 동물성 육류 대신 대체단백질을 선호한다는 조사 결과들이 속속 나오고 있다."면서도 "그렇다고 축산업이 없어질 것으로는 생각하지 않는다"고 말했다.

우리나라 역시 2050년 고령화사회가 되는 시점에서 새로운 대체육의 수요가 점차 커지는 양상으로 변화되는 것과 더불어 배양육 시장도 확대되어 향후 20년 안에 축산업 비중이 50% 이하로 낮아질 것이라고 예측되고 있다.

맥킨지 보고서에 따르면 대체단백질로 활용할 수 있는 단백질 소재를 영양이용률 등과 함께 조사한 결과 유청분리단백질whey isolate, 콩분리단백질soy isolate, 완두콩분리단백질pea isolate 등이 훌륭한 대체재가 될 것으로 언급되고 있다. 그 외에도 균사추출물myco isolate의 경우 계란과 혼합해 고기의 질감을 나타낼 수 있는 소재로 관심이 높고, 곤충 분말과 배양육도 거론되고 있다.

아직은 익숙하지 않지만, 이러한 새로운 식품들에 대한 소비자 수용도는 환경 변화 등으로 인해 점차 긍정적인 방향으로 움직이면서 이 부분에 대한 경제적 부담도 감수할 것으로 전망된다.

따라서 이들 대체단백질을 상품화할 경우 건강을 비롯한 다양한 부분들에 대한 고민과 함께 그것을 먹었을 때 즐겁지 않다면 소비자들에게 더 이상 선택받지 못한다는 점을 염두에 두어야 한다.

이미 많은 회사들이 대체단백질 사업의 지속성을 위해 경제적 이윤 창출의 중요한 요인인 맛 개선에 선제적으로 대응하고 있고, 또 어느 정도 해결한 제품을 선보이고 있는 실정이다.

임파서블푸드Impossible Food의 경우 식물성 소재인 콩의 헤모글로빈을 이용해서 피 맛을 내는 햄프로테인 헤모글로빈을 만들 수 있는 생명공학 기술을 보유하고 있으며, 비욘드미트도 '감자 전분 메틸 셀룰로오스(식물섬유유도체)'로 제품을 씹을 때 축산 고기와 유사한 질감을 갖도록 했으며, 균형 있는 영양을 위해서는 칼슘, 철분, 소금, 염화칼륨 등의 미네랄을 공급하고 있다. 또 인공첨가물 없이 비트 사과즙과 천연 향료만으로 색깔과 맛을 구현한다.

식물성 계란으로 유명한 저스트JUST도 배양육 연구를 진행하고 있고, 이스라엘에서 각광받고 있는 모사미트mosa meat는 성체로부터 얻은 세포 배양을 통해 대체단백질을 공급하기 위해 생물반응기bioreacter에서 구현하고 있다.

매트릭스미트MATRIX MEATS는 단백질뿐만 아니라 맛을 제대로 살리기 위해 구조체에 대한 연구를 진행하고 있으며, BATH 대학에서도 돼지 성체의 조직을 채취해 줄기세포를 추출한 다음 생물반응기에서 근섬유를 배양하는 기술을 기반으로 인조고기를 만드는 연구 및 개발이 이뤄지고 있다.

이스라엘의 redefine meat는 대체단백질의 소재가 식물성이든 동물성이든 그것들이 만들어낼 수 있는 식감을 고려해서 3D 프린팅 기술을 이용하고 있고, 스페인의 노바미트 역시 프린팅 기반 대체육을 생산하고 있다.

MeaTech는 동물의 식감을 만들기 위한 미세구조 연구를, 러시아의 3dbio는 세포 배양 대체육을 프랜차이즈로 제공할 계획이다.

또 레전더리 비쉬Legendary Vish는 완전히 다른 모양의 식물성 기반 해산물을 3D 프린터로 만들고, 풀무원과 MOU를 체결한 미국의 블루날루BlueNalu는 세포 배양 해산물로 만든 스시를 제공하고 있는데, 방문하는 손님의 건강상태 등을 분석해 맞춤형 단백질 소재를 사용한다.

이 외에도 핀리스푸드Finless Foods나 와일드타입WILDTYPE은 해양수산물의 수은 등 환경 이슈로부터 자유롭게 고기를 공급할 수 있는 소재를 개발하는 사례도 있다. 싱가포르의 시요크 미트Shiok Meats는 마치 채소와 과일을 온실에서 재배하듯이 새우의 세포를 채취해 영양이 풍부한 환경에서 성장시키는 방식의 세포배양 수산물을 생산하고 있고, 굿캐취GOOD CATCH나 오션허거푸드OCEAN HUGGER FOODS도 마찬가지로 식물성 기반 피쉬 프리fish free 수산식품을 생산하고 있다.

우리나라에서는 동원F&B가 2018년 12월 콩과 버섯, 호박 등에서 추출한 단백질로 제조한 식물성 대체육을 비욘드미트로부터 수입 판매하기 시작한 것을 비롯해 롯데푸드가 2019년 4월 밀단백질 기반의 '엔네이처 제로미트'를 내놓았고, 풀무원이 어류에서 채취한 줄기세포를 생물반응기에서 배양한 후 3D 프린팅으로 생산한 수산물을 미국 블루날루와 MOU를 통해 올해 중 선보일 예정이다.

이어 노아바이오텍은 3D 프린팅 기술을 활용해 소 근육 유래 줄기세포를 3차원으로 배양하는 기술로, 다나그린은 소나 돼지의 줄기세포를 활용한 배양육을 각각 2023년에 출시할 계획인 것으로 알려졌다.

이화여대 벤처랩 슈팹SUFAB 역시 3D 프린터를 이용한 배양육 소재를 만들기 위한 노력을 기울이고 있는데, 단백질 및 지방 소재들을 이용해 (구워 먹을 수 있는 등의) 다양한 요리법에 대한 고민과 더불어 단백질을 공급과 소비자들에게 어필할 수 있는 맛을 만들기 위한 미세구조 연구를 진행하고 있다.

- 세포배양육의 안전성 이슈

여기서 세포배양육의 경우 안전 이슈와 관련해서 고기로 받아들여야 할지, 아니면 특정 종류의 식품으로 보아야 하는지에 대한 논의가 한창 진행 중이다.

세포 배양육은 아직 흔치 않은 일이어서 미국 농무성과 FDA는 GM 이슈와 같이 취급하면서 이들 식품이 미래에 새로운 플레이어로 자리 잡을 수 있는 상황들을 계속 관심을 갖고 주시하고 있다.

한국에서도 식물성 대체육과 세포 배양 기반 육제품 및 수산물에 대한 연구가 많은 기업들에 의해 진행되고 있어 머지않아 관련 제품들이 출시될 예정이고, 배양육에 대한 소비자들의 반응도 젊은 세대를 중심으로 긍정적으로 바뀌고 있는 상황이다.

- 미래 식품이 나아갈 방향

미래 식품을 개발하기 위해 환경과 기후변화에 대응한 수자원 활용 방안에 대한 심각한 고민이 이뤄지고 있다. 그동안 먹지 않았던, 또는 먹어왔던 것을 과연 어떻게 변화시킬 것인지, 또 그것들을 생산할 때 필요한 온실가스와 바다라는 환경에 대해서도 어떻게 아쿠아 포믹스 같은 형태로 생산을 전환할 것인지 등이 미래 식품이 가야할 길이다.

즉, 대체 또는 인공단백질의 안전성 확보와 영양성분 조달방법, IoT 기술에 의한 수요 예측, 그것들을 생산하기 위해서 로봇이나 3D 프린터를 이용할 것인지 등을 결정짓는 식품공학이 안전하고 건강하고 지속 가능한 미래 식품의 방향을 만들어 낼 수 있는 기반기술로 여겨지고 있다.

따라서 이 분야의 스타트업이나 대기업들의 오픈이노베이션이 결성된 상황이다. 특히 나사NASA의 우주식품으로부터 비롯된 유비쿼터스 스마트 팩토리가 병원이나 집, 레스토랑 등 어느 곳에서나 가능하고, 군사용 또는 식량안보 차원에서 이동하면서 생산할 수 있는 다양한 기술들이 필요한 상황이다.

대체단백질 시장에 대한 관심이 고조되고 있는 것과 비례해 개발과정에서의 GM 이슈가 불거지고 있고, 그것을 어떻게 제조·활용하고 유통시킬 것인가에 대한 고민들을 총체적으로 논의할 수 있는 재정적 지원과 더불어 협력체계, 거버넌스가 필요하다.

비교적 보수적인 성향이 강한 식품산업이 최근 대체단백질 개발 등 급변하는 상황으로 바뀌면서 지속가능한 산업으로 발전하기 위해서는 제품의 영양은 물론 향과 맛, 질감 등을 그동안 먹어왔던 가축 유래의 고기와 다를 바 없이 잘 구현할 수 있도록 하는 것이 관건이다.

(2021.06.14, '건강하고 안전하며 지속가능한 식단에 대한 접근', 푸드아이콘신문)

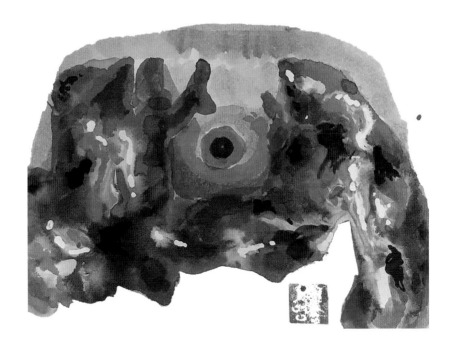

제9장

과학의 미래와 가치관 - 대학생 대상 특강

과학科學의 미래와 가치관價値觀 - 1976년 대학재학생 대상 특강特講 I / II / III

과학科學의 미래와 가치관價値觀 I

- 1976년 대학재학생 대상 특강特講

　우선, 세계의 현대를 한마디로 특징짓는다면 모든 것이 무서운 가속도加速度로 발전되어간다는 사실이다. 통계에 의하면 이것은 유명한 물리학자 오제의 이야기인데 유사 이래로 지금까지 살아왔던 과학자와 기술자의 약 90%가 현재도 살아있어서 활동하고 있다는 것이다. 그렇게 90%가 살아있다고 하는 것은 가속도적으로 과학기술이 발달되고 있다고 하는 것을 반영하고 있다.

　한 예로서, 구텐베르크Gutenberg의 예를 들어 보자. 우리나라에서 활자 발명을 했다고 하지만 대량적으로 인쇄 기술이 발달된 것은 구텐베르크 이후이다. 구텐베르크가 1456년 최초로 금속활자를 발명한 이래 1950년까지 약 500년 동안에 걸쳐서 인쇄물의 종수가 3000만종으로 되어 있다. 권수가 아니고 종류수이다. 그런데 1950년부터 작년 1975년까지 25년 동안에 역시 3000만종의 인쇄물이 나왔다. 그러니까 이것은 과거 500년 동안에 인쇄된 3000만종과 맞먹는 가지 수의 인쇄물이다.

이것은 우리 인간이 얼마나 급속도로 발전했느냐 하는 것을 나타내고 있는 것이다. 또 다른 예를 들게 되면 가령 유사 이래 1945년까지의 과학기술의 업적을 그래프로 표시할 때 10cm 높이로 표시하게 된다면 그 이후 현재까지의 높이는 수백 m의 높이가 된다는 것이다.

한 예로써 아폴로Apollo 프로젝트에서는 1960년에서부터 1968년까지 약 8년간에 걸쳐서 약 400억 달러의 돈을 들여 50만 가지의 기술이 개발되었다. 이것은 굉장한 기술인 것이다.

또 이와 더불어 인구도 마찬가지로 증가하고 있다. 서기 1세기 전에 세계 인구는 3억으로 추정되는데 그 3억이 약 2배가 되는 5억이 되는 것이 1950년이다. 그러니까 약 2배되는데 1600~1700년이 걸렸는데 그 후에 이 5억이 10억이 되는데까지 200년 밖에 안 걸렸다. 그렇게 되면 1850년까지에 세계 인구는 약 10억이 되고 그 10억이 20억이 된 것이 80년 후인 1930년, 그 20억이 다시 40억이 된 것이 즉 2배가 된 것이 지난 3월이라고 한다. 지난 3월로서 세계 인구는 40억이 돌파되었다고 한다. 이와 같이 배로 늘어난 시간이 옛날에는 천몇백년 걸렸던 것이 200년으로 줄어들고, 그 다음에는 80년으로 줄어들고, 그 다음에는 45년으로 줄어들었다. 앞으로 인구는 현재의 증가추세대로 늘어난다면 33년 후에 세계 인구는 80억이 된다고 이야기하고 있다. 이렇게 인구가 가속도적으로 증가하고 있다.

또 교통기관도 굉장히 발달하고 있다. 가령 100년 전만 하더라도 세계일주에 80일이 걸렸다면 굉장히 빠른 것으로 생각하고 있었다. 아마 80일간의 세계일주Around the world in eight days라는 영화를 본 적이 있을 것이다. 여기에서는 데이비드 니본이라는 남배우하고 샤리 막레인이라는 여배우가 멋있는 연기를 한다. 기구ad balloon를 타고 가기도 하고 인도에서는 소를 잘못 건드렸다가 혼날 뻔하고 여러 가지 많은 고생을 하면서 세계일주를 80일 동안에 하는 영화로서 1873년에 발표한 쥘 베른의 탐험소설 이야기다. 그 당시에 세계일주를 하려면 적어도 반년 정도 걸리는데 과학이 발달되고 해서 80일이면 충분할 것이다 해서 만든 영화이다. 그러니까 그 시대는 80일 동안에 세계 일주를 한다는 것이 놀라운 사실이었다.

그러나 오늘날에는 적당한 민간여행사의 비행기만 잘 타게 되면 세계 일주를 이틀 이내로 할 수 있다. 하루 반 정도로도 할 수도 있게 되어 있다. MIG-25기나 미국의 정찰기 SR-71은 1965년에 출항했는데 태평양의 5900km 정도를 1시간 50분에 날은 기록을 보유하고 있다. 2시간 내내 시속 약 3000km를 날을 수 있으니까 공중급유를 하면 세계일주를 하는데 13시간 반 정도면 충분하게 된다.

이 비행기를 타고 인도쪽으로 가게 되면 시간이 역전逆轉될 가능성이 있다. 가령 예를 들어서 우리가 오후 6시에 서울을 출발해서 인도에 도착했을 때는 오후 3시가 된다. 로마에 도착했을 때는 12시가 된다. 그러니까 시간이 역전을 하게 되는 것이다. 가면 갈수록 역전을 하게 된다. 서울에서 저녁을 먹고, 인도에 가서는 간단한 커피를 마시고, 로마에 가서는 점심을 먹게 된다. 즉 저녁을 먹고 점심을 먹고 그 다음에 빙 돌이서 대서양을 거쳐서 로스엔젤레스에 왔을 때는 아침을 먹게 된다. 이런 이상한 현상이 일어나게 된다.

만약에 동쪽을 향해서 가게 된다면 여기에서 6시에 저녁을 먹고, 하와이쯤 들려서 또 저녁을 먹게 되고, 뉴욕에 가서 또 저녁을 먹게 되고 그러니까 밤낮 저녁만 먹다가 세계일주를 하게 된다. 이렇게 되면 시간 관념時間觀念이 묘해지게 된다. 즉 나는 오늘 점심을 몇 차례 먹게 되었다던가 반대로 저녁을 먹고 그 다음에 점심을 먹고 아침을 먹게 되었다던가 하는 가능성마저도 생기고 있다.

그러니까 옛날에 돈키호테가 당나귀 타고 무사수업에 나섰던 그런 낭만스러운 시대와는 지금은 달라졌다. 지금은 세계의 3억대의 자동차가 고속도로를 달리고 있다. 그 3억대 중에서 1/10내지 1/15 정도가 매년 폐차가 된다. 그러니까 내버리는 자동차만 해도 1500만대 내지 2000만대 가까이 된다. 그러면 그 자동차가 쓰는 바퀴가 대당 4개라 생각하고 그 4개중에서 2개는 바꿔 끼워야 한다. 타이어가 2년 정도 밖에 못 쓰게 되니까 6억개의 타이어가 폐물로 나오게 된다. 그 6억개를 쌓아놓는다면 아마 이 대학 캠퍼스의 상당한 부분에 타이어가 쌓이게 될 것이다. 그 정도로 많은 타이어가 폐물로 내버려지게 된다. 이런 타이어만 하더라도 선진국에서는 처리 문제가 곤란해지고 있는 것이다. 우리나라에서는 타이어를 사용해서 구두창 등 다용도로 활용하지만 서양에서는 비용이 들게 되므로 내버려야 한다. 그냥 버리면 방해물이 되고 태우게 되면 공해를 일으키게 되어 폐기물처리로 상당히 심각한 문제가 된다. 이렇게 세계가 너무 발달하기 때문에 환경오염環境汚染이나 공해문제公害問題가 생기게 된다.

또 석유 소비량도 많아서 약 3~4년 전 통계지만 세계에서 태우고 있는 연료가 석유로 환산해서 약 80억톤 정도라고 한다. 그 중에서 50억톤 정도가 석유 또는 석탄인데 석탄에다 석유를 타게 되면 아황산가스가 나오게 된다. 사우디아라비아의 석유에는 황이 2~3% 포함되어

일 년 동안 아황산가스만 약 2억톤이 공중에 나오게 된다. 이 아황산가스가 습기를 만나 물을 흡수하게 되면 황산이 되고 결과적으로 황산비가 내리게 된다. 공업지대의 잎사귀가 바늘 끝으로 찌른 것처럼 구멍이 뻥뻥 뚫어진다. 이 아황산가스 비를 맞아 가지고 식물이 죽어 버리는 일이 현재 외국에서 일어나고 있다고 한다. 또 그것뿐만이 아니고 과학 발전의 가속화는 사회적이고 경제적으로 여러 가지 왜곡歪曲을 가져오고 있다.

또 정보가 너무 지나쳐서 정보공해가 일어나고 있다. 따라서 세대단절世代斷絶이 일어나고 그에 따라서 가치관의 변동이 일어난다. 우리는 이런 것에 대응하고 대처해야한다. 과학이 발달되는 것은 좋지만 그 과학의 발달 결과 왜곡이 생기게 된다.

그 찌그러진 것만은 고쳐 놓아야 된다는 것이다. 그래서 이렇게 현대사회의 스피드화, 가속화의 현상은, 더욱더욱 심해질 수밖에 없게 된다. 그 결과 만약 우리가 지금부터서라도 Control統制 않는다면 인류문명은 비탈의 마지막 길에서 브레이크 고장난 자동차와 마찬가지가 된다. 자꾸 자꾸 가속은 되는데 브레이크가 고장이 나서 멈출 수가 없게 되어 결국 전멸할 수밖에 없는 상황이 된다. 그 브레이크 고장이 나지 않도록 우리는 지금부터 대처對處를 해야 한다는 것이다.

세대 간의 정신적인 것이 문제로 대두되는 세대 간의 단절에 대해서 이야기해보지. 학자들이 이집트 피라미드pyramid 벽에 낙서를 자세히 조사 연구해봤더니 '요사이 젊은 녀석들 꼴 보기 싫다'와 같은 비슷한 이야기라는 것으로 밝혀졌다고 한다.

그러니까 세대의 단절은 이집트시대에도 있었던 것 같다. 아들은 아버지에 대해서 한 번은 반항을 하게 되는 그런 나이가 있다. 개개인마다 다르지만 17세가 된다거나 21세가 될 때 아버지 어머니가 이야기하면 반항하는 그런 시절이 있고, 생각하는 방식이 달라서 단절이 자연히 생기는 것은 당연한 것으로 보고 있다.

그런데 캐나다의 유명한 저널리스트인 마샬 마크르완은 인류의 역사이래 어느 시대건 세대의 단절은 있었지만 지금의 단절은 옛날의 단절과는 다르다고 주장한다. 그는 텔레비전에 의한 매스미디어 즉 매개체 媒介體 때문에 여러 가지 문제가 생기고 사람이 개조된다고 한다. 구텐베르그 이후 약 500년 동안을 활자문명시대라 한다면 1950년 이래 현재까지를 TV시대라고 구분하고 있다.

TV시대에 생존하는 사람은 활자 문명을 받아온 인간과는 전혀 다르다고 주장하고 있다. 활자라는 것은 획일성劃一性을 가지고 있어서 누가 식자를 하든 즉 인쇄공이 활자를 뽑아서 인쇄하면 똑같은 글자가 나온다. 규격이 8포인트짜리로 식자를 하게 되면 누가 심든 간에 똑같이 나온다. 이 획일성이라는 것은 사물을 좋다, 나쁘다, yes, no, 앞, 뒤, 아래, 위를 뚜렷이 판별한다. 그 결과 사람들이 굉장히 논리적 인간이 되어 논리적으로 따지는 인간이 되어버린다. 그 결과 질서와 서열에 대해서 엄격한 사람이 되고 좋고 나쁘고 선악을 명백히 가리는 인간이 된다. 이런 인간을 논리인간 또는 활자인간活字人間이라고 부른다.

그것에 대하여 TV 교육을 받은 사람은 촉각적이고 감각적이 되게 된다. 이 사람은 모든 감각기관, 오관을 총동원해서 사고하게 된다. 가령 꽃을 예로 든다면, 꽃은 인쇄하게 되면 누가 보던지 간에 똑같은 꽃이 된다. 그러나 TV에서 꽃이라고 하면 문제가 다양해진다. 예쁜 아가씨가 생글생글 웃으면서 꽃 할 때와 무지 무지한 녀석이 나와서 꽃 하는 경우하고는 우선 감각이 달라지게 된다. 또 그것뿐만 아니라 배경이 경치가 좋은 장소에서 정말 꽃이 많이 핀 곳에서 꽃이라고 하면 사람들이 머릿속에 아름다운 세상이 있지만, 악마가 옆에 있으면서 꽃이라 하게 되면 저 꽃 가지고 유혹을 하게 되는구나 하고 다른 생각을 하게 된다. 같은 꽃이라고 하더라도 성난 얼굴로 이야기하냐 또는 생글생글 웃으면서 얘기하느냐에 따라서 느낌이 달라지게 된다. 즉 꽃이라는 말을 들을 때 모든 감각기관感覺器官이 총동원된다는 것이 TV시대의 특징이다.

음악을 들을 때도 귀로 듣는 것이 아니고 엉덩이로 듣게 된다. 음악이 감격해지면 엉덩이를 흔들흔들 하면서 또 눈물을 흘리기까지 한다. 이것을 TV시대의 멋으로 여기고 있다.

또 악기를 하는 사람은 그냥 얌전히 제스처를 하는 것이 아니고 통기타를 치다가 소리를 요란하게 내면서 노래를 입으로만 하는 것이 아니고 온몸으로 부른다. 모든 것을 총동원하게 된다. 이것이 TV시대의 특징이다. 그리고 TV를 보게 되면 가령 카우보이 영화 같은 데서는 하사가 상사를 막 때리는 경우도 있고 기분 나쁘면 웃옷을 벗고 싸우기도 한다. 거기에 질서의 문란이 생기고 선악의 개념이 묘해지게 된다. 이쪽 입장에서 보면 좋은데 저쪽 입장에서 보면 나쁜 걸로 판단되는 일들이 TV에서 지주 나오게 된다.

거기다가 TV에서는 단절이 자꾸 일어난다. 방송하다가 왠지 자꾸 중단이 되어버리기도 한다. 즉 불연속성不連續性이 생긴다. 가령 예를 들어서 홈드라마에서 주인공이 이혼을 한다든가 해서 쩔쩔매다가 화면이 싹 바뀌어 시원한 맛, 산뜻한 맛, 하면서 콜라 광고가 나온다. 또 그것이 끝나면 진로, 진로 하고 광고가 나온다. 그걸 보고 사람들이 껄껄 웃다가 화면이 싹 바뀌면 아까와 같이 심각하게 여전히 울고 있다. 이런 것들이 TV에서는 시시각각으로 있게 된다.

미국에서는, 우리나라에서도 그런 경향을 밟고 있는데, TV 프로그램에서 인기 있는 것은 짤막짤막하게 불연속성이 계속되는 것이 제일 인기가 높다고 한다. 쇼 같은 걸 한 5분간 하다가 장면이 바뀌어서 엉뚱한 딴 걸로 보낸다. 그러다가 2분 후에는 딴것으로 하고 그렇게 시시각각으로 불연속적으로 되다보니 내용의 맥이 하나도 통한 것이 없게 된다. 그런 프로가 인기 있다고 하여 TV를 자주 보게 되면 단절의 친밀감을 갖게 된다.

단편적인 연속, 수학이나 물리학에서도 단편적인 연속을 사용하기도 하는데 이 결과 일어나는 효과로서 사람들이 다감각적多感覺的이 되게 된다. 감각이 하나가 아니고 여러 개가 된다. 눈으로 보고 귀로 듣고 하는 것을 동시에 하게 되는 능력을 갖게 된다. 가령 옛날 노인들은 사람이 없는 조용한 산골짜기 절간 같은 데서 책을 읽어야 머리에 잘 들어간다고 생각한다. 책을 읽을 때 주위에서 떠들게 되면 화가 나서 문을 열고 조용히 해라 하고 소리치게 된다. 즉 시끄러워서 책 못 읽겠다 하는 소리를 들은 경험이 있을 것이다.

(1978.04.25, 과학의 미래와 가치관, 대학 재학생 대상 특강)

과학科學의 미래와 가치관價値觀 II
- 1976년 대학재학생 대상 특강特講

　그런데, 요즘 젊은이들은 한 50% 정도는 TV 인간이니까 내일 시험 공부를 하는데 라디오를 틀어놓고 하게 된다. 라디오를 끄라 하면 오히려 집중이 안 되어 공부가 잘 안된다고 한다. 이런 학생은 라디오 음악 감상을 하면서 공부를 하게 되는 2가지 능력을 동시에 발휘하고 있어 라디오를 끄게 되면 오히려 이상해서 공부가 안 되는 것이다. 더 심한 경우는 TV를 보면서 만화를 보는 국민학교 학생들이 요즘 많아 지고 있다. 하도 어이가 없어서 TV를 보면서 만화를 동시에 볼 수 있느냐 싶어서 물어봤더니 만화 내용과 TV 내용을 완전히 파악하고 있음을 알게 되었다고 한다. 우리들 논리인간 즉 활자인간으로서는 도저히 이해가 안 가는데 실제로 요즘 국민학교 학생 정도가 되면 벌써 그 정도가 되어있다. 미국 같은 데서는 TV를 2대 동시에 보는 어린이가 있다고 한다. 아버지가 보는 것과 자기가 보는 것을 동시에 좌우로 번갈아가면서 보게 되는데 심리학자가 조사해보면 둘 다 완전히 소화를 하고 있다고 한다. 이것은 10초 동안에 번갈아가면서 어느 한 프로그램을 집중하게 되어서 생긴 결과이다. 영화는 1초 동안에 24번 화면이 바뀌지만 연속성을 느끼는 것과 마찬가지 결과라고 생각된다. 여기서는 시간은 좀 길지만 10초 동안 또 다음 10초 동안씩 띄어놓은 것도 연속적連續的으로 느끼게 된다는 것이다. 이것은 거짓말 같은 사실이다.

TV 인간은 이같이 논리적이 못되고 감각적이 되어 원시인간처럼 되어 감각에 호소하는 것이지 논리적으로 따지는 힘이 약해진다. 그 결과 논리가 약해지기 때문에 질서가 문란紊亂해진다. 그래서 아버지 어머니에게 반말을 쓰기 시작하고 부모나 선생님도 친구처럼 취급하게 된다. 그래서 부모님이나 선생님이 슬퍼한다. 학생들이 인사하는 것 까지는 좋은데 포켓에 손을 넣은 채 인사를 하기도 한다. 손 내기가 귀찮은 추운 겨울에는 그런 경우가 많다고 한다. 포켓에 손을 넣건 말건 존경하는 마음으로 인사하면 되었지 그게 문제가 되느냐 하고 항변抗辯하기도 한다고 한다. 이것이 요즘 현대 젊은이들이 생각인 것이다.

또 선배라도 나쁘면 맞아야 한다고 한다. 왜 선배가 잘못했는데 가만히 두느냐 하는 사고방식이다. 위계질서를 무시하는 경향이 있는 것이다. 그 결과 아버지 어머니에 대해서 이상한 반말을 하는 경우도 생기게 되고 게다가 호칭문제도 이상해진다. 이것은 1~2년 전 일본 아사히 신문에서 나온 이야기인데 고교 다닌 아이가 엄마에게 왕초 마누라라고 부르더라는 것이다. 또 한 아이는 자기 엄마를 보고 '부인 부인' 한다고 한다. 그 어머니는 집에서 그렇게 가르친 일도 없는데 '부인 부인'해서 창피를 샀다고 한다. 즉 아들을 데리고 백화점에 들러서 체육복을 고르는 기회를 주고 자기는 딴 물건을 쇼핑하고 있는데 낯익은 목소리로 '부인 부인'하는 소리에 알고 보았더니 자기 아들 목소리라 창피해서 쇼핑을 중단하고 도망쳐왔다는 이야기이다.

　심리학자의 분석에 의하면 세상이 하도 발달이 되고 해서 고등학생들 사이에서 '어머니 어머니'가 뭐냐, '엄마 엄마'가 뭐야, 다 큰 녀석이 아직도 '엄마 젖을 먹고 있냐, 엄마가 뭐야' 한다는 것이다. 그러면 이 학생이 집에서 '부인'이라고 한 번 하고 싶은데 용기가 나지 않다가 드디어 그 기회를 백화점에서 포착했을 것으로 분석하고 있다. 그것이 차츰 차츰 더해져 가지고 마지막에는 '주인의 마누라, 왕초의 마누라', 이렇게 부르게 된다는 것이다. 그것을 그렇게 나쁘게만 생각하지 말아 달라는 것이다. 호기심에서 한 짓이니 그런 시기가 한 번 지나가게 된 후에는 잘만 지도하면 고쳐질 테니 너무 크게 신경 쓰지 말아 달라 하는 것이 이 심리학자의 답변이다. 40세 이상 사람들인 논리 인간이 이해하지 못하는 사건들이다.

　마크 루완은 현대의 세대단절은 그 종류가 다르다는 것이다. 과거 50년 동안에도 세대차는 있었고, 활자문명 시대에 세대의 차는 20년, 이 동안에는 세상은 별로 변하지 않았다는 것이다. 그러나 현대는 달라서 지난 20년 동안에 세상은 완전히 바뀌어 버렸다. 가령 지난 20년 동안에 치마 하나만 보더라도 길이가 올라갔다 내려갔다 굉장히 변화가 많았다. 20년 전만 하더라도 치마가 길었지만 그것이 차츰차츰 올라오다가 한 4~5년 전에는 미디를 입다가 드디어 핫팬츠까지 갔었다. 그러다가 다시 복고풍이 불어서 요즘은 미디로 길어졌지만 이렇게 왔다 갔다 하고 있다. 이런 변화는 인류역사상 있을 수 없었던 일이다.

　아마 옛날 사람들이 미니스커트 입은 걸 봤으면 기절했을 것이다.

이것이 불과 20년 동안에 일어났다는 이야기다. 옷도 보면 요즘 여자들이 바지를 입고 다니는 걸 50여 년 전 할머니가 보시면 매우 난감해했을 것이다. 치마가 아니고 바지를 어떻게 입을 수 있느냐는 것이다. 이런 식으로 따지게 되면 한이 없다. 아무튼 이런 변화무쌍함이 무한히 발생하고 있는 것이다.

이런 것과 관련해서 미래의 충격에 대해 이야기하려고 한다. 아마도 앨빈 토플러의 <미래의 충격>이란 책을 읽어 본적이 있거나 최소한 얘기는 들었을 것이다. 이 책은 미국에서 1971~1972년에 출판되어 베스트셀러가 된 책이다. 우리나라에서도 능률협회에서 3권의 책으로 번역되어 출판되었으니 도서관에서 꼭 한번 읽어보기를 권하고 싶다. 요즘 미래의 충격 이것이 유행어가 되고 있다. 미래라는 것은 예고도 없이 자꾸 우리에게 가까이 와서 뜻밖의 사고와 현상을 가지 온다는 것이다. 그래서 그런 현상에 미처 대처하지 못한 사람은 쇼크를 일으키게 되고 병이 생긴다.

그런 좋은 예로서 문화의 충격cultural shock이라는 것이 있게 된다. 우리가 식인종이 살았던 아프리카에 갑자기 갔다 하면 쇼크를 일으키게 될 것이다. 로빈슨 쿠루소의 자서전에 식인종 이야기가 나오고 거기서는 쇼크를 일으켜 기절해서 죽게 된다는 것이다. 이것을 <문화충격>이라고 한다. 즉 문화가 다른 곳에 가면 놀라게 된다는 것이다. 가령 우리 할아버지 할머니를 갑자기 미국에 모셔 갔다면 거기에서 깜짝 놀라게 되는 이상한 것들을 많이 보고 느끼게 될 것이다.

만약 한 100년 전에 주미대사가 한복을 입고 상투도 틀고 부임한다고 하면 기현상이 많이 일어날 것이다. 첫날 미국 대통령에게 인사를 하는데 마루에 꿇어 앉아서 절을 하게 되면 대통령도 당황해서 어쩔 줄 모르다가 마루에 꿇어 앉아서 절을 했다는 기록이 있다. 그날 밤에 댄스파티에 대사인 민대감 부부가 초대를 받아서 갔다고 해보자. 국무장관이 쑥 나와서 경례를 하고나서 민대감의 마누라하고 춤을 추자 하면 민대감은 쇼크가 일어나게 될 것이다. 아니, 이 녀석, 개망나니 같은 녀석이 남의 여편네하고 춤을 추다니 도무지 말이 되지 아니한 행동에 기가 막힐 것이다. 남녀칠세부동석, 공자맹자식의 교육을 받은 사람으로서 화가 날 수밖에 없다. 아무튼 민 대감은 꾹 참았을 것이다. 충격은 말할 수 없을 정도로 컸을 것이다.

그렇듯 다른 세계에 가면 그 정도로 충격적인데 미래도 마찬가지라는 것이다. 미래가 너무 빨리 오게 되어 이상한 현상이 일어나고 있다. 시골에 살던 사람이 오랜만에 서울 같은 데를 오게 되면 깜짝 놀랄 일들이 많이 있게 된다.

예를 들어 히피Hippie 족을 생각해보자. 히피라는 것은 문화에서 뒤떨어진 낙오자, 완전히 낙오자라 할 순 없지만, 또 못 따라간다고 저항을 하는 것도 아니지만, 결국은 못 따라가니까 이상한 형태를 취한다는 것이다. 옷도 없어서 옷이 찢어지면 찢어진 채로 너덜너덜한 채로 아무렇게나 입고 다닌다. 그래서 한국 같은 데서 이걸 따라 하게 된다. 사실 입을 옷이 없어서 겨울에 덮을 것이 없어서 담요를 뒤집어쓰게 되는데 그것이 멋있게 보여서 한국 사람은 최고급 담요를 일부러 태워 가지고 칼로 찢어서 입고 다니는데 이런 것은 히피 정신에 위배되는 것이다. 어쨌든 히피가 차츰차츰 되게 되면 이 히피마저도 마지막에는 현 체제를 따라가게 된다. 그래서 새로 생긴 것이 이피Yippie다. 히피의

H 대신 Y자로 바꿔서 이피가 나오게 된다. 이피는 히피들을 체제에 동조한 녀석들이라고 비판을 하게 된다. 이런 것이 나오고 자꾸 자꾸 변해서 마지막에는 세상에 눈길을 끄는 이상한 행동을 하게 된다. 그 결과 새로 생겨난 것이 스트릿거streetger 출현이다. 옷을 완전히 벗어 버리고 내빼 달리는 완전히 정신이 나간 행동을 한다. 그러니까 문명이 너무 발달하게 되면 이상한 현상이 일어나게 된다.

항공기 하이재킹hijacking이 일어나 권총을 들고 항공기를 납치하게 되고 무차별살인이 유행하게 되는 일이 생긴다. 결국 세상이 망조가 돼버리는 셈이 된다. 그래서 언젠가는 망하게 되는 게 아니냐고 걱정하게 된다.

그래서 그 좋은 예로서 북구라파의 레밍lemming, 나그네쥐이라는 쥐가 있는데 수년에 한 번식 대량으로 많이 늘어나서 떼를 지어가게 되는데 그 폭이 10~20km이고 길이가 수백 m가 전부 쥐로 가득 차 있어 가지고 대행진을 하게 된다. 거기에 선두 지도자 쥐의 선두 지휘에 따라 산을 넘고 들을 넘어 가면서 도중에 식물을 다 먹어치워 가지고 벌판이 아주 없어질 정도로 망가트려 버리게 된다. 그런데 이 지도자 쥐가 도중에 정신이 돌아가지고 강을 그냥 건너가고 강까지는 좋은데 마지막에는 바다를 향해서 전진하게 된다. 배가 가지 못할 정도로 쭉 가다가 마지막에는 지쳐서 죽게 되고 결국 전멸해버리게 된다. <레밍의 자살>이라 해서 유명한 책이다. 즉 이처럼 집단자살하게 되는데 우리 인간도 지도자를 잘못 만난다던지 마피아단 같은 것이 원자폭탄 몇 개를 훔쳐가지고 자살해버릴 가능성이 충분이 있다는 것이다. 우리 인간에게도 이러한 위험이 존재하고 있는 것이다.

다음에는, 요즘 전자 미디어, 라디오, TV 등이 발달한 결과 세계가 이상해지고 그 결과 가치관이 바뀌게 된다. 즉 순시전달성이다. 이것은 라디오나 TV의 순시 전달성 때문에 공동운명체로서의 세계가 하나가 되어 버린다. 가령 옛날 여러 가지 전쟁이 있었다. 기근도 있고 폼페이의 화산 폭발 등 비참한 사건들이 많이 일어났지만 그건 거기에서 그쳤다. 폼페이에서 일어난 화산 폭발이 기껏해야 로마 정도까지는 전달이 되었으리라 생각된다. 그러나 우리는 그런 사실을 전혀 모르고 있다가 20세기 정도에 들어서서 서양 역사를 배울 때 겨우 알았을 정도이다. 또 희랍에서는 펠로폰네소스라는 유명한 전쟁에서 스파르타와 아테네 등 인접도시 국가 몇 개가 죽느냐 사느냐의 대 전투를 했는데 그 시대 우리나라에서는 펠로폰네소스 장소가 어디에 있는지 없는지 아테네나 스파르타가 있는지 없는지도 모르고 듣지도 못했다고 한다. 전혀 무관했었다는 것이다.

그러나 현대는 어떠한가?

아침신문에 강청을 위시해서 극좌파 중공지도자들이 체포당했다. 드디어 화국봉이가 주석에 임명되었다던가 이런 뉴스가 나오면 상당히 먼 1,000km 떨어진 북경에서 일어난 일이 순식간에 라디오나 TV의 전자기판을 통해서 우리 귀에 들어오게 된다. 또 미국 대선 TV 대담에서 포드가 동구실언을 했더니 온 세계에 퍼지고, 동구라파에서는 포드 죽여라 하고 크게 흥분을 하고 있다. 불과 1초도 안 걸리는 시간에 세계에 퍼지게 된다. 조그마한 지방에서 일어난 조그만 사건이 그 영향을 미치게 된다. 가령 아랍에서 누가 피살당했다거나 미군기가 리비아 폭격기를 격추했다하면 석유값이 껑충 뛰어오르게 된다. 또 서독에서 누가 살해당했다 하면 세계적으로 영향을 미치는 것이 현재의 사실이다.

사실 이런 것은 현재뿐만 아니고 세계1차대전 때도 있었다. 세계1차대전의 발발 원인은 세르비아의 한 청년이 오스트리아의 황태자를 권총으로 쏜 것이 그 계기가 되었다. 직접적인 원인은 여러 가지가 있겠지만 직접 시작은 총 한 방이었다. 지금은 그 시절보다 더 빨리 보잘 것 없는 한 사건이 세계적으로 순식간에 퍼져나가게 된다. 왜 그러냐 하면 TV와 라디오 때문에 순시적으로 세계에 영향을 미치게 된다. 이것을 비유하면 옛날의 세계는 늘어뜨린 어망과 같다. 어망으로 연결은 되어있지만 늘어져있기 때문에 여기서 잡아당기더라도 저기까지 영향을 미치지 아니하고 그 부분에서만 영향이 조금 있었는데 지금은 팽팽히 잡아당긴 어망과 같아서 조금만 건드려도 저쪽 먼 곳까지 순식간에 전달이 되게 된다. 한나라의 조그만 사건도 순시 전달성을 갖게 되면 경치, 경제에 대한 사고방식이 달라질 수밖에 없게 된다.

(1978.04.25, 과학의 미래와 가치관, 대학 재학생 대상 특강)

과학科學의 미래와 가치관價値觀 III

- 1976년 대학재학생 대상 특강特講

이제는 가치관에 대해서 살펴보도록 한다. TV 인간 즉 촉각인간觸覺人間의 가치관은 앞에서 이야기한 활자인간活字人間의 가치관하고는 달라진다는 것이 여러 학자들의 주장이다.

옛날 논리인간論理人間(활자인간) 즉 인쇄된 책을 통해서 공부한 사람들은 단일 가치관을 가지고 있다. 장유유서長幼有序, 대소, 동서라든가 이런 것들의 개념이 뚜렷하다. 좋은 것은 좋고 나쁜 것은 나쁜 것이다. 좋은 것은 나빠질 수 없다고 생각한다. 즉 가치관이 단 하나였는데 TV 인간들은 하도 사물들이 많고 입장에 따라 여러 가지가 달라진다고 하는 것을 알기 때문에 다가치적인 가치관을 갖게 된다. 그러니까 옛날에는 단 하나의 채널 밖에 없었는데 지금은 멀티채널multichannel인 것이다. 그 결과 어떤 문제가 여러 가지로 달라지게 된다.

예를 들어보면, 시계의 가치라고 하는 것은 정확한 시간을 알려주는 것이 중요한 가치이다. 그러나 지금 시계 살 때 중요한 가치는 시계가 정확히 잘 맞느냐가 아니고, 색깔이나 스타일style로 멋있다고 생각하는 유행流行하는 시계를 고르게 된다. 시중에 출시된 시계는 시각이 정확하지 않은 시계는 없으므로 정확히 맞느냐 안 맞느냐 하는 것이 문제가 되는 시대는 이미 지나갔다. 스타일, 색깔, 가볍다, 길다, 얇다 등 시계의 본래의 기능機能과는 전혀 무관한 가치를 가지고 선택의 기준을 삼는다.

또 옷을 살 때도 옷의 본래의 가장 중요한 기능이 보온 즉 추운 것을 막는 것인데 그것과는 동떨어진 색깔, 무늬, 디자인이 독특한 것을 찾는다고 한다. 그렇기 때문에 세계적으로 유명한 패션쇼fashion show에서는 가능한 남이 안 입는 새로운 옷을 산다. 그래서 10,000달러 정도로 비싸게 산 옷은 몇 개월 정도는 이것과 같은 옷은 절대로 안 만든다는 약속이 그 옷값에 포함된다고 한다. 계약위반금지를 약속 받고 남이 안 입는 옷을 사는 것은 옷의 본래의 기능과는 상관없는 일인 것이다.

그래서 어떤 물건에 대한 가치가 단 한 가지가 아니고 여러 가지가 있다는 것이다. 물건의 가치 중 하나는 기능적機能的인 가치, 실용적實用的인 가치 즉 시계는 시간이 잘 맞는 것, 옷 같으면 보온이 잘 되어 따뜻한 것이다. 또 다른 가치는 선택적인 기능이다. 이런 선택적인 가치는 색깔, 스타일 등이다. 이것은 정보적情報的인 가치라고 부르기도 한다. 정보를 통해서 더 많은 정보를 얻을 수 있게 된다. 시계가 멋있다던지, 얇다던가 하는 것은 본래의 기능과는 관계가 없는 것인데, 이것은 상품뿐만이 아니고 인생에 대해서도 마찬가지로 적용된다.

인생이란 무엇인가? 이것은 철학자들이 따지는 것이다. 옛날 사람들은 단순해서 남한테 피해를 끼치지 않고 죽을 때까지 착한 일만 해서 산다는 것이 옛날 논리인간들의 인생에 대한 개념이다. 그러나 요즘사람들은 어떻게 하면 즉흥적으로 순간순간을 즐겁게 사느냐 하는 것이 인생이다. 인생에 대한 가치관이 전혀 달라지게 된다. 교육도 이것에 맞춰 해야 될 것이다. 요즘은 과학이 발달되어서 지식도 굉장히 빨리 늘어난다. 심리학자가 조사한 바에 의하면 우리 인간은 매년 5% 정도의 새로운 지식을 추가해서 첨가하게 된다. 그와 동시에 5% 정도의 지식은 버리게 된다. 이것은 망각하거나 망각하지 않더라도 곧 구식이 되어버리게 된다. 세상의 발달이 빨리 진행되고 있어 새로운 지식이 추가되어 10년이 지나게 되면 50% 정도가 바뀌게 된다. 50% 정도의 지식이 꺼져 없어지고 50% 정도가 새로 추가된다.

그러면 여러분이 학교를 나왔을 때 어떻게 될까? 옛날에는 국민학교 나오게 되면 거기서 배운 것 가지고 일생을 살 수 있었다. 또 대학을 나오게 되면 그 지식으로 일생을 고급 관리로 일할 수 있었다. 지금은 다르다. 중학교던 대학을 나와 10년만 지나게 되면 지식이 반쯤은 구식이 되어 융통성이 없어지고 일을 하기가 어렵게 된다. 그래서 새로운 지식을 도입해야만 한다. 옛날에는 학교에서 배운 지식으로 일생을 먹고 사니까 학교에서 잘 배워야 일생을 보장받게 된다. 그래서 퇴학시킨다고 하면 무서워서 쩔쩔매고 했었는데 지금은 학교에 매달릴 필요가 없다는 것이다.

라디오나 TV, 신문 그리고 잡지만 꾸준히 읽게 되면 정말 인류 인사가 될 수 있다. 지식이 거기서 얼마든지 있어서 학교를 졸업하지 않더라도 얼마든지 훌륭하게 될 수 있는 길이 있다는 것이다. 그래서 낙제나 퇴학을 겁나고 무섭게 심각하게 생각하지 아니 하는 경향이 있다. 이런 일은 회사에서도 있는데 회사에서 사장이 화가 나서 열심히 일하지 아니한 사원에게 그만둬 하면 사직서를 쓰고 나가버린다고 한다. 그래서 요즘 경영주들이 굉장히 골치를 앓고 있다.

미국 같은 데서는 이 현상이 심해서 회사가 재미없다고 입사 후 한 달 만에 그만두는 경우가 많다고 한다. 특히 머리가 좋은 엘리트elite에게 더 많다. 반년이나 1년쯤 있다가 이 회사는 재미가 없으니까 독립한다거나 다른 회사로 옮겨 가는 경우가 많다고 한다. 그래서 미국의 인류 회사에서는 비자visa 시스템이라고 하는 것을 도입했다. 이것은 미국 갈 때 비자를 받듯이 사증査證을 주면서 앞으로 향후 5년 동안 마음대로 다른 회사에 돌아다니다가 5년 후에 돌아오게 되면 언제든지 받아줄 용의가 있다는 제도이다. 물론 모든 회사원에게 다 주는 것이 아니고 장래성將來性이 있는 우수한 사원에게 비자를 줘서 모든 경험을 다 했다가 돌아오게 한다는 것이다. 이것은 가치관에 대한 개념이 달라져서 생기는 현상이라 할 수 있다. 학교의 권위나 교수의 권위가 떨어지는 것이 당연하다. 한 20년 전 만하더라도 가령 어느 대학에서 퇴학을 당한다는 것은 사형 선고나 같았으나 지금은 그렇지 아니하다. 만약 이 대학에 떨어지면 더 낮은 대학이나 이 다음에 다시 가면 되지 하고 생각하게 되니 권위가 없어지게 된다.

옛날 1960년대 초에는 교수들이 부탁하면 우체국 심부름이나 집에 가서 가져올 책 가져오라고 하면 뛰어가서 가져오기도 하고 말을 잘 들어주었다. 요즘 뭘 부탁하면 바쁜 일이 있어서 하면서 회피하기도 하고 그래도 부탁하면 한 두 시간쯤 걸려서 천천히 갔다오면서 일부러

반항을 한다. 어떤 경우는 점심값이라도 하면서 손을 내밀기도 한다. 조교에게 편지 부쳐달라고 부탁해도 거절하기도 한다. 교수는 옛날 인간 즉 논리 인간이니까 교수의 머릿속에는 편지를 안 부쳐준 것에 대해 기분 나쁘게 생각하고 화가 난다. 즉 가치관념이 단 하나인 것이다. 그러나 현대의 TV 조교는 가치관이 다양하니까 왜 선생이 법적으로 안 해도 되는 개인 일을 조교가 해야 되냐는 것이다. 가치관이 달라져서이다. 그래서 할 수 없이 수고비를 준다거나 연구비 중에서 일부를 준다거나 해야 된다. 옛날에는 생각하기 힘든 이야기다.

결과적으로 교수의 권위가 떨어지는 것은 교수 자신의 인격이 부족해서가 아니고 세계적인 경향傾向이다. 그것을 모르고 나이 많은 교수들은 자꾸 화를 내고 요즘 젊은 애들은 버릇이 없다 하면서 씁쓸해한다. 그것은 옛날하고 달라서 너무나 단절이 심하기 때문에 문제가 커지는 것 같다.

따라서 학교에서 하는 교육이 그 사람의 일생을 위한 교육의 몇 10% 라고 정확히 말할 순 없지만 50% 밖에 지원 못 한다고 하게 되면 나머지는 졸업하고 나서 자기 자신이 공부를 하게 된다. 그래서 요즘 <생生의 교육Life of education>이라고 하는 새로운 개념이 도입되고 있다. 대학만 나와 가지고 공부를 끝내서는 안 되고 일생 동안 공부를 해야 한다는 것이다. 대학을 나와서 계속 공부하도록 시스템이 짜여 있다.

독일 같은 나라에서는 고등학교 나와 가지고 정육점에서 일을 잘 할 수 있도록 하는 직업 교육이 잘 발달되어 있다. 이발사는 이발사 교육을 받고 나면 그 후 <이발사 monthly>가 발행된다. 월간이발사, 월간

육곡간 등 부서별로 매달 잡지가 나와 교양도 키우고 직업교육도 다루는 잡지발간이 굉장히 발달되어 있다. 우리나라도 머지않아 아마 그렇게 될 것이다.

이렇듯 선진 교육에서는 그런 교육 시스템이 짜여있다. 생의 교육에 한 발자국 더 나가서 아예 공식적인 기관을 만드는 계획이 나오고 있다. 미국 같은 데서는 소위 성인대학成人大學이 생겨나고 있다. 영국 같은 데서는 <개방대학Open university>이라는 대학이 1970년에 생겼다. 22세 이상에서 할머니까지 누구나 다 들어갈 수 있으나 실제로는 나이 많은 사람들이 반 이상을 차지한다. 즉 40대 이상의 1/3 정도가 된다고 한다. 또 미국에서는 오하이오에 <벽 없는 대학University without wall>이라는 것이 있는데 실제 벽이 없다는 뜻이 아니고 들어오는 장벽障壁이 없는 대학이라는 뜻이다. 누구든지 입학만 하게 되면 등록을 할 수 있게 되어 있다.

거기에는 80 넘은 노인도 있는데 왜 이 대학에 들어왔느냐 물었더니 나는 직업도 다 가져보고 정부에서 주는 연금捐金 받으면 충분히 살 수 있으니까 돈벌이할 생각은 없고 다만 내가 죽기 전에 교양敎養있는 인간으로 죽고 싶다는 것이 자기가 대학에 온 이유라고 한다. 그러니까 그냥 죽기보다는 교양이 있는 인간으로 죽고 싶기 때문에 조금이라도 더 배우고 죽고 싶다는 감명感銘스러운 이야기를 했다고 한다.

요즘은 인간이 사는 보람을 느끼기 위해서는 놀기 보람이라고 하는 것이 있다고 한다. 인생을 즐기다가 죽어야 한다. 이 enjoy라고 하는 것이 덮어놓고 향락享樂이라는 뜻이 아니고 자기가 하고 싶은 것, 배우고 싶은 것을 배우고 죽고 싶다는 뜻이라고 한다. 이런 공식적인 기관

외에도 앞으로 성인 교육기관이 많이 생겨야 할 것이다.

요즘의 대학의 사명使命은 기존의 연구와 교육 외에 봉사라는 새로운 개념이 추가된다. 따라서 옛날 한 50년 전만 하더라도 대학의 사명은 교육과 연구 2개뿐이었다. 첫째 연구研究라는 것은 새로운 지식을 창조해내는 노력이다. 즉 지식을 자꾸 만들어 획득해내는 것이 연구이고, 두 번째 사명인 교육教育은 지금까지 알아낸 지식, 새로 창조되는 지식을 후배에게 전달하는 것이다. 이것이 대학의 2대 사명이었는데 20세기에 들어와서는 주로 미국에서 중심이 되었지만 제3의 사명이 추가되었다. 즉 봉사奉仕이다. 이것이 성인 교육하고 관계성을 갖게 된다. 그래서 앞으로 대학이 3가지 사명에 대하여 노력을 해야 하고 동시에 개개인은 생의 교육을 받아야 한다.

불란서와 독일에서는 재교육再教育을 받도록 법적으로 규정되어 헌법에 보장되어 있다고 한다. 재교육을 받을 때는 고용한 회사가 비용을 부담하여 생의 교육을 운영 해 나가는데 앞으로 그것이 유행이 될 가능성이 있다고 한다.

또 이와 관련하여 물리학자로서 노벨상을 수상한 유명한 데니스 가보루는 <성숙사회成熟社會>라는 책에서 그런 걸 주문했다. 즉 미래의 대학은 2가지 대학으로 운영되어야 한다. 즉 하나는 최고의 지능들만 모인 엘리트 대학 또 하나는 <대량생산대학Mass production university>이다. 그 이론직 근거로 오래 전인 20세기 전에 이미 심리학자와 교육학자들이 주장했던 내용들을 제시하였다.

대학에서 고등교육高等教育을 받을 자격이 있는 사람은 IQ가 125 이상이어야 하는데, 이는 인구의 5% 밖에 안 되지만 영국, 불란서, 독일 같은 나라에서는 약 5% 인구만이 대학을 갈 수 있도록 대학 정원을 조정해왔다고 한다. 영국에서는 지금까지 그래왔는데 미국에서 이걸 깨트렸다. 20세기에 들어와서 공업의 발달로 사람의 수요가 많아져서 5% 정도로는 안 된다하여 10%로 늘고 20%로 늘고 해서 현재 미국에서는 학령기學齡期의 50%가 대학을 다니고 있다. 불란서는 25% 선을 넘고 일본이 28% 정도 소련이 30% 정도이다. 이처럼 선진국에서는 전부 %율이 높아지게 되었다. 그때 나타나는 현상이 바보들도 대학에 들어오게 된다. 인구의 50%가 들어가게 되면 IQ가 굉장히 낮아져 통계학적으로 보면 IQ 100 정도가 되게 된다. IQ 100이 중간치이니까 IQ 100 이하로 떨어졌는데도 불구하고 대학 4년 동안의 낙제생의 수가 50%가 된다. 현재 불란서는 학사관리가 엄격해서 academical standard 학력기준는 그대로 유지하고 있지만 낙제생이 무려 70%가 되고 있다고 한다. 이것은 OECD경제협력개발기구 조사 결과니까 정확한 조사라고 생각된다.

  일본 동경대학은 인구 1억 1천만되는 일본 전체에서 최고의 지능을 가진 엘리트 중의 엘리트들이 들어가게 되는데 1965년에 8.5%의 낙제생이 생겨서 큰 문제가 되었다. 그 후 동경대학 다음으로 우수한 대학이 경도대학, 오사카대학인데 그때 약 22%의 낙제생이 나와 심각한 사회적 문제가 되었다. 이것은 학교가 나쁘다거나 교육 시스템이 나쁜 것이 아니고 대학에 들어와서는 안 될 부류의 class 학생들이 들어와서 그렇게 된다고 생각한다. 대학의 스탠다드standard는 낮춰지지 않았으니 그 평가가 당연한 것이라 여기고 있다.

  현재 우리나라에서는 약 8%의 사람이 대학을 다니는데 벌써 낙제생이 나오기 시작한다고 한다. 그래서 데니스 가보르라는 사람은 그걸 해결하기 위해서 대학을 둘로 갈라서 즉 엘리트 대학, 이것은 정식 대학으로 남기고 나머지 대학은 전부 개편에서 2년제 내지 3년제 대학으로 고쳐야 된다고 주장한다. 공과계통은 3년으로 하고 보통은 2년으로 해서 보통 교육을 해서 이발사도 하고 마사지massage사도 하는 여러 가지 직업을 다 가질 수 있게 하라는 것이다. 그 대신 이 대량생산대학에서는 꼭 1년 동안은 외국에 다녀와야 졸업장을 주는 조건이 붙는다. 외국에 가서 1년 동안은 외유外遊하고 세계를 보는 견문見聞을 쌓아 참다운 인간이 되게 해야 한다는 것이다. 그리고 진짜로 공부해야 할 5% 정도에 해당하는 사람만은 엘리트 대학에 들어가서 제대로 교육을 시켜야 한다고 주장하고 있다.

이것은 앞으로 우리나라에서도 좀 연구를 해야 할 과제가 아닐까 생각한다. 현재가 8% 정도니까 그렇게 심각한 문제가 되지 않지만 앞으로 선진국처럼 20%, 30%가 되게 되면 반 이상이 낙제할 수밖에 없게 된다. 그러거나, 그러지 않으면 아카데미 레벨을 낮춰 가지고 대학의 정도를 옛날의 중학의 정도로 낮추는 수밖에 없을 것이다. 그렇게 되게 되면 한 나라의 장래가 위협을 받게 된다. 그러니까 대학의 스탠다드를 유지하려면 대학을 2종류로 운영할 수밖에 없을 것이다.

<추기> 약 45년 진 대학 재학생을 대상으로 한 특강의 요약이다. 그 당시 과학의 미래와 가치관을 살펴보고 오늘날의 상황과 비교분석해 보기 바란다.

(1978.04.25. 과학의 미래와 가치관, 대학 재학생 대상 특강)

제2부

삶의 이야기

제1장

오디오 호강기, 건강 단상

나의 오디오audio 호강기豪強記 I / II

건강健康에 대한 단상斷想

나의 오디오audio 호강기豪強記 I

나는 요즈음 오피스텔에 도착하면 오디오 시스템을 켜기 시작해 음악을 들으며 일을 시작하고 오피스를 다시 나올 때까지 계속해서 음악을 듣는 것이 일상화日常化되어 있다.

잔잔한 음악이 흘러나오는 분위기에서 책도 보고 글도 쓰면서 취미생활을 하는 가운데 오피스를 방문하는 손님들을 맞이한다. 그들과 대화를 나누면서 편안한 분위기를 만들어주는 음악과 함께 보내는 시간은 무엇과도 바꿀 수 없는 큰 즐거움이 되고 있다. 이 글을 쓰는 지금도 러시아가 낳은 20세기 위대한 첼리스트 샤프란Daniil Shafran의 '바흐Bach 무반주 첼로연주'가 실내에 울려 퍼지고 있다.

내 오디오 생활의 시작은 약 75년 전인 초등학교 입학(1948년), 그 이전으로 거슬러 올라간다. 딩시에 진공관眞空管으로 구성된 사과상자 크기만한 라디오로 뉴스를 즐겨 청취하시던 아버지 곁에서 함께 시간을 보내며 음악을 듣게 되면서부터다. 라디오 속에 사람이 들어있다고 믿었던 어린 나이(4~5살)에 라디오 듣기체험을 시작한 것이다.

지금 백수白壽를 맞이하신 어머니께서는 그 당시에, 축음기蓄音器(유성기)로 '춘향가'와 '흥부가'를 즐겨 들으셨다. 그 축음기는 플래터platter를 회전시키는 동력으로 태엽을 감아서 동작시켰다. 다른 SP 음반을 바꿔 끼울 때마다 새로운 바늘로 교환해가면서 사용하였다. 심지어 새 바늘이 무뎌지면 숫돌에 바늘을 뾰족하게 갈아서 다시 사용하기도 하였다. 이 사운드 박스sound box에 달린 바늘로 음반의 소리골groove을 읽어주면 신호가 전달되고 진동판을 진동시켜 소리가 구현되는 것이다. 이것은 요즘 턴테이블의 카트리지cartridge에 달린 바늘에 해당한다.

이 축음기는 감긴 태엽이 풀려서 음반의 회전속도가 줄어들게 되면 축 늘어진 소리가 난다. 그래서 축음기의 태엽이 풀리기 전에 빨리 태엽을 감아 재생속도를 정상화시켜줘야 하는 경우가 자주 발생하곤 하였다. 축음기 동작 내내 감내해야만 하는 불편한 점들이었지만, 그 당시 축음기에서 나오는 음악은 여전히 내 귓전에 맴돌고, 그때 분위기 또한 내 머릿속 한 켠에 아직도 자리 잡고 있다.

저녁 때가 되면 자주 동네 어르신들이 우리 집에 오셔서 축음기 소리에 맞춰 '쑥대머리' 창을 열창하고, 민요 '남원산성'을 부를 때에는 춤까지 덩실덩실 추면서 흥겨운 시간을 보냈다. 즉, 동네 어르신들의 축음기 오디오 동호회同好會가 탄생한 것이다. 나는 축음기 태엽을 감고 음반도 바꾸어주면서 바늘도 갈아 끼우는 조수이자 DJ로서 음악 동호회의 보조원補助員 역할을 기꺼이 담당하였다.

그 무렵, 버스로 한 시간 거리의 이모님 댁에서 새로 구입한 전축을 구경할 기회가 있었다. 이것은 턴테이블이 전력으로 구동되며 카트리지에 달린 바늘로 신호를 읽고 증폭회로增幅回路를 거쳐 음량조절이 가능하고 스피커로 구동되는 일체형 오디오 앰프 시스템이었다. 축음기와 비교하여 태엽을 감는 일, 바늘을 바꿔주는 일 등이 생략되고 자동화되어 대단한 편의성을 갖췄을 뿐만 아니라 성능까지도 월등히 개선된 것이었다. 그 후 틈나면 친구까지 대동하고 이모님 댁을 방문하여 청음聽音의 기회를 가지곤 하였다.

오랫동안 주로 뉴스 청취용聽取用으로 사용하였던 덩치 큰 진공관식 라디오가 어느 날 갑자기 고장이 났다. 동네에서 수리를 잘 한다고 소문난 분에게 수리를 맡겼는데 그분은 무심하게도 우리 집의 소중한 라디오를 되돌려주지 않았다. 양심 없는 그 분을 원망도 해보았고 간절히 기도도 해보았지만, 이 라디오는 영영 내게 돌아오지 않았다. 그 라디오에서 나오던 정겨운 음악소리의 그리움보다 훨씬 더 큰 서운한 마음이 어린 나를 한동안 힘들게 하였다.

중학교에 다닐 무렵에는, 새끼손가락보다 작은 미니어쳐 진공관miniature tube으로 만들어지고 배터리로 동작하며 리시바로 듣는 외삼촌의 포터블 소형 라디오에 많은 관심을 가졌었다. 전기 공급을 위해 콘센트에 연결하지 않고도 음악이 나오는 모습에 첫눈에 반했었지만 배터리 소모가 커 구동시간이 한 두 시간에 불과하여 실용적實用的이지 못하다는 것을 알게 된 뒤론 흥미가 사라지고 말았다.

1948년 미국 벨 연구소Bell Lab의 '존 바딘J. Barden, 월터 브래튼W. H. Brattaln, 일리엄 쇼클리W. B. Shockley'에 의해 트랜지스터transistor가 발명되었다. 큰 부피와 엄청난 전력 소모, 짧은 수명 등 단점이 컸던 진공관을 마법魔法의 돌, 반도체 트랜지스터로 대체하게 된 것이다. 이 세기의 발명품으로 전자통신업계의 커다란 혁명이 일어났다. 이것을 사용하여 조립한 라디오는 크기가 대폭 줄어들었고 배터리 동작 시간이 많이 연장되어 성능면에서도 훨씬 발전한 획기적劃期的인 제품으로 새롭게 등장했다.

어느 날, 옆집 초등학교 친구의 서울 친척이 크기가 손바닥보다 작은 휴대용 트랜지스터 라디오를 어깨에 메고 다니면서 음악을 청취하는 것을 보는 순간 깜짝 놀랄 수밖에 없었고 부러움을 한동안 떨쳐버릴 수가 없었다. 라디오의 대혁명을 목전에서 확인한 것이다.

손가락보다 더 가느다란 배터리 두 개의 전원으로 장시간 작동 가능할 뿐만 아니라 스피커를 통해서 크게 울려 퍼지는 음악회 프로그램을 이동하면서까지도 청취할 수 있는 그 라디오를 보며 경악驚愕을 금치 못했다. 지금까지 듣지도 보지도 못한 새로운 오디오 장치를 만들어낸 과학기술의 발전에 대한 경외敬畏로움 때문이었으리라.

그 후, 전자제품 수입상을 하는 초등학교 친구의 도움을 받아 당시에는 귀하던 TV를 구매하였다. TV 구매를 원하셨던 부모님의 요청에 의해서였다. 가끔씩 TV로 방송되는 음악회 프로그램을 통하여 관현악단管絃樂團의 연주를 시청하면서 감상할 기회를 가졌다. TV가 많이 보급되지 않은 시기라서 그 당시 인기 있었던 매일 연속극 '여로'가 방영되는 시간에는 우리집은 시골 동네 어르신들의 TV 시청을 위한 사랑방이 되기도 하였다.

잠시 몸 담았던 초등학교 교사 시절, 음악 시간의 에피소드도 있다. '엄마가 섬 그늘에 굴 따러 가면...'으로 시작하는 동요 '섬집 아기' 음악수업시간, 풍금소리에 아이들의 노래가 시작되었지만 나의 반주는 노랫소리에 제대로 따라 가지 못했다. 나는 식은땀 흘리며 중단하지 않고 끝마친 긴장 속의 음악수업에 대한 기억이 있다.

수업 전 연습을 많이 한다고 했지만 막상 수업시간에선 실수가 드러난 것이다. 노래에 열중한 아이들은 눈치채지 못했지만 나로선 자책自責과 부끄러움을 지금도 지울 수가 없다. 음악은 좋아하지만 노래를 부른다거나 악기를 다루는 기능이 떨어짐을 솔직히 고백하지 않을 수 없다.

그 후 풍금이나 피아노를 열심히 연습해 봤지만 악기연주 능력은 크게 향상되지 못한 채 지금에 이르렀다. 그럼에도 오디오 음악감상音樂鑑賞을 통한 나의 음악 사랑과 음악 생활은 지금까지도 한결같이 이어지고 있다.

1년 6개월 동안의 초등학교 교사를 마치고, 드디어 대학 생활이 시작되었다. 1960년, 춥지만 따스한 기운이 감도는 이른 봄으로 기억된다. 서울 청계천 상가에 들려 꿈에 그리던 손바닥 크기의 중고 트랜지스터 라디오를 구입하면서 본격적인 나의 오디오 생활은 시작되었다. 깊은 밤중에 방송에서 흘러나오는 요한 세바스티안 바흐Johann Sebastian Bach의 관현악 모음곡인 'G 선상의 아리아'를 들으면서 클래식 음악감상에 심취深趣하게 되었다. 참으로 행복한 시간들이 이 작은 라디오를 통해서 실현되었다고나 할까.

얼마 안 되어 트랜지스터 라디오 공급이 확산되어 가격도 많이 하락했다. 방학 때 시골에 계신 할머니 댁에, 그리고 부모님에게도 이것을 하나씩 선물할 수 있게 되었다.

대학 재학 중에는 배터리로 구동되는 포터블 간이전축簡易電蓄이 비싸지 않은 가격으로 보급되었다. 동기 몇 사람이 이것을 이용해 회화용 음반을 보조 교재로 하는 영어회화 동아리를 만들었다. 안암동 캠퍼스 석탑과 인촌 묘소 아래 잔디에서 회화 공부와 함께 음악 감상을 하면서 젊음을 구가하고 정서 감정을 키우는 기회를 갖기도 하였다.

또한 하숙집 동료학생들과 함께 당시에는 국산화가 되지못했던 성능 좋은 소형 트랜지스터 라디오를 즐겨들었다. 아침 식사를 하면서 그날의 새로운 뉴스와 시사 정보를 청취하고 때로는 멋있는 멜로디를 함께 감상하면서 뜻있는 시간을 보내기도 하였다.

통신 장교로 군복무할 때는 부대원들의 도움을 받아 제작한 라디오로 FM 방송을 들을 수 있었다. 군 복무시에도 소홀히 하지 않았던 오디오 청음은 지루한 군대생활을 무사히 마치는 데 큰 도움이 되었다.

1968년, 조교를 겸한 대학원 재학 시절은 세운상가에서 튜너tuner가 달린 앰프, 스피커, 턴테이블 등 부속품을 낱개로 구매하여 전축을 독자적으로 조립하는 것이 유행하던 때였다. 방학 때는 시골 구경을 위해 함께 동행한 학부생들의 도움을 받기도 하여 시골집에 들을만한 전축을 손수 조립 설치하여 부모님을 즐겁게 해드리기도 하였다. 이 전축의 대형 스피커에서 흘러나오는 저음과 고음이 어우러진 멋드러진 음악을 듣고 있노라면 흥겨움과 즐거움 또한 저절로 증폭될 수밖에 없었다.

회화공부를 한다는 명분으로 소형 마이크로 카세트 테이프 레코더cassette tape recorder, 릴테이프reel tape 녹음기를 구매하여 좋아하는 음악 소스를 녹음, 저장해 놓고 듣고 싶은 곡을 자유자재로 들을 수 있었다.

정밀과학精密科學에 대한 연구실험을 하다보니 필요한 간단한 장치는 직접 제작하기도 하고 웬만한 전자기계 장치의 간단한 고장처치는 몸소 하게 된다. 이런 전자기계 장치들에 대한 메커니즘mechanism을 파악하면 이것들을 사랑하게 되고 수리하는 취미도 생기기 마련이다. 아름다운 음악을 들려주는 대부분의 오디오 제품이 전자기계 장치이다 보니, 이를 통해서 흘러나오는 음악에 대한 오묘함을 느끼게 되고 오디오에 대한 관심도 배가倍加된다. 따라서 음악을 더욱더 좋아하는 계기가 되었다.

새 오디오 제품을 살 수 없는 부족한 경제력이 늘 아쉬웠지만, 아직은 쓸 만한 성능 좋은 중고제품을 구매해서 얻는 즐거움은 그 무엇에 비교할 바가 못 된다.

원하는 중고 오디오 제품을 구매하려면 도시락으로 생활하고 친구들과의 술자리도 줄이며 용돈을 아껴야만 가능한 것이다. 또한 다음 세대의 신제품이 나오면 악성재고惡性在庫를 떠안아 달라는 오디오샵audio shop의 얄팍한 상술도 오디오 생활을 유지하는 데 한 몫 했음은 숨길 수 없는 사실이다.

비디오와 함께 즐기면 금상첨화錦上添花겠지만 연구실험을 하는 동안에는 오디오만 들을 수밖에 없는 상황이 된다. 그러다 보니 음악 청음을 더욱 좋아하게 됐는지도 모를 일이다. 음악을 듣는 것만으로는 연구 실험하는데 상대적으로 지장도 없고 때로는 능률能率을 향상시켜주기 때문이다.

오랜 연구실험研究實驗을 하는 동안에 듣게 되는 기계음 소리와 팬fan 회전 소리 등이 오히려 마음을 차분하게 진정시키고 평안과 안정을 유지하게 해주었던 것은 웬일일까. 소음을 평안한 음악으로 대체하고 승화昇華시킴으로써 그런 것이 아닐까. 소위 음악의 생활화生活化를 내 자신 몸소 실천하고 있었던 것인지도 모른다.

(2020.11.15, 내 오디오 생활의 발자취, PHYSICS PLAZA,
물리학과 첨단기술, 한국물리학회)

나의 오디오audio 호강기豪強記 II

　결혼 후에는 아내도 음악을 좋아해서 보다 성능이 좋은 오디오 시스템을 구매하는 데 걸림돌이 줄어들었다. 한쪽 채널channel이 85와트 출력을 가진 마란츠 리시버, 카세트테이프 데크와 중고품이지만 비교적 상태가 양호한 듀얼 턴테이블dual turntable, 스피커 시스템 등 당시 인기가 높았던 제품들을 나로선 처음으로 큰 비용을 들여 구매하게 되었다. 흥분한 나머지 한동안 밤을 새워가면서 밤낮으로 음악을 즐기는 데 주저躊躇함이 없었다.

　아내는 남편이 원하면 무엇이든지 해결해주려고 노력하는 성격이다. 아내는 나의 소망所望을 실현시켜주는 만파식적萬波息笛의 피리가 되었다고나 할까. 이 오디오 시스템 구매 역시 적금을 깨면서까지 협조해주지 않았더라면 불가능했을 것이다. 아내에게 늘 감사하는 마음으로 음악 감상을 즐기고 있다.

　재직하는 동안에는 교수 연구실과 학장실에도 오디오 시스템을 갖추고 줄곧 음악을 즐겨 들었다. 부전자전父傳子傳이라 했던가. 음악을 좋아하면서 평소 전자제품 및 오디오 관련 정보를 제공해주기도 하고 구매 자문역諮問役까지 도맡아왔던, 큰아들 역시 자기 교수실에 중고 일색이지만 내 버금가는 오디오 시스템을 마련하고 오디오를 즐기고 있다.

또한, 병원을 경영하고 있는 작은 이들에게도 국제회의 참석차 미국 출장 때 구매해온 일체형 미니 오디오 컴포넌트component stereo를 설치해주고 음악이 있는 병원 분위기를 만들기를 권장하고 있다.

학생시절에는 음악회 참석이 쉽지 않았으나, 결혼하면서부터 '휘가로의 결혼Le marriage de Figaro'을 시작으로 세계적으로 유명한 연주회演奏會의 국내공연을 관람하는 것도 큰 즐거움의 하나이다. 학회 출장 때에는 현지에서 공연 일정이 맞는 연주회를 즐겨 찾았다. 특히 로마학회 때 야외 공연장에서의 푸치니Puccini의 토스카Tosca는 매우 감동적이었다. 평소 좋아하는 아리아 '별은 빛나건만E lucevan le stelle'은 너무나도 좋았다. 이와 함께 자주 즐기는 '남몰래 흐르는 눈물Una furtiva lagrima'이 나오는 도니제티Donizetti '사랑의 묘약' 오페라를 볼 기회를 갖지 못해 늘 아쉬워하고 있다.

그리고 매년 음악대학이 주관하는 정기연주회에 초청을 받아 참여할 기회가 많았다. 미국 유학 후 첼로cello전공 음대 교수로 재직 중인 아내 친구 딸의 예술藝術의 전당殿堂에서 열리는 음악회에 참석하여 첼로 연주를 즐길 기회가 여러 차례 있었다. 덩치 큰 첼로악기에서 나오는 애잔한 저음에 매료되었다. 특히 세계적인 첼리스트 로스트로포비치Rostropovich와 요요마Yo-Yo Ma 그리고 샤프란Shafran의 연주를 좋아하게 되었다. 최근에 큰아들로부터 이들 연주자의 첼로음악이 수록된 LP 전집을 생일선물로 받아서 그 즐거움을 더해가고 있다.

약 12년 전 반포동으로 이사 온 후에는 아파트 음악 오디오 동호회 모임에 참여하고 있다. 정기적으로 오디오샵을 방문하여 오디오 정보를 교환하고, 동호회 회원 소장 오디오 시스템을 번갈아가며 소개하고 새로운 음반音盤을 청음하는 기회를 가지고 있다.

요즈음 많은 사람들이 왜 CD나 MP3 음악보다는 LP 음악을 더 환호하는가? 나 역시 LP 음반 음악을 더 선호하고 즐기고 있는 편이다.

그러면 여러 가지 다른 형식을 가진 음악들에 대한 역사적 배경부터 살펴보도록 한다. 19세기 말 에디슨Edison이 축음기를 발명하고 약 70년 만인 20세기 중반에 LP 음반이 처음으로 세상에 나오기 시작했다. 그때부터 아날로그analogue시대는 거의 100년 이상 인류와 함께 해온 것이다.

그러나 LP가 나온 지 36년 만인 1894년 디지탈digital 소스인 CD가 필립스사의 기술로 새롭게 등장하였다. LP는 톤암에 부착된 카트리지 바늘로 소리골의 아날로그 신호를 읽어 음악을 재생하는데 대하여, CD는 레이저 빔이 나오는 픽업pickup으로 그 표면의 디지털 신호를 읽어 재생하는 것으로 구분된다.

CD는 무한복제無限複製가 가능하고 편리하다는 이유로 인기가 높았다. CD가 음악의 메인 형식으로 자리 잡는 동안 LP와 턴테이블은 과거의 유물遺物로 냉대를 받았고 쓸데가 없는 것으로 여겨졌다. 그러나 얼마 안 되어 MP3라는 새로운 음악형식이 등장하여 CD 시장을 잠식蠶食해 버렸고, 많은 음악 애호가들은 주로 음원파일로 음악을 들으며 CD를 더 이상 구입하지 않으려는 경향으로 바꾸어 갔다. 즉, CD는 LP보다 훨씬 더 빨리 그 권좌에서 내려오게 되었다. 최근에는 오히려

LP를 찾고 즐기는 매니아mania들이 점점 늘어나서 LP 음반과 턴테이블은 여전히 판매 수량이 증가하고 있는 추세이다.

왜 많은 음악 애호가들이 음반 클리닝, 관리 등에 불편하기 짝이 없는데도 불구하고 아날로그 LP 소리를 마냥 즐기는지 궁금해진다. LP의 매력은 정감어린 음질뿐 아니라 커다란 자켓을 손에 쥐고 아트워크artwork를 감상하고 가사를 음미吟味할 수 있는 이점이 있다. 또한 LP 소리 그 자체가 힘이 있고 살아있으며 조금 차가우면서 깊이감과 따스함이 공존한다. CD에서 느끼기 어려운 원음에 가까운 고주파수 대역 재생이 깔끔하다는 것이다. 인간의 가청 주파수는 20~20,000Hz이지만 인간이 가청 주파수 밖의 주파수를 느낄 수 있을 것으로 가정해보자. 음악애호가들 중에는 가청 주파수보다 더 높은 주파수는 귀 대신 몸으로 그 느낌을 체험體驗한다고 한다.

CD가 재생 가능한 최대 주파수가 22kHz에 불과하지만 LP의 카트리지 경우에는 무려 45kHz까지 가능하며, 최근에는 100kHz까지 재생 가능한 카트리지도 나와 있다. 이런 것이 그런 매력들을 뒷받침해주고 있다. 즉 그런 매력 때문에 디지탈 음악이 발전해도 LP가 음악 애호가들의 선망羨望의 대상이 되고 있는 것이다.

음악을 좋아하는 사람은 심성이 곱고 정서 감정이 풍부할 수밖에 없다고 생각한다. 정서 감정이 풍부한 사람치고 음악을 싫어하는 사람은 없을 것이다. 음악 청음은 정서 감정情緒 感情을 살찌우는 데 좋은 촉매 역할觸媒役割을 할 것으로 믿어 의심치 아니한다. 음악으로 병을 치유治癒하는 음악치료학과가 인기가 있는 것이 이것을 입증한다고 할 수 있겠다. 영국의 근대 철학자인 '토머스 칼라일Tomas Carlyle'은 천사의 언어

인 음악이 흐르는 곳에 건강과 평화가 있고 행복이 깃든다고 말했다.

CD 음반을 모으려고 점심을 초콜렛바로 대신하면서 음반 모으기에만 용돈을 썼던 큰 아들의 음악 사랑 덕분에 3천여 장이 비치된 나의 CD 장식장들은 CD 가게를 방불케 한다. 대부분은 클래식 음악이고 재즈를 포함한 여러 장르genre의 음악들이 다수 포함되어 있다.

현재는 큰아들 덕분에 소장이 가능하게 된 CD와 젊었을 때부터 모으기 시작한 LP 음반 3백여 장, 그리고 소장하고 있는 음반을 디지털digital화하여 대용량 저장장치HDD에 저장한 음원 약 3십만 곡을 2세트의 NASNetwork Attached Storage를 통하여 루민Music Network Player장치에 연결하고 룬Roon음악 프로그램을 사용하여 아이패드로 편하게 선곡하고 비교감상比較鑑賞도 가능하도록 하고 있다.

나의 소장 앰프 시스템을 소개한다. 턴테이블로는 중고품 일색으로 100주년 기념작인 토렌스(126 MK3), 벨트구동식인 린(손덱 LP12), 초창기 모터직접구동식인 테크닉스, MC 카트리지(데논 DL-103R)와 슈어 V15 type III를 사용하고, 전원장치로 국내 물리학도가 제작한 2킬로와트 용량의 내추어와 이소텍 전원조정기를 사용한다. 그리고 CD 플레이어는 D/A 컨버터와 트랜스포트가 분리된 티악 (D1, T1), 에소테릭(X-5CDP), LD와 CD 겸용인 파이어니아(CLD-3390)를, 튜너는 소니(550ES)와 출고시기가 오래된 중고로 몸소 여러 차례 수리를 해서 정감이 가는 마그넘(101T)과 브라운 등을 가지고 있다.

프리 앰프는 진공관 형식인 오디오 리서치 레퍼런스(5SE), 학교부근 CD 가게에서 중고로 헐값에 구입하고 회로소자回路素子가 훤히 보이게 개조된 나체용 클라인 등이고, 파워앰프는 정통 진공관 형식의 매킨토

시(275), 고슴도치를 연상시키며 중고로 구입한 패스알레프 0 모노불럭, 맨리 300B 진공관 모노불럭, 마크레빈슨 534 듀얼 모노럴 앰프와 KT 150 진공관을 사용한 오디오 리서치 레퍼런스 160 S 등이다.

스피커는 회사 150주년 기념작으로 출고하여 91db의 감도를 가진 덩치가 큰 패시브형인 ATC SCM 150 ASL 타워 15, 트위터가 혼horn형 나팔형으로 제작되고 액티브형인 아방가르드 우노 G2, 그리고 B & W (802 D), 역시 CD가게에서 싼값으로 구매한 JM랩 유토피아와 셀레스천(12SL) 등이다.

인티 앰프로는 따스하고 부드러운 소리를 내주는 것으로 알려진 진공관 300B를 사용하여 수제작한 마스타 사운드(300B PSE), 그리고 출력은 작지만 A클래스로 감도가 낮은 스피커도 잘 울려주고 입출력 단자가 많을 뿐 아니라 스테레오 시그널 디스플레이창 등 편의성이 높아진 럭스만(590 AX) 등을 소장하고 있다.

음악의 장르 및 상황에 따라 프리앰프 및 파워앰프 그리고 스피커를 독립적으로 선별 조합하여 각각 특성이 다른 오디오 시스템 운용이 가능한 것이다.

현재는 스피커 시스템으로 ATC SCM 150 ASL 타워 15형과 아방가르드 우노 G2 등을 번갈아가며 사용하고, 앰프 시스템으로는 인티앰프 럭스만, 또는 프리 앰프 오디오 리서치 레퍼런스 5 SE에 마크레빈슨 534 듀얼 모노럴 파워앰프와 오디오 리서치 레퍼런스 160 S 파워앰프를 사용하고, 거기에 마그넘 튜너을 연결하여 FM 방송을, 에소테릭 CDP X-5 연결로 CD음악을 즐긴다. 그리고 LP 음반 음악을 들을 때에는 턴테이블 린 손덱 LP12를 주로 연결하여 청음한다.

퇴임 후에는 집필활동執筆活動을 하거나 친구들과의 만남을 조심스럽게 가지며 즐거운 나날을 보내고 있다. 특히, 작은 사랑방 역할을 하고 있는 오피스텔 한 켠에는 나의 봉직생활奉職生活 중 큰 힘을 주었던 사랑하는 오디오 친구들이 자리를 차지하고 있다.

한편 반포동 아파트에는 서초동 오피스와는 별도로, 중고들로 구성되었지만 청음에 크게 지장을 주지 않는 오디오 시스템을 설치했다. 안방에도 미니 일체형 JVC 마이크로 오디오 시스템을 마련하고 디지털 스트리밍digital streaming으로 언제, 어디서나 음악 감상을 할 수 있는 체제를 갖추고 있다.

자동차는 이동수단이긴 하지만 많은 시간을 보내는 중요한 생활공간이다. 클래식 FM 방송채널을 주로 청취하지만, 내장 CDP용 CD음반 비치備置도 게을리 하지 않고 있다. 선호음악을 미리 저장해둔 USB 메모리 청음도 병행하면서 이동 중에도 오디오생활을 즐기고 있다.

비록 소박素朴한 시스템을 갖추긴 했지만 생활공간 곳곳에 오디오 시스템을 갖추게 된 셈이다. 나는 이들 시스템으로 음악 감상을 하는 것이 근래의 가장 큰 즐거움이다.

요즈음 난청難聽이나 실명 위기失明 危機로 고생하고 있는 친구나 친지들이 점점 늘어나는 것을 보면서 서글픈 생각이 든다. 아직은 볼 수 있고 듣는 것에 큰 불편이 없는 나로선 건강한 유전자遺傳子를 물려주신 부모님께 감사를 드리고 있다. 앞으로도 지금처럼 오래 오래 즐거운 음악을 청음하면서 오디오 생활을 할 수 있는 건강이 유지되었으면 하는 것이 최대의 바람이다.

한편, 비슷한 취미로 아직까지도 새로운 음반과 오디오 장비에 대해

얘기를 나눌 수 있는 큰 아들, 또한 뉴트로newtro, 新復古에 깊게 빠져 용돈을 탈탈 털어 동네의 창고세일에서 테이프 플레이어와 테이프 음반을 즐기고 있는 초등학교 6학년 손자와의 교감交感에 대해서도 감사하고 있다.

(2020.11.15, 내 오디오 생활의 발자취, PHYSICS PLAZA,

물리학과 첨단기술, 한국물리학회)

건강健康에 대한 단상斷想

　건강은 육체와 정신의 건강이 조화를 이루고 있는 상태이다. 육체나 정신 중 어느 쪽이라도 균형均衡을 잃게 되는 경우, 그 사람은 당연히 건강하지 못한 것이다.

　육체의 건강은 동적인 균형 상태이다. 우리의 몸은 외부의 유해 환경에 노출되어 있다. 바이러스나 세균은 우리의 몸을 숙주宿主로 사용하기 위해 호시탐탐虎視眈眈 기회를 노리고 있고, 물리적인 충격이 끊임없이 가해지고 있다. 이에 대해 우리 몸의 면역免疫 체계는 늘 감시중이다. 또, 물리적인 충격은 골격이나 인체를 이루는 여러 완충 시스템을 통해 흡수된다. 우리 몸이라는 한 시스템과 그 외부의 시스템과의 끊임없는 균형의 유지가 우리의 건강이다. 그러나, 외부 환경의 자극이 없다면 우리 몸의 건강은 오히려 유지되기 힘들 것이다. 적절한, 우리 몸이 이겨낼 수 있는 정도의 스트레스stress가 오히려 우리의 몸을 건강하게 만드는 것이라고 생각된다.

　정신적인 건강도 마찬가지다. 자극이 없는 일상에서 살아가는 사람은 인생의 의욕을 잃게 될 것이고 결국에는 정신적 피폐 내지는 파탄으로 이어질 것이다.

　결론적으로 동적인 균형을 유지하기 위해서는 그리고 건강을 유지하기 위해서는 의욕적으로 열심히 인생을 살아가는 것이 중요하다. 자신의 일, 운동, 그리고 적절한 휴식이 건강을 만들어 내는 중요한 요소일 것이다. 물론 의사에게 정기적인 검진을 받아 자신의 몸 상태를 수시로 체크하는 것도 잊지 말아야 할 것이다. 열심히 사는 사람만이 건강함의 행복함을 누릴 수 있을 것이다.

(2021.03.06, 과학 이야기, 과학 칼럼)

제2장

물리인의 밤 축사, 학회장 취임사, 동창회장 퇴임사

<축사> 학과 창립學科 創立 50주년을 기념하며

한국자기학회 학회장學會長 취임사就任辭

순천사범 재경총동창회장 퇴임사退任辭 - '순천사범順天師範 길이 섰도다'

<축사>

학과 창립學科 創立 50주년을 기념하며

오늘, 여러분들을 이렇게 만나 뵙게 되니 무척이나 반갑습니다.

우선, 우리 학교 응용물리학과가 창립 50주년을 맞이하게 된 것을 축하합니다. 그리고 창립 50주년 기념 물리인의 밤 행사에 초대해 주셔서 감사드립니다.

지금 이 순간, 30년 이상 교육하고 연구하면서 호흡하고 몸 담았던, 지나간 제 자신의 학교생활이 주마등走馬燈처럼 머릿속을 스쳐 지나갑니다. 여기에서 인생의 황금기를 보낸 것 역시 저에게는 커다란 영광이었으며, 큰 행운幸運이었습니다.

아시는 대로 물리학은 기초과학基礎科學 중에서도 가장 근간이 되고 바탕이 되는 학문입니다.

기초과학은 초보과학이나 초급과학을 뜻하는 것이 아니고 자연과학 중에서도 근본적으로 초석礎石이 되는 과학을 뜻합니다.

정부의 신성장동력新成長動力으로 알려진 반도체, 디스플레이, 정보통신 기술은 물리학이 없이는 개발하기 어려운 부분입니다.

세계적인 경제적 위기와 치열한 국가 경쟁 속에서, 국가경쟁력國家競爭力을 갖는 선진 4차 산업혁명 국가로 견인해줄 확실한 동력은 물리학을 포함한 기초과학연구라 할 수 있습니다.

또한 물리학을 교육받은 사람으로 하여금 인간을 합리적合理的으로 사고하게 하고, 방법론적方法論的으로 생활하게 한다는 것은 잘 알려진 사실입니다.

따라서 물리학의 중요성은 아무리 강조해도 부족하다 하겠습니다.

그동안 우리 물리학과에서는 우수한 과학자를 포함하여 훌륭한 인재를 많이 배출輩出하였으며 각개각층各界各層에서 열심히 활동하고 있습니다.

앞으로도 우리 응용물리학과가 더욱더 훌륭한 인재를 배출하는 산실이 될 수 있도록 항구적恒久的이고 지속적持續的인 발전을 기원합니다.

물리학과 총 동문의 밤 행사를 기획하고 준비하신 50주년 물리인의 밤 준비위원장 임혜인 교수님을 비롯한 여러 교수님들, 이숙회 박계자 회장님, 동문회 여러분, 그리고 응용물리학전공 학생 여러분에게 감사의 말씀을 드립니다.

감사합니다.

(2000.11.09, 물리인의 밤 축사, 물리학과 창립 50주년 기념)

한국자기학회 학회장學會長 취임사就任辭

밝아오는 21세기의 첫 새해를 맞아 사단법인 한국자기학회韓國磁氣學會 제6대 회장에 취임하면서 학회 회원 여러분의 가정에 건강과 행운이 함께 하시기를 기원합니다.

그동안 우리 학회의 발전을 위해서 물심양면으로 협력을 아끼지 아니하신 강 I.K., 김 T.K., 김 C.S., 임 W.Y., 전임회장님, 그리고 학회 임원, 평의원 및 회원 여러분께 충심으로 감사의 말씀을 드립니다. 또한 우리 학회가 안정된 기반을 구축하고 무난히 학회활동을 할 수 있도록 해주시고 있는 30여 특별회원사, 40여 단체회원 대학교 및 연구원(소) 여러분의 배려에 깊은 감사를 드립니다.

아시는 대로 출범 시부터 국제자기학학술회의 참석모임을 통해 탄생한 우리 학회는 그 동안 국제적인 위상제고에 진력해온 것이 사실입니다. 자기학의 전 분야에 걸친 국제협력과 교류의 성공적 사례가 되었던 1995년의 제3차 ISPMM, 1999년 5월 역사의 도시 경주에서 개최하여 한국의 자기학 분야가 국제화 대열에 당당히 올라와 있음을 과시하고 확인하여 도약을 위한 큰 전환점이 되게 하였던 IEEE의 *InterMag '99*의 성공적 개최, 90년대 중반부터 계속해온 한-일 MR모임을 통한 ASIST 학회 창립, 90년대 후반부터 매년 동구권과의 학술 교류를 활발히 해온 한국-폴란드 워크샵의 지속적 추진, InterMag, MMM, MML, ISPMM, ICM 등을 비롯한 자기학관련 국제회의에서의 우리 회원들의 활약상 등이 이것을 입증하는 것이라 할 수 있습니다.

또한 작년 9월에는 우리 학회 창립 10주년을 기념하는 국제 자기학 심포지엄이 제주도에서 열린 바 있습니다. 여기에서는 21세기의 자기학의 새로운 영역을 개척하게 될 '제2의 전자혁명으로 일컫는 스핀트로닉스spintronics와 고밀도 자기기록 분야'를 주제로 하여, 명성 높은 국내외 전문 학자들이 최신 세계적 동향 및 연구 결과들을 소개하는 기회를 가졌었습니다.

한편 매년 봄, 가을 2회에 걸쳐 개최해온 총회 및 학술연구 발표회, 4개 학술분과 위원회가 개최해 온 학술분과 심포지엄 등은 국내 자기학 학술 분야 활동의 중심이 되었습니다. 국문판 한국 자기학회지와 영문판 학회지 'Journal of Magnetics'의 각각 연 6회 및 연 4회 발행은 새로운 학술 이론과 신기술에 대한 괄목할 만한 발표의 장이 되었다고 생각합니다. 또한 이 학회지들이 1999년과 2000년에 학술진흥재단 등재 우수학술지 및 우수학술후보지로 선정된 것은 우리 학회가 발행하는 두 학술지의 학술적 수준을 인정받았다는 의미이기도 합니다.
(한 가지 덧붙여 말씀드릴 것은 학술진흥재단이 발표한 각 분야 학술지의 평가에 있어 자기학회지와 J. of Magnetics가 평가분야에 따라 다

르게 평가된 것은 학술진흥재단의 등재 후보 학술지 선정과는 무관한 것임을 또한 알려드리고자 합니다.)

그리고 국가 창의과제, ERC, SRC와 NRL 등의 큰 국책사업을 회원 여러분께서 주축이 되어 수행 중이라는 사실은 국내에서 우리 학회가 위치한 위상을 반영하는 자랑스러운 일이라고 생각합니다.

현시점에서 우리 학회가 추구해야 할 몇 가지 점을 들어본다면,

① 학문적인 기풍을 진작하기 위하여 수준 높은 연구 활동을 수행하는 학자와 기술자들에게 토론의 장을 만들어주는 전문학회로의 발전,

② 수준 높은 저술과 학술활동을 통한 새로운 원리와 신기술을 교육하고 보급하는 역할 수행,

③ 회원 상호간의 유대와 친목을 다져 투명하고 진솔한 의견 교환을 도모하고 실천하는 분위기 형성,

④ 외국 관련 학회와 연구기관 등과의 국제 협력과 지속적인 교류를 통하여 한국의 자기학 분야가 국제적 두각을 나타내도록 노력해야 할 일 등일 것입니다. 이런 것들을 구현하기 위한 실천 방안으로는 우리 학회의 국문 및 영문 학회지의 국제적 수준으로의 질적 양적 위상 신장, 분과 학술활동의 활성화, 보다 많은 회원의 확충, 학연산 유대강화, 학회 업무의 효율성 증진 및 회원에 대한 서비스 향상을 위하여 지속적인 선산화 및 정보화 추진, 일본 용용지기학회 등과의 학술 교류 및 협력 강화, 학회 및 자기학 분야에 대한 홍보 등이라고 생각합니다.

21세기에도 우리 학회가 계속적으로 발전하여 정보화 사회를 이끌어 가는 핵심 학술 활동의 요람이 되고, 국제적 위상이 높아져 국가 발전에 이바지하는 학회가 되도록 다같이 노력할 것을 다짐하면서 회장 취임 인사를 마치겠습니다. 회원 여러분의 연구에 보다 좋은 성과가 있으시기를 기원합니다.

(2001.01.01, 학회장에 취임하며, 한국자기학회 학회지)

순천사범 재경총동창회장 퇴임사退任辭

- '순천사범順天師範 길이 섰도다'

존경하는 선후배 동창회원님, 그리고 동기생 여러분, 건강한 모습으로 뵙게 되어 대단히 기쁩니다.

제가 2년 전 회장에 취임할 때는 순천사범에 입학할 때처럼 떨리는 심정이었는데, 임기만료를 앞두고 이 자리에 서니 순천사범을 졸업할 때처럼 결핍감이 들고 부끄러운 심정이 듭니다.

그러나 저에게 지난 2년간은 순사시절 미흡했던 과업을 마무리한 것처럼 보람 있고 희열喜悅 넘친 기간으로, 마치 사범학교를 2년 더 다닌 기분이었습니다.

50년전 국민소득이 100달러도 못될 때 우리들은 관비官費를 받아가며 공부했습니다. 대부분 미성년자로서 교직에 섰으며, 평생을 교단에서 보낸 사람이 많습니다. 그동안 농업사회는 산업사회를 거쳐 정보화시대가 되었고 우리는 역사상 두 번째 1000년의 고비를 넘는 문명사적 장관壯觀을 목격하면서 두 세기에 걸쳐 살고 있는 행운을 누리고 있습니다.

그러나 꽃보다 아름다웠던 우리의 얼굴에는 너나없이 신산辛酸한 세월의 우수憂愁가 묻어나옵니다. 노년이 된 우리들이 상쾌한 여생을 보내는 데는 질풍노도疾風怒濤의 추억을 공유한 中高 동창들과 어울리는 것이 최상이라고 합니다.

동문 여러분, 우리는 총회원의 30% 이상 참여하는 '名品 同窓會'를 우리 손으로 가꾸었습니다. 이것은 여기 계신 동문 여러분이 수도 서울에서 성취해낸 순사정신의 결실입니다. 이렇게 되기까지는 선배님들과 후배님들, 그리고 동기생 여러분들의 헌신적인 모교 사랑이 초석礎石이 되었습니다. 순사출신은 '敎師 資格證'은 물론 '人格 資格證'도 함께 따고 나왔음을 입증하는 결과입니다.

저는 이 세상에 다시 태어난다면 직업을 다시 교직으로 선택해야 할지 고민이 됩니다. 그러나 선후배만은, 이곳에 계시는 동문 여러분을 다시 선후배로 만나고 싶습니다. 저기 있는 13회 남녀친구들을 역시 다시 동기동창으로 만나고 싶습니다.

그동안 지속되어온 기우회와 더불어, 등산모임인 산우회도 활성화되고 있으며 더 발전하는 모임으로 자리 잡도록 여러분의 많은 참여 부탁드립니다. 앞으로 낚시회, 서도회, 골프회 등 친목그룹이 더 발족되었으면 하는 바램입니다.

'열린사회와 그 적들'을 써서 20세기 사상계에 충격을 주었던 Karl

Popper는 '오류가 없다면 과학이 아니다'고 과학적 방법론을 주창했습니다. 송구스럽지만 저도 실수했던 점, 부족했던 점이 많았던 것을 솔직히 시인하고 동문 여러분의 이해를 구합니다.

다만 한 가지, 순천사범은 없어지지 않았다는 것을 강조하고 싶습니다. 순천시 조례동에 있었던 순천사범 우리 모교는 없어졌지만 '順師魂'을 계승한 새로운 순천사범이 인터넷 카페(club.cyworld.com/scns)와 (cafe.daum.net/nscns)에 부활했습니다. 이 부활한 디지털 순천사범에는 졸업도 폐교도 없습니다. 정년도 퇴직도 없습니다. 영원히 학생으로 교사로 활동할 수 있는 학교, 우리 교가처럼 '순천사범 우리 모교 길이 섰도다'가 되고 있습니다.

지금(2008.10.6.)까지 열성적이고 적극적으로 협조하여주신 동문들의 헌신적인 사랑과 노력에 힘입어 무려 4,200여건의 글이 올라와 있습니다. 방문자수가 서울은 물론 광양, 순천, 광주, 미국 등 전세계에서 4만 3천명에 이르고 있습니다. 새로운 모교 '디지털 순천사범'을 동문들께서 더욱 더 사랑해주시기 바랍니다.

존경하는 선후배 동문 여러분, 저 이장로는 마음은 총동창회에 두고 몸만 회장직에서 물러납니다.

감사합니다.

(2008.10.16, 재경 순천사범 총동창회장을 물러나며, 과학과 함께 걸어오다)

제3장

나의 아버님, 2021년 무더운 여름
손자들과 보내다, 이장로 회장의 진면목

나의 아버님 이정우李楨宇

- 떠난 분을 기리며

글_李章魯

[서재 가득한 아버님 향기에 더위도 잊어]

'열대야熱帶夜' 현상으로 잠 못 드는 밤이다. '이열치열以熱治熱'이라 했던가.

따뜻한 녹차 한 잔을 들고 서재로 향했다. 책상에 앉으면 나를 내려다보시는 생전의 아버님 사진. '삼강오륜三綱五倫'을 집어 들었다. 낡아서 끝부분이 노릇노릇해진 종이 한 장이 툭 떨어졌다. '진규, 남규, 에게, 一切唯心造(모든 것은 오직 마음 하나에서 만들어진나)'. 내가 사회에서 조그마한 역할을 할 수 있도록 평소 채찍질해주신 아버님의 말씀 '一切唯心造', 후에 흐뭇한 표정으로 손자들에게 전해주셨던 아버님의 친필이다.

지난 4월에 미국에서 국제 학회가 있었다. 오랜 공직에서 퇴임하시고 최근에 무척 병약해지신 아버님을 간호해드리고 간신히 한숨을 돌리고 난 후, 다소 내키진 않았지만, 불편한 마음으로 학회에 참석했다. 내 논문을 발표하기 전날 밤, 아버님이 운명하셨다는 국제전화가 서울에서 걸려왔다. 눈앞이 캄캄해졌다. 아니 '뉴올리언스'의 하늘이 무너져 내렸다.

서울에 돌아오는 비행기 안에서 줄곧 아버님만을 생각했다. '身外無物'-건강에 유의하고 무리하지 말라'는 말씀을 언제나 편지 끝에 써 주셨던, 또 성적표를 보시고 흐뭇해하시며 응석동이 아들을 격려해주셨던 우리 아버님이 벌써 돌아가시다니….

이제 다정다감하시던 아버님의 목소리를 다시는 못 듣게 되었다. 너무나 편안하였던 아버님 자전거 뒷좌석, 그 자전거로 여기저기 날 태우고 다니시던 아버님을 다시는 엎어 드릴 수도 없게 되었다. 늘 사랑이 가득 찬, 그윽한 눈빛으로 손자들과 며느리를 대견스레 바라보시던 아버님을 곁에서 지켜보는 즐거움도 가질 수 없게 되었다.

내 손을 꼬옥 잡으시며 '나 걱정 말고 논문발표 잘하고 오라'고 병상에서 띄엄띄엄 말씀하시던 아버님의 마지막 모습이 불현듯 떠오른다. 그때 그 모습으로 지금 날 내려보고 계시는 아버님의 영정을 멍하게 바라보고 있다. 어느새 다 식어 씁쓸한 맞을 풍기는 녹차를 한 모금 마신다. 아버님과의 그 포근하던 어린 시절을 그리워하며, 아버님의 향기 그윽한 서재에서 더위도 잊은 채 스르르 잠이 든다.

이 글을 쓴 李章魯씨(56)는 지난 4월 2일 광양시에서 타계하신 전 봉강면장 李楨宇씨의 맏아들로 숙명여대 이과대학 학장으로 재직하고 있다.

(1997.05, 떠난 분을 기리며, 서울신문)

2021년 무더운 여름 손자들과 보내다 I

여름방학을 이용하여 미국에서 큰손자 찬용讚鏞이와 쌍둥이 손자 선용瑄鏞, 지용智鏞이가 큰며느리와 함께 지난 6월 중순에 한국에 왔었다.

쌍둥이 손자는 어릴적 말을 배우기 시작하면서 우리말과 영어 단어를 익히고 터득하는 속도가 빨라 할아버지로서는 대견스럽고 만족스러웠다. 또 어린이집에서 배운 장기와 바둑실력으로 할아버지와 겨루기도 하였다. 이렇게 손자들이 할아버지에게 즐거운 선물을 베풀었던 것이 바로 엊그제 같은데 오는 9월 새 학기가 되면 선용이와 지용이는 초등학교 4학년이 되고 엄마랑 미국에 있었던 형 찬용이는 중학생이 된다.

이들은 논현동 소재 원룸에서 코로나COVID-19로 인한 지루했던 2주 간의 격리를 마치고, 마침 둘째 며느리가 하와이Hawaii 대학 의과대학 교환교수로 가면서 손녀들과 함께 떠난 반포동에 있는 둘째 아들집으로 거처를 옮겼다. 둘째 며느리가 큰며느리 가족을 편히 지낼 수 있도록 배려한 동서간의 관계가 보기 좋았고 자랑스럽기까지 하였다. 특히 손자들이 불편하지 않도록 이것저것 도와주는 둘째 아들의 조카들에 대한 사랑도 느껴졌다.

큰며느리가 대학병원에 종합건강검진을 받으러 간다거나 친구들을 만나는 등 일정이 있을 때면 손자들은 우리 집에 와서 지내게 되었다. 큰며느리가 그동안 미루어왔던 종합건강검진을 받고 필요한 외과, 부인과의 간단한 시술을 받은 것이 이번 체류동안 가장 보람 있는 일이라 할 수 있다. 건강검진을 마친 며느리는 미국에 비해 훨씬 체계적이고 편리한 우리나라의 의료시스템에 대하여 감탄을 했다.

큰며느리는 밖에서 일을 마치고 우리 아파트에 와서는 틈틈이 시간을 내어 냉장고랑 주방기구 사이사이에 있는 묵은 먼지와 화장실 청소를 해주었다. 아내가 '부끄럽다'고 하니 '청소하면서 묵은 때 벗기는 쾌감이 얼만데요'하면서 아내를 편하게 해주었다. 아내가 며느리에게 많이 고마워하는 것을 옆에서도 충분히 느낄 수 있었다.

할머니는 손자 셋이 집에 머무는 동안 손자들의 식성에 맞는 식사와 과일, 과자, 아이스크림 등 간식을 열심히 준비하였다. 할머니가 끓여준 미역국, 떡국은 모두가 즐겨 먹었다. 돌김에 싸준 김밥도 인기가 높았다.

큰 아들이 박사후과정 연구를 마치고 대학 교수가 되어 한국으로 돌아오면서 며느리는 말을 배우기 시작한 큰손자의 교육을 전담하고 쌍둥이 손자는 한국으로 데려와서 할머니 할아버지의 도움을 받기로 결정하고 어린이집을 마칠 때까지 4년 반 동안 서울에서 생활하였다. 그때 식성을 잘 아는 할머니는 쌍둥이 손자들의 식성에 만족할 식재료를 빠트리지 않고 준비하려고 애썼다.

큰 손자 찬용이는 큰형답게 마음이 곱고 정이 많아 동생들의 무거운 노트북과 소지품을 백에 넣고 와서 동생들이 컴퓨터 작업을 하는데 지장이 없도록 도와주었다. 심지어 동생들이 귀찮게 구는 심한 장난까지도 다 수용해주기도 하였다.

　찬용이는 책 읽는 것을 좋아한다. 식사시간까지도 책을 놓지 않는다. 특히 컴퓨터와 과학 관련 책을 많이 읽어서인지 과학상식에 대한 상당한 지식이 축적되어 있었다. 한국의 지하철에 관심과 흥미가 많은 큰 손자는 엄마가 친구 집을 방문할 때 간청해서 왕복 지하철을 이용했었다. 샌디에이고San Diego에 사는 미국 촌놈(?)이 세계적으로 앞서가는 한국의 발전한 지하철을 체험한 것이다.

　손자들은 세계적으로 열풍이 일고 있는 코딩Coding 교육을 열심히 받아서 그런지 컴퓨터 실력이 대단했다. 그동안 샌디에이고 소재 코딩학원에서 수강생 전체를 대상으로 하는 학원 고유 평가를 통하여 세 손자가 나란히 최상위 등급에 이르는 좋은 평가를 받은 바 있다고 며느리가 알려 주었다.

　코딩을 이용하여 세 손자 각각이 만든 프로그램 및 게임을 할머니 할아버지 앞에서 실행해보일 때 매우 대견스러웠다. 한 자리에 앉아서 몇 시간 동안 컴퓨터 작업이나 게임을 하면서 깔깔대고 즐거워하는 모습을 보면서 너무나 귀엽고 사랑스러워 수염으로 꺼칠꺼칠한 할아버지 얼굴을 볼에 갖다고 부벼대면 고맙게도 못 이긴 채 허용해 주었다. 미국 오바마 대통령은 코딩 교육의 중요성을 강조하면서 '게임을 하는 아이에서 게임을 만드는 아이를 만들기 위해서는 코딩 교육이 필요하다'고 역설했었다.

손자들 각자가 가지고 있는 노트북보다 속도가 더 빠르고 기능이 많이 추가된 데스크탑desktop을 만들려고 계획을 세웠었던 것 같다. 지용이와 선용이가 데스크탑 조립에 필요한 스펙specification을 검색해서 소요되는 부품리스트를 만들었다. 아빠와 함께 테크노마트에 가서 이것을 구매하고 아빠를 도와 조립하였다. 이런 상황은 내 성장과정에서는 대학생이 되어서 할 수 있는 일이 아니었던가.

마침내 조립이 완성된 데스크탑에 대형 모니터monitor를 연결하고 큰 손자 찬용이가 OS(작동시스템)을 깔고 필요한 프로그램을 설치하였다. 결과적으로 이들 4부자가 완성된 데스크탑을 사용하여 컴퓨터 작업과 게임을 하며 보람을 느끼고 즐거워하였다. 결국 손자들이 컴퓨터에 깊은 관심을 가지고 전산과학자의 길을 걸어가는 듯 앞길을 내다보는 것 같았다.

2주간의 자가 격리가 끝나자마자 손자들을 데리고 아파트 중심상가에 있는 헤어 센터hair shop에 갔다. 어렸을 적에 이발을 해주시던 아주머니는 '그때는 할아버지의 보조 없이는 이발이 불가능하였는데 이제는 의젓해졌고 많이 점잖아졌다'고 하셨다. 이어서 '일반적으로 쌍둥이들은 출산할 때 미숙아로 태어난다고 하는데 이렇게 건강하고 구분이 잘 안 될 정도로 닮았고 잘 생긴 쌍둥이는 처음 봤다'고 덕담德談까지 하셨다. 일반적으로 일란성一卵性 쌍둥이는 부모에게서 물려받은 유전형질이 거의 같아서 서로 닮을 수밖에 없다고 하지만 할머니 할아버지도 어떤 경우는 헷갈릴 정도로 구분이 잘 안될 때가 있다. 하물며 타인이 볼 때는 더욱 그럴 수밖에.

세 손자 모두가 누가 봐도 아빠 아들임을 알아볼 수 있도록 아빠를 많이 닮았다. 나도 손자들을 보면서 어렸을 때 내가 저런 모습이 아니었을까 상상하며 어렸을 때의 내 모습도 찾아보게 된다.

(2021.08.31, 2021 여름 손자들 70일 한국방문기)

2021년 무더운 여름 손자들과 보내다 II

 우리말을 체계적體系的으로 배울 기회가 없었던 큰 손자는 할머니, 할아버지에게는 어눌하지만 가능한 우리말로 소통疏通하려고 노력하는 배려가 있었다. 쌍둥이는 4년 반 전 한국에서 어린이집을 마치고 미국으로 갈 때 만해도 어린이집에서 배운 '지진대피 안전수칙'이나 한국을 빛낸 100명의 위인들 가사인 '아름다운 우리나라…역사는 흐른다'를 5절까지 줄줄 외워서 말할 수 있을 정도로 우리말에 익숙해진 단계이고, 영어는 과외로 조금씩 배워서 겨우 인사나 하는 정도였다. 그런데 이번에 보니 오히려 우리말은 어눌하고 영어를 능통能通하게 잘 구사하였다.

 얼마전 엄마를 따라 하와이에서 초등학교에 다니는 손녀 보현, 서현과 한국에 나온 손자 찬용, 선용, 지용 5명이 화상통화를 하면서 구사하는 영어실력들이 대단하였다. 미국 거주 손자들은 그렇다 하더라도 미국에 간지 몇 개월 밖에 안 된 손녀들의 영어회화 능력이 눈부시게 발전하였다.

이렇듯 어학은 현지터득現地攄得이 효율성이 높고 어학습득語學習得의 지름길임을 입증해주고 있는 것이 아닌가 생각한다. 아무튼 오랜만에 외국어로 대화하는 손자 손녀들의 즐거워하는 화상통화를 보면서 시대와 세상의 변화를 절감할 수밖에 없었다.

손자들은 코로나가 확산되는 상황이라 관람인원을 제한하고 사전 예약을 통해서만 방문이 가능한 전쟁기념관, 경복궁 민속박물관, 민속어린이박물관, 국립과학관, 국립중앙박물관 등을 방문하게 되었다.

갈 때는 대부분 아빠 차로 가지만 아빠 일정에 따라 돌아올 때는 할아버지 차로 데려다주는 경우가 종종 있었다. 며느리는 택시를 이용하면 된다고 하지만 폭염과 무더위에 손자들이 노출되는 것이 걱정스러워 픽업하고 싶은 손자 사랑을 베풀었다고나 할까. 손자들이 승용차 좁은 뒷자석에서 레슬링을 하고 고성으로 떠들어서 제지하기도 하였지만 지금 와서 생각하면 아름다운 추억이 되었고 그 시간이 마냥 즐거웠던 것 같다.

강화도 박물관을 관람하고 갯벌체험을 하는 동안 쌍둥이 선용이가 왼쪽 이마에 외상을 입었다. 흉터가 걱정이 되어 강남소재 작은아빠 마디랑 정형외과병원에서 임시 처치를 받았다. 할머니, 할아버지도 어깨치료를 받기 위해서 동행하였다. 어린이집 다닐 때 치료를 위해 몇 번 다닌 적이 있지만 작은 아빠로부터 이번에 직접 치료받은 것에 대해서 굉장한 자부심自負心을 갖는 것 같아 보였다.

병원을 나오면서 점심 때가 되어 설렁탕집에 들렀다. 식사를 마치고 돌아오는 차 속에서 선용이가 소금이 들어있는 손바닥을 펴보여 주었다. '지용이 주려구요' 할머니가 조금 전 설렁탕에 소금을 조금 넣어주고 수육에 소금을 찍어먹게 했더니 대단히 맛이 있었던 것 같다. 이 맛있는 소금을 제짝 지용이에게 주고 싶어 하는 마음이 기특奇特했다. 할머니는 이 소금이 잘 전달할 수 있도록 티슈tissue에 싸서 선용이 손에 쥐어 주었다.

한편 병원에 가 있는 동안 지용이는 제짝 선용이 치료가 끝나기를 기다리면서 안절부절하는 모습을 보였다고 한다. 항상 옆에서 같이 생활하다가 잠시 안 보이는 것도 참아내기가 어려웠던 것이다. 지용이에게 선용이를 왜 그렇게 기다리냐 했더니 선용이는 나의 '베스트 프렌드Best Friend'이기 때문이라고 대답했다고 한다. 쌍둥이들끼리는 이 세상 어느 누구보다도 가장 가까운 친구로 여기고 있는 것 같다.

감기 증세가 심하지 않을 때는 학교에 보냈었다. 큰아들 진규가 초등학교 다닐 적 둘째아들 남규가 감기가 들면 쉬는 시간에 동생 교실에 와서 이마에 손을 얹어 본다고 선생님들이 기특해하셨던 일이 생각난다. 아무튼 서로 대화도 잘하고 양보도 하면서 큰형 찬용이와도 사이좋게 지내는 3형제의 모습이 좋아 보였다.

이번 한국방문을 통하여, 민족의 얼을 되돌아보고 한국인으로 성장하기 위해서 우리 민족의 전통생활을 느끼고 체험해보며, 기초과학·응용과학·자연사 및 과학기술사 등에 관한 자료의 전시물展示物과 현대미술의 흐름을 한 눈에 볼 수 있는 다채로운 전시물 등을 직접 방문하여 관람한 것은 여간 뜻있는 일이 아닐 수 없다.

미국으로 떠나기 전 주말에 손자들이 어린이집 다닐 때 지나다니던 아파트단지 내 산책코스를 손자들과 함께 걸었다. 힘차게 뿜어대는 분수대와 연못에 핀 연꽃, 비단물고기, 청둥오리 등을 구경하면서 사진도 몇 장 찍었다. 그리고 돌아오는 길에 '구름카페Cloud Cafe'에서 아이스크림을 먹고 음료를 마셨다.

8월 하순에 70여 일간의 한국 방문 일정을 마치고, 내년 여름방학 한국방문을 기약하면서 손자와 며느리 일행이 미국으로 돌아갔다. 다행히 이번에는 큰아들과 동행하였다. 마침 금년이 대학교수들에게 몇 년 만에 찾아오는 연구년研究年 기간이어서다.

떠나기전 작은 아빠가 조카들에게 한국을 떠나니 어떤 느낌이 드냐고 질문을 하였다. 큰손자 찬용이는 '조금 슬플것 같아요'라고 하였고, 지용이는 '그리울 거예요' 그리고 선용이 역시 '나도요'라고 하였다.

학교 공부도 열심히 해야겠지만 과외로 지금까지 해오던 한글학교, 태권도장, 그리고 코딩 학원 수강까지 하게 되면 얼마나 바쁘고 일정이 빡빡할까. 또 이들을 교육하고 관리하는 큰며느리가 얼마나 힘들까를 생각하면 마음이 무거워진다.

혼자 세 아들 교육을 위하여 여러 가지 어려움을 감수하고 있는 큰며느리에게 다함없는 감사를 보낸다. 아울러 일년간 교환교수交換敎授로 하와이에서 두 손녀들과 함께 고생하고 있는 작은 며느리에게도 찬사讚辭를 보낸다.

모두들 내년을 기약하고 떠났지만 막상 떠나고 보니 섭섭한 마음과 그리움으로 가득 차 있다.

추기 :

며느리는 미국에 도착하자마자 한국방문을 앞두고 출발 전에 쓴 손자 찬용이의 일기를 보내왔다. 다음은 할머니가 며느리에게 보낸 댓글 메시지이다.

- 한국방문을 기대하면서 지난 5월 25일에 쓴 일기이구나. 너무나 감동적이다. 할아버지, 할머니, 작은아버지, 이모, 사촌들 빠뜨리지 않고 만날 사람들을 기록하는 것을 엄마가 도와주었구나. 한국의 가족들에게 연결고리를 놓지 않도록 교육에 신경 쓰는 엄마가 대단하다. 정 깊은 찬용이가 벌써 그립다.

- 좋아하는 것들을 마음껏 먹게 하려고 준비한 사과, 귤, 프링글스, 새우깡, 크랙카가 남아 있네. 그리고 냉동실을 열어보니까 선용이 즐겨 먹던 하겐다즈, 딸기아이스크림, 지용이가 좋아하는 쵸코바가 남아있는 것을 보면서 또 손자들 생각이 난다.

- 그리고 래미안 아파트에 도착하면 레몬에이드 만들면서 토네이도 Tornado, 회오리 바람가 생기도록 컵 속을 젓는다는 선용, 지용이가 눈에 선하다.

2021년 무더운 여름은 손자들에게서 큰 기쁨을 선물 받았다.

(2021.08.31, 2021 여름 손자들 70일 한국방문기)

이장로李章魯 재경총동창회 회장의 진면목眞面目
- 정년 기념 논문집을 통해 본 인물 탐구

이 회장 선친의 바람과 기원 때문이었을까…

장로章魯라는 이름은 '글에 노둔하거나, 글에 어둡고 미련하다'는 뜻인데… 연구논문으로 세계적인 학자로 우뚝 섰으니, 그 오묘한 신의 섭리를 헤아릴 길이 없다. 그러니 인물 탐구에 나설 수밖에 없겠다.

이장로 회장이 1966년 고려대학교를 졸업하고 1968년 강원대 강의를 시작, 고려대학교 강사생활을 시작한 것이 고려대학교 대학원에서 물리학 석사학위를 받고 난 뒤니까 올해 정년을 하기까지 약 40년간을 대학 강단에서 보낸 셈이다. 석사학위를 받고 나서 3년 뒤 1974년 8월에 고려대학교에서 이학박사 학위를 받았으니, 박사경력으로 대학 강단을 지킨 기간은 만 35년이다.

그 오랜 세월에도 불구하고 이 회장의 행적은 깊은 물처럼 잔잔하고 조용하다. 1975년부터 3년간 전북대학교 사범대학에서 조교수로 근무한다. 어쩌면 모교 순천사범의 영어 선생님이시던 변홍규 선생님과 함께 전북대학교 사범대학에서 후진 양성을 하신 것은 아닐까…?

이 회장님은 1978년 3월부터는 숙대로 자리를 옮긴다. 그리고 그 곳에서 부교수, 교수, 학장을 거치면서 올해 8월 정년을 맞는다. 그 기간이 대학의 양적, 질적 팽창과 대학생 수의 급증 기간이었음을 감안하면 이 회장님에게는 숱한 유혹과 권유가 있었을 것이고, 최고의 유치 대상이 되어 남모를 고민도 겪었을 법하다. 그런데 그 파도와 격랑에 아랑곳하지 않고 오직 연구와 연찬, 교수의 외길을 걸으면서 그 자리를 지켜냈다.

그런 지조와 의리, 실력이 이 회장님에게 장기간의 학장 보직으로 보상되었는지 모르겠다. 이 회장님은 1987년 12월부터 1990년 3월까지 숙대 이과대학 학장으로 일하였고, 1993년 3월부터 1995년 말까지는 자연과학 연구소장, 그리고 1997년 1월부터 2001년말까지는 다시 이과 대학 학장으로 공동실험기기 실장, 교육개혁 자체평가위원회 위원장을 겸임하여 장기간 보직 교수 생활을 한다.

이 회장님은 1996년에는 숙명 창학 90주년 기념으로 숙명문화재단의 재정적 지원과 한국자기학회와 한국과학재단의 협찬을 받아, 미국 스탠포드대학의 R. White 교수를 포함하여 미국, 독일, 일본 등 5개국 석학들을 초청연사로 하는 자성체 물리학 국제학술회의 ICPMM '96 조직위원장으로 활동하여 이 회의를 성공적으로 개최하여 국내외적으로 그 위상을 높였다.

또한, 2002년부터 학교의 연구실적제고를 위하여 제정한 국제논문 포함 국내외 학술논문실적이 가장 우수한 교수에게 주는 '올해의 최우수 교수상'을 정년 때까지 놓치지 않고 매년 계속 수상하는 영예를 누렸다. 그 기간에 축적된 학교 당국의 신뢰와 대학 총장님의 전폭적인 믿음은 "교수님의 교육과 연구에 대한 높은 꿈과 비전이 <백년의 숙명 (대학)을 천년의 빛으로> 아름답게 밝히기를 바란다."는 숙대 이경숙 총장의 축하 글(정년기념 논문집) 속에 함축되어 있다.

그동안 각국에서 매년 개최하는 ICM, MMM, SCM, IEEE InterMag 등 각종 자기학 국제회의에 직접 참가하여 학술논문을 발표하고 있다. 한국, 미국, 일본, 중국, 대만, 호주 등이 참여하여 2년마다 각국에서 열리는 자성체 물리학 국제회의 ISPMM 조직위원으로 활동하였으며, 특히 1999년 한국자기학회가 한국 서울로 유치하여 개최한 IEEE 주관 자기학 국제회의인 IEEE InterMag '99의 조직위원으로 이 회의의 로고를 손수 제작하는 등 많은 활동을 하였다. 이 회의는 세계 각국에서 2,500명 이상이 참가하는 가장 규모가 큰 자기학관련 국제회의이며 이것을 성공적으로 마쳐 한국의 국제적 위상을 높이는 계기를 마련하였다.

2001~2002년에는 한국 자기학회 회장을 역임하였으며 2002년에 동경에서 개최하는 한국-일본 스핀트로닉스 국제회의에서 한국대표(공동의장), 그리고 폴란드 바르샤와에서 개최하는 제7차 한국-폴란드 자성체 물리학 국제세미나 공동의장 및 편집위원장(Journal of Materials Science)으로 활동하였다. 이어서 2004년에도 한국 서울 숙명여대에서 개최된 제8차 한국-폴란드 자성체 물리학 국제심포지엄의 조직위원장 및 공동의장으로 활동하여 이 회의를 성공리에 마친 바 있다.

1999년부터 2001년까지는 전국 자연과학대학 학장협의회 부회장으로 중단이 통보된 국가 기초과학연구비 지원 존속을 위한 청와대 방문 담판으로 이공계대학의 기초과학연구지원 강화와 우수학생 확보 대책

마련에 큰 역할을 해낸다.

교육부, 과학기술부, 한국학술진흥재단, 한국과학기술기획평가원, 생산기술연구원 및 한국과학재단이 지원하는 각종 국책연구과제의 연구자 내지 총괄연구책임자로 폭 넓게 연구를 수행하였을 뿐 아니라, 국내외 학회, KIST 기관고유사업 전문가 평가위원을 비롯한 국책연구소와 민간연구소 및 연구비 지원재단의 각종 평가 및 심사업무에 참여하여 전문 평가자와 평가위원장으로 봉사하기도 하였다.

한편 총무처 기술고등고시 2차시험위원을 비롯하여 총무처 5급국가 공무원 시험위원, 국립과학수사연구소 연구원 및 한국증권전산원 채용 시험위원, 그리고 주요기업체 시험위원을 역임하기도 하였다.

이장로 회장님은 과연 어느 수준의 과학자인가? 이 회장님은 7권의 번역서와 저서를 펴냈다. <현대물리학(2002)> <물리학(2002)> <기초물리학(1999)> <일반물리학 실험(1997)> <기초물리학 실험(1993)> <해석역학(1990)> <力學(1982)> 등의 책이다.

이 회장님은 '강자성체强磁性體 박막薄膜의 자기 및 자기광학적 특성연구'로 이학박사 학위를 받았으며, 국제학술지에 발표하거나 국제학술회의에 발표한 논문이 178편이고, 국내 학술지에 발표하거나 국내 학술회의에 발표한 논문이 215편으로 모두 합쳐 400여 편에 달하는 학술논문을 연구, 발표하였다.

또한 '수직 자기 이방성을 가지는 코발트, 철, 실리콘, 보론/플래티늄 다층 박막'(2007, 한국) 등 6건의 특허를 한국, 일본, 미국, 유럽에서 얻었다. 물질의 특성을 연구하는 '물성 물리학'의 대가로 인정받는 이 회장님은 1995년 이후 미국의 IEEEInstitute of Electric and Electronic Engineering,

미국전기전자공학회 정회원으로 활동하고 있다.

이장로 회장은 그동안 한국물리학회와 한국자기학회의 학술논문상, 한국과학기술단체 총연합회 주관 우수논문 과기부장관상, 과학의 날 대한민국 과학기술 대통령상 등을 수상하였으며 이번 '강일구 상' 수상으로 자기학회 관련 최고상을 모두 수상하는 영예를 안게 되었다. 또한 최근 정부로부터 녹조근정훈장을 수여받기도 하였다.

이 회장님은 그간 이룩한 연구 실적과 활동으로 2003년, 2008년 영국 캠브리지 국제인명센터(IBC)에 의해 <21세기 위대한 과학자>, <Top 100 Scientist in the World (세계 100대 최고 과학자)>로 선정, 등재되었고, 미국 마르퀴즈 후즈후 인명사전의 'Who's Who in the World'에도 선정, 등재되어 물성 물리학 관련 세계적인 과학자 반열에 당당히 이름을 올리고 있다.

800페이지 분량의 '정년기념 논문집'에는 그동안의 모든 논문이 수록되어 있는데, 순천사범 동기 서예가 현계泫桂 김정희金貞姬(대한민국 서예대전 초대작가, 심사위원) 동문은 "바른 이론을 구슬처럼 엮었습니다."라고 축하하며 <정론편주正論編珠>라는 휘호를 써준다.

이장로 회장님은 어떤 인생 경로를 걸었을까?

이 회장님은 1942년 6월 광양시 봉강면 신용리에서 이정우李楨宇, 1918~1997 선생과 박복아朴福阿, 1922~ 여사 사이에 태어난 2남 5녀의 장남이다. 광양서 초등학교와 광양중학교 수석졸업 후 순천사범학교에 진학하였으며, 사범 졸업 후 1년 반 동안 광양 봉강 초등학교에서 교사 생활을 한다.

1962년 고려대학교 이공대학 물리학과에 입학하여 1966년 2월에 고

려대 전교수석졸업으로 총장상 수상의 영예를 안게 된다. 1968년 8월
까지 2년 반 동안 육군 통신교관(중위)으로 군 복무를 한다.

이 회장님은 부인 신경자申卿子(춘천교육대학교 수학과 교수) 여사와
의 사이에 미국유학을 마친 장남 이진규李珍珪(생명공학전공, 공학박사;
이대 공대 교수)와 차남 이남규李南珪(정형외과 전문의, 의학박사; 마디
랑 정형외과 병원장) 등 두 아들을 두고 있으며, 서울대학교 대학원藥
學專攻과 캐나다 유학을 마친 맏며느리 조숙현趙淑賢은 미국 인벤티브
헬스 클리니컬 임상약학연구원, 둘째 며느리 박주옥朴珠玉은 서울대 의대
전임의 후 한림대 의과대학 교수로, 손자 손녀 찬용讚鏞, 선용宣鏞, 지용
智鏞, 보현寶鉉, 서현瑞鉉 등 5명을 둔 다복한 가정의 가장이기도 하다.

또한 퇴임 즉시 서초동에 마련한 연구실에 매일 출근하여, 퇴임 이
후 지원받은 한국과학재단과 한국학술진흥재단 연구과제를 수행하기
위하여 아직도 연구에 대한 집념과 의욕을 불태우고 있다.

(2007.10.28, 순천사범 총동창회 인터넷카페, *이홍기)

* 방대한 자료를 주마간산 격으로 살피면서 발췌한 내용이라 혹시 잘못된 부분이
  있을는지 모르겠다… 이 회장님께서 혜량하여 주시기를 바랄 뿐이다.
* 이홍기 씨는 KBS 파리특파원, 광주방송 총국장을 지냈으며, 현재 한국방송기자
  클럽 회장을 맡고 있다.

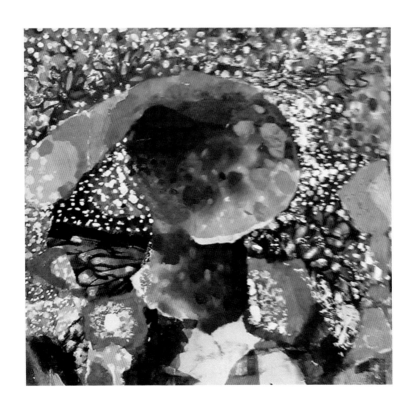

제4장

Doctors, 연무대 훈련중인 아들에게

대한민국의 건강한 삶, 사람을 보듬는 인술仁術 - 연구전문 신문 <월간 인물Monthly People> 인터뷰 I / II

훈련訓鍊 피할 수 없으면 즐겨야 지요 - 일체유심조一切唯心造, 신외무물身外無物의 중요성

대한민국의 건강한 삶, 사람을 보듬는 인술仁術 I

- 연구전문 신문 <월간 인물Monthly People> 인터뷰

마디랑Madirang 정형외과整形外科 이남규李南珪 원장

인간 생명人間 生命의 존엄尊嚴과 건강한 삶의 가치를 존중하는 전문인으로써 의사들은 전문성과 더불어 양심에 따라 국민건강의 수호守護와 질병치료에 오늘도 힘을 쏟고 있다. 환자를 직접 대하며 진단과 치료를 수행하는 임상의臨床醫들은 매일 수많은 환자를 만나고 가치로운 의술을 펼치고 있다.

직접적으로 환자를 대하고 치료를 판단하는 이들은 이미 의술을 넘어 '사람을 보듬는 인술'로 실천하고 있다.

국내유일의 연구자 중심의 연구전문 신문인 <월간 인물>에서 몸의 대들보 척추脊椎·족부足部·관절關節 건강 지키는 마디랑 정형외과 이남규 원장을 만나본다.

26개의 뼈와 32개의 근육, 107개의 인대로 구성된 발은 발끝까지 온

혈액을 다시 심장으로 올려 보내는 역할을 수행하며 '제2의 심장'이라 불린다. 신체 건강의 바로미터barometer라 할 수 있는 발 건강에 적신호가 켜졌다. 최근 족부질환이 급증하고 있는 것이다. '의사들의 의사'로 손꼽히는 마디랑 정형외과 이남규 원장은 풍부한 경험과 전문성을 바탕으로 환자들의 족부와 척추 건강을 책임지고 있다.

집중도 높인 특화 클리닉으로 높은 환자 만족도 확보

서울 강남구에 위치한 마디랑 정형외과는 척추특화 클리닉, 족부특화 클리닉, 각종 관절 클리닉 및 운동재활 클리닉을 운영하며 환자들이 통증 없이 빠르게 일상생활로 돌아갈 수 있도록 돕고 있다. 마디랑 정형외과 이남규 원장은 전 의료진이 친근하면서도 탁월한 의료서비스를 제공하는데 자부심을 갖고 일하고 있다며, 늘 발전하기 위해 노력할 것을 약속했다.

이 원장은 '의사를 가르치는 의사'로 유명한 인물이기도 하다. 다양한 미세침습시술(내시경 수술, 미세절개수술 등) 임상경험을 갖고 있는 것은 물론 해당분야 지도전문의로 북경 칭화대병원의 초청을 받아 직접 시연 및 지도하기도 했다. 또 한국 내 최고의 족부명의로 손꼽히는 이우천 원장과의 공동 연구 및 수술에 참여한 경험을 토대로 보다 깊이 있는 의료 서비스를 제공하고 있다. 이밖에도 미국의사면허시험美國醫師免許試驗에 합격하는 것은 물론 우리들병원 지도 전문의, AO SPINE 자문의사 등 폭넓은 경험을 쌓아온 그다.

마디랑 정형외과의 척추특화 클리닉은 환자들의 높은 만족도를 얻으며 입소문을 타고 있다. 환부를 방사선 영상장치(C-arm)로 촬영하면서 여러 신경뿌리중 통증을 일으키는 신경을 정확히 찾아내어 증상의 원인이 되는 부위에 직접 주사치료를 하는 선택적 신경 차단술이 대표적 예다. 매우 효과적이며 강력한 통증치료법으로 잘 알려진 신경치료법은 척추관 협착증 외에도 목 디스크, 허리 디스크, 퇴행성 척추 관절염 등에 탁월한 효과를 자랑한다.

추간판 탈출증, 척추관 협착증, 척추 퇴행성 질환 등의 치료에 활용되는 경막외 신경감압술 역시 눈여겨 볼만하다. 이는 특수기능의 카테터 catheter로 척추관내디스크 및 신경주위염증을 유발하는 부위에 약물을 주입하는 시술이다. 이 원장은 수술 없이 염증 유발 물질을 제거하고, 유착된 신경을 풀어줄 수 있는 비수술적 치료법이라 설명했다. 특히 시술시간이 20분 정도로 짧고 당일퇴원이 가능해 수술을 꺼리는 환자들에게 매우 인기가 높다. 만약 이러한 비수술적 치료를 받았음에도 증상의 호전을 보이지 않거나 신경학적 증상이 진행된다면 수술적 치료를 고려해야 한다. 물론 무분별하게 수술적 치료를 하는 것은 오히려 문제가 될 수가 있다. 다만 수술적 치료가 불가피한 경우가 있기 때문에 이를 방치할 경우 더욱 큰 문제를 야기할 수 있다. 척추의 수술적 치료는 반드시 전문의와 충분히 상의 후 진행해야 한다고 강조했다.

몸 건강과 직결되는 족부 건강 책임지는 족부특화 클리닉

최근 무지외반증拇指外反症 환자가 급증하고 있는 가운데 이들을 위한 족부특화 클리닉은 마디랑 정형외과의 또 다른 자랑중 하나다. 이곳에서는 무지외반증, 평발, 요족, 족관절 불안정증 등의 족부질환을 전문으로 다룬다.

"무지외반증은 엄지발가락(무지)가 휘는 병변(외반)을 말합니다. 엄지발가락이 바깥쪽으로 휘면서 엄지발가락의 안쪽이 튀어나오는 기형적인 모습을 보이며, 휘어진 부분의 관절이 붓고 염증이 생겨 통증을 유발하죠."

무지외반증으로 인한 통증이 지속되면 비정상적 보행으로 인해 발목과 무릎, 허리관절에도 악영향을 미칠 수 있다. 아킬레스건이 짧아져 발의 추진력이 감소하면 넓적다리를 이용해 보행하게 되어 넓적다리의 부담과 피로가 가중되기도 한다. 환자들이 임시방편으로 선택하는 보조기나 기능성 신발은 일시적으로 통증을 감소시킬 뿐 근본적 교정이나 치료효과는 기대하기 어렵다. 이에 이남규 원장은 교정절골술을 통해 환자의 고통을 덜고 있다. 절골술과 박리술을 활용해 정확한 교정이 가능해 발의 기능과 모양을 정상적으로 되돌릴 수 있다는 것이 그의 설명이다. 특히 수술 부위만 부분마취하는 만큼 마취에 거부감을 갖고 있는 환자도 편안하게 수술에 임할 수 있다.

"척추를 전공하던 중 우연한 기회로 시작했습니다. 두 발로 보행하는 사람에 있어서 걸을 때 땅에 직접적으로 닿는 족부와 이를 지탱하는 척추는 무엇보다 중요하죠. 두 부분의 상호 연관성을 깨닫는 과정은 저에게 또 다른 즐거움이기도 했습니다."

몸을 지탱하고 균형을 유지하는 발은 인류가 직립보행을 시작한 이래 한시도 쉬지 않은 신체부위이다. '발이 아프면 온 몸이 아프다'는 말처럼 각별한 관리가 필요하지만 과거에 비해 족부 질환자는 오히려 상당히 증가하는 추세다. 실제로 무지외반증 외에도 족저근막염, 아킬레스 건염, 발목염좌 등 여러 증상을 호소하는 환자들이 늘고 있다.

이러한 발병률에 비해 족부질환에 대한 인식과 주의는 현저히 부족한 실정이다. 이남규 원장은 이에 대한 깊은 안타까움을 토로했다. 이러한 안타까움의 기저에는 환자를 자신의 가족처럼 여기는 따뜻한 마음이 깔려 있었다. 그는 가족과 직원들에게 시행하는 치료 시술과 약제를 환자에게도 동일하게 적용하고 있다며, '겉과 속이 다른 진료'는 결코 시행하지 않음을 피력했다. 이러한 그의 진심에 화답이라도 하듯 마디랑 정형외과의 직원들은 자신이 아플 때면 이 원장에게 자신의 몸을 맡기기도 한다. 그는 환자의 고통을 덜어주고자 늘 새로운 의학지식을 진료에 접목하며 스스로를 발전시키고 있다며, 가족과 직원, 그리고 환자에 대한 감사함은 자신을 지탱하는 원동력이자 밑거름이라 전했다. 이 원장이 미국 족부족관절학회(AOFAS) 정회원 및 북미척추학회(NASS) 정회원으로 활동하며 꾸준히 소통하는 것 역시 이러한 노력의 일환이다.

(2018.07.26, <Doctors>, 월간 인물)

대한민국의 건강한 삶, 사람을 보듬는 인술仁術 II
- 연구전문 신문 <월간 인물Monthly People> 인터뷰

척추질환脊椎疾患부터 오십견五十肩까지, 조기 치료가 중요

　외부활동보다 책상 앞에서 더 많은 시간을 보내는 현대인들에게서 척추질환은 흔히 찾아볼 수 있는 질병이 되었다. 대부분 휴식을 취하면 완화되지만 이러한 통증이 지속되거나 심해진다면 조기에 병원을 찾아 정확한 진단을 받는 것이 무엇보다 중요하다. 시기를 놓칠 경우 허리디스크와 같은 척추질환으로 이어질 수 있기 때문이다. 이남규 원장은 조기에 병원을 찾는 환자 대부분이 근육통이나 경미한 추간판질환인 경우가 많아 물리치료나 약물치료, 재활치료 등 비수술적 치료만으로 통증을 완화시킬 수 있다고 설명했다.

　하지만 이러한 치료를 받았다고 해서 안심해서는 안 된다. 치료받은 후에도 척추건강을 지키기 위해서는 꾸준한 운동 등 바른 생활습관을 유지하는 것이 무엇보다 중요한 까닭이다. 척추에 직접적인 힘이 가해

지는 윗몸 일으키기나 훌라후프hula-hoop 등의 운동은 가급적 배제하고 수영, 가벼운 스트레칭stretching, 고정형 자전거타기, 빨리 걷기 등의 꾸준한 유산소 운동을 통해 척추 근육을 관리해주는 것이 좋다.

50대에게 흔히 발병하는 오십견 역시 적절한 치료가 필수적이다. 특별한 원인 없이 만성적으로 어깨관절의 운동 범위에 제한이 일어나는 오십견은 심한 어깨 통증을 유발한다. 어깨가 동결된 것처럼 움직이기 어렵다는 의미에서 '동결견'이라 불리기도 한다. 이 원장은 흔히 오십견의 원인을 노화라 생각하지만 이외에도 여러 원인이 복합적으로 작용하는 경우가 많음을 지적했다. 과도한 어깨 사용으로 인해 어깨에 작은 외상을 자주 입거나 당뇨병, 경추 추간판탈출증의 질환으로 인해 이차적으로 발생하는 경우를 '이차성 오십견', 특별한 원인 없이 발생하는 경우 '특발성 오십견'이라 칭한다.

오십견의 증상은 초기에는 어깨를 움직일 때에만 통증을 느끼지만, 점차 어깨를 움직이지 않아도 통증을 느낄 정도로 악화된다. 여기에 야간통이 동반되며, 통증으로 인해 어깨가 점점 굳어가기 때문에 팔이 머리 위로 올라가지 않는 등 운동 범위가 줄어들게 된다.

"오십견 초기에는 재활 치료를 병행한 소염진통제 등의 약물치료와 관절 도수 치료와 같은 물리치료를 진행합니다. 이를 통해 어깨통증과 관절운동회복을 노리는거죠. 하지만 통증이 너무 심한 환자의 경우 관절 강내 주사요법을 적용합니다. 이러한 방법을 사용하고도 치료되지 않는다면 수술적 치료를 받아야 하죠."

약물치료와 물리치료 이후 수술을 받기 전에도 받아볼 수 있는 치료가 있다. 수압 팽창술과 관절 수동술이다. 이는 영상장치로 병변의 정확한 위치를 파악한 후 유착되어있는 관절낭 내의 염증을 가라앉히고 유착을 분리하는 효과를 가진 약물을 투여함으로써 관절의 움직임을 좋게 만드는 시술이다. 이 원장은 유착이 심하거나 증상이 오래된 경우 여러 차례에 걸쳐 서서히 진행해야하며, 다른 질환이 동반되어 이러한 방법으로도 효과를 보지 못할 경우 정밀검사 시행 후 수술적 치료와 같은 방법을 전문의와 상의해야 한다고 했다.

적절한 관리와 건강한 생활습관, 신체 건강 지키는 열쇠

최근 한류문화韓流文化가 전세계적으로 각광받고 있는 가운데 이남규 원장은 의료 역시 한류로서 충분한 경쟁력을 갖추고 있다고 말한다. 특히 한국 의사들의 수술적 기술은 세계적 수준이라는 것이 그의 설명이다. 이 원장은 자신 역시 기회가 된다면 의료한류의 바람을 타고 세계 각국에 훌륭한 한국의료기술을 전파하는데 보탬이 되고 싶다고 말했다.

인터뷰 말미, 그는 최근 급증하고 있는 족부질환발병률을 재차 언급했다. 발의 고통으로 인해 보행에 어려움을 겪게 되면 일상생활에 큰 불편을 초래하는 것은 물론 자칫 다른 질환으로 이어질 수 있는 까닭이다. 발의 통증으로 올바르지 못한 걸음걸이를 취하면 이는 척추와 관절의 무리로 이어진다. 그는 지금부터라도 발의 고마움과 소중함을 알고 평소 발을 관리하는 습관을 가질 것을 당부했다. 발의 건강을 지키는 데에는 스트레칭과 족욕이 도움이 되며, 다리를 심장보다 높이

두고 수면을 취하는 것 역시 좋은 습관이다.

지속적으로 상승하고 있는 척추측만증 발병률 역시 예의 주시해야 한다. 적절한 치료시기를 놓칠 경우 휘어진 허리를 교정하기 힘든 것은 물론 자칫 수술까지 이어질 수 있다. 이 원장은 성장기 자녀가 있는 가정이라면 자녀를 상세하게 관찰하고, 이상 징후가 느껴진다면 조기에 병원을 찾아야 한다고 조언했다. 무엇보다 족부와 척추 건강을 지키는 데에 바른 자세와 적절한 운동이 큰 도움을 주는 만큼 건강한 생활습관을 갖는 것이 중요함을 강조하는 그다.

신체 중 가장 많은 피로를 느끼는 부위인 발의 건강은 신체의 건강과 직결된다. 끊임없이 자신을 연마하며 환자들의 통증을 줄이고, 건강을 되찾기 위한 그의 노력을 통해 많은 이들이 건강한 삶을 되찾길 바란다. 박성래 기자 psr@monthlypeople.com

(2018.07.26, <Doctors>, 월간 인물)

훈련訓鍊 피할 수 없으면 즐겨야 지요

- 일체유심조一切唯心造, 신외무물身外無物의 중요성

진규珍珪야!

너를 연무대 훈련소에 남겨두고 떠나온 지 20여 일이 다 되어가는구나.

그동안 너의 서신을 통해 알고 있지만 훈련에 잘 적응하고 있다니 다행이구나. 박사학위과정博士學位課程 학생들의 국가전문연구요원國家專門研究要員을 위한 기본 6주 훈련을 4주 단축으로 진행하기 위해서는 훈련소 본부 쪽도 어려움이 따르겠지만 강도 높은 이 훈련을 받는 훈련병들에게는 더 힘들 줄 안다.

오늘 아침은 남규가 의사자격시험을 경기고등학교에서 보는 날이라 엄마 아빠가 데려다주고 왔다. 그동안 쌓아온 실력을 최대한 발휘할 것을 기원하면서, 그렇게 하리라 믿어 의심치 않는다.

그런데 그곳에서의 편지 수신이 늦어지고 있는 것 같아 안타깝다.

너의 편지는 거의 매일 잘 도착하고 있다. 모든 집안의 관심사가 너의 소식이 담긴 편지에 온통 집중되어 있는 것이 사실이다. 너의 어머니는 한꺼번에 3통씩이나 되는 너의 편지들을 집안 식구들에게 신나게 낭독해주는 것은 물론이고 그것도 부족하여 외갓집 식구 등 다른 사람들에게까지도 스스럼없이 편지를 낭독하는 모습을 보면 자식사랑에는 부끄럼도 없는 것 같아 보인다.

"피할 수 없으면 즐겨야 지요"

마치 철학적 경지에 도달하여, 체념을 통한 각오처럼 들리는 너의 이 한 마디는 훈련의 어려움을 극복할 수 있는 너의 마음가짐을 보여주는 것 같아 안심이 되었다.

할아버지께서 만들어주신 우리 집 가훈 "일체유심조一切唯心造"가 의미하듯 사실 모든 것은 마음먹기에 달려 있는 것이다. 어렵게 생각하면 한없이 어려운 것이고 쉽게 생각하면 그 만큼 쉬워지는 것이다.

사람의 일생에도 분명히 자연의 사계절처럼 춘하추동이 반복될 것이다. 항상 봄과 여름만이 계속될 수가 없는 것이다.

항상 인생의 봄만 있으면 봄날의 다른 계절과 차별화된 따사로움의 진정한 의미를 모르게 되는 것이다.

따라서 인생의 간난艱難에 해당하는 겨울의 어려움을 겪어보고, 고생을 경험해보지 않는 사람은 편안함에 내한 행복을 만끽하지 못하는 것이다. 마치 어둠이 있어야 빛이 더욱 빛나보이고, 시련이 있어야 삶이 더욱 풍요로워지듯이 말이다.

길지 않은 이번의 훈련이 너에게는 소중하고 값진 경험일 뿐 아니라 앞으로의 너의 인생개척에서 간난을 극복하는 디딤돌로 활용할 수 있을 것이다.

현명하고 슬기롭게 잘 돌아가는 너의 머리가 차를 일부러 안 타고 먼 길을 걸어 다니면서 닦은 끈기와 저력을 발휘하면 못해낼 것이 없으리라 생각한다. 또 거기다가 언제나 그렇듯이 항상 행운이 너 곁을 그림자처럼 따라다니고 있으니 말이다.

목표를 설정해놓고, 향하는 길이 어렵다고 중도에 포기하거나 마음 나약한 모습을 보이는 일은 너의 엄마 아빠에게는 이해하기도 어려울 뿐만 아니라 수용하기도 쉽지 아니할 것이다. 목표가 정해지면 그 목표달성을 위하여 혼신을 다하는 분골쇄신粉骨碎身의 노력이 뒤따라야 하고, 그렇게 하면 반드시 목표에 도달하기 마련인 것이다.

젊지 않는 너의 엄마 아빠의 최대 희망은 너희 두 형제들이 신사임당申師任堂을 인생의 roll model역할 모델로 삼고 그의 삶을 추구하는 너희 엄마를 꼭 닮은 현모양처賢母良妻를 만나 건강한 모습으로 보람된 일자리에서 성실하게 살아가는 것이라는 걸 늘 명심해주기 바란다.

너의 할아버지께서는 생전에 너의 아빠에게 편지 때마다 빠뜨리지 않고 늘 강조하셨던 "신외무물身外無物"을 대를 물려 너희들에게도 강조하고 싶다. 자기 자신의 몸 건강의 중요성은 아무리 강조해도 부족하다는 뜻이라 생각된다.

얼마 남지 않은 너의 훈련소 퇴소를 앞두고, 남은 기간 동안 훈련에

전력투구全力投球하길 바라며 건강한 모습으로 다시 만날 것을 기대해
본다.

2003년 1월 8일
서울에서 아빠가

(2003.01.08, 논산 연무대에서 훈련중인 큰 아들에게, 과학과 함께 걸어오다)

제5장

기초과학, 아내의 건강기원, 시의 세계 〈동해바다〉

기초과학基礎科學과 한민족韓民族의 삶

아내의 건강健康을 기원하며 - 부끄러운 고백告白

시 〈동해東海 바다〉 - 후포에서

기초과학基礎科學과 한민족韓民族의 삶

현재, 한국은 그 성장成長에 있어 그러니까 모든 부분의 성장에서 고전苦戰을 면치 못하고 있는 실정이다. 많은 요인들이 있겠지만 그 중 하나로 들 수 있는 것이 기반산업의 부실함이다. 기반산업基盤産業은 모든 국가 산업의 근간이 되고 핏줄로서의 역할을 하고 있는 것이다. 기반산업 뿐만 아니라 다른 어떤 산업일지라도 그 근본은 기초과학基礎科學이라고 할 수 있다. 여기서 기초과학은 초보적인 과학이 아니고 기본 바탕이 되는 과학을 의미한다.

현재 한국에 공산품工産品은 많이 있지만 그것에 대한 과학 이론은 거의 부재하다. 즉, 우리는 남들이 만든 기술적 토대 위에 그저 응용하고 변형함으로써 우리의 산업을 이끌어가고 있다는 것이다. 응용하는 것도 쉬운 일은 아니고 그 나름대로 가치가 있는 일이다. 하지만, 어느 한계에 이르러선 자생력自生力 내지는 자립력을 상실하게 되고 의존형에서 결국엔 주문수주형으로 그 체계가 낙후落後될 수밖에 없는 것이다. 그래서, 산·학 모든 면에서 기초과학 특히 자연과학의 발전과 증진

增進을 꾀하고 있는 게 현실이다.

현재에 이르기까지 많은 다른 선진국들은 막말로 당장에는 돈이 안 된다는 기초과학에 투자를 꾸준히 해왔다. 그래서, 그 인고忍苦의 결과로 현재에는 과학기술에 대한 알찬 결실들을 하나하나 거두어가고 있다.

이 글은 한민족의 삶과 기초과학이란 주제로 진행되고 있다. 이러한 민족이란 단어가 들어 있는 주제에서 많은 독자들은 전통적傳統的이고 고전적古典的인 내용을 많이 기대하고 있을 줄로 안다. 물론, 당연히 지금 이 글의 일부에는 그러한 우리 조상들의 자연과학과의 연관성 및 태도 등을 밝힐 것이다.

우리 모두가 한민족인 이상 우리 조상들의 자연과학에 대한 노력과 상황을 어느 정도는 '대단하다' 내지는 '위대하다'는 표현을 쓰면서 칭찬하고 자부심自負心을 느끼게 할 글을 쓰게 될 수도 있을 것이다.

그러나 이 글을 읽는 여러분은 이미 그러한 글들을 질리도록 봐왔을 게 분명하다. 그리고, 충분히 우리 사회에 대해 객관적 입장을 가지고 그 부족한 부분을 채우려 노력해야 하는 지성인이다. 그러므로 여기서 는 가능한 객관적 입장에서 글을 써보려고 한다. 비판은 장점과 단점 을 모두 포함할 수 있는 것이지만, 여러분의 잠재의식과 상식에 이미 내재된 우리 민족의 위대한 업적을 굳게 신뢰하는 바탕 위에서, 고쳐 야 할 점 등도 서슴없이 밝히겠다는 것이다.

사람들은 좋은 소식과 나쁜 소식을 놓고 무엇을 먼저 들을지 묻는다 면 대개의 사람들은 좋은 소식 쪽을 택한다. 지금 내가 글을 쓰면서 장점을 먼저 드러내놓고 그 다음 단점을 말한다면 이 글의 목적인 단 점의 지적과 그 다음의 보완 및 발전에 대한 독자들의 감각이 다소 무려질 가능성이 높아질 수밖에 없을 것이다. 따라서 이 글의 독자가 지적이고 의욕에 찬 지성인知性人임을 믿고 글을 계속 이어나가려고 한다.

한민족은 과거 '백의민족白衣民族'이란 칭호를 듣고 살았다. 이것은 우리 민족이 청렴결백淸廉潔白하고 깨끗한 생활을 중시했다는 점에서 얻어진 이름이라고 생각한다.

그리고, 흰 옷을 즐겨 입었다는 사실이 많은 문헌에서 확인되고 있다. 인류는 정신문화精神文化를 중요시하기 때문에 숭고하고 그에 따른 대접을 받고 그를 영유하고 있다. 그래서, 자신들의 정신상태 내지는 추구하는 정신상태를 가시화했다는 건 매우 중요하고 가치가 있는 것이라고 생각한다. 그러나 물질적인 것도 그에 못지않게 중요하고 발전의 여지가 있는 것이며 인류에게 중요한 삶의 한 부분일 것이다. 인간이 동물과 다른 점은 꼭 살기 위해 필요하지 않은 부분에도 신경을 쓰고 이를 발전시키는 데에도 많은 힘을 쏟고 있다는 것일 것이다.

인간의 오감五感 중 특히 중요하고 다른 동물들에 비해 발달한 시각(다른 감각은 오히려 못한 경우가 많은 게 사실이다)적인 면에 대해 인간이 신경을 쓰게 되는 것이 당연한 것일 것이다. 시각감視覺感을 이루는 것에는 형태가 있고 또 색이 있다. 색은 다른 동물들과 비교하면 큰 특혜特惠를 입고 있는 부분이라고 생각한다.

우리 조상이 흰옷을 즐겼다는 사실은 염료染料의 발전에 대해 조상들이 다소 무관심하고 소홀히 했음을 간접적으로 시사하고 있다는 분석이 가능하다.

지금 프랑스는 그들의 독특한 의상 디자인뿐만 아니라 흉내내기 불가능한 색채의 세계로 의류업계를 석권하고 있다. 이러한 위업은 단기에 이루기는 불가능한 것이다. 염료 산업은 중세 시대, 인류가 연금술錬金術을 시작하고 그 부산물로 얻어진 다양한 종류의 염료로 더 강렬한 색을 그리고 더 독특한 색을 천에 튼튼하게 염색하고 또 인체에 해도 적도록 노력해서 얻어진 산물이다. 우리 조상들의 궁중 의상宮中 衣裳은 그 독특한 이미지로 큰 주목을 받고 있고 나름대로 세계 속의 한 스타일로 자리를 잡고 있다. 하지만, 일단 의류에 있어 중요한 요소인 색에 있어서는 낙후되고 꽤 미비한 것으로 평가되고 있는 실정이다. 이는 미술용품 시장에서도 마찬가지의 경향을 보이고 있다고 생각한다. 일본의 많은 예술분야는 삼국시대三國時代에 우리 조상들에 의해 전해진 것이 많고 그 영향을 많이 끼친 것으로 알려져 있다.

미술, 음악 등 분야에서 그들은 이미 자신들의 색이 뚜렷하고 독특하다. 자신들이 발견한 색을 표준화標準化하고, 또 이를 세계에 알리기 위해 노력하고 있다. 물론 이 색은 새로운 재료가 사용되었을 수도 있지만, 사실 색들 간의 조화에 의해 얻어질 수도 있다. 그러나 한국의 경우는 색에 대한 연구와 활동이 매우 열악劣惡하고 저조低調하여 우리 것이라고 내세울 게 부재하다고 하는 사실은 인정해야 할 것이다.

그러나, 한의학韓醫學은 물론 중국의 영향을 많이 받긴 했지만, 그것의 토착화土着化는 우리 조상들의 힘에 의해 이루어진 것이다. 한의학은 다른 나라 특히 아시아 이외의 지역의 비슷한 분류의 과학들과 비교한다면 그 독창성獨創性과 뛰어남에서 더 이상 설명할 필요가 없다. 한의학의 기초는 결국 물리학, 화학, 생물학 등에 기반한 응용 자연과학이라 할 수 있다. 기초과학에 대한 연구를 바탕으로 어느 방향으로 응용하는가에 따른 차이일 뿐이다. 하지만, 프랑스, 독일을 비롯한 유럽 등

에서는 우리가 발전시켜 온 한의학에 버금가는 정도의 현대 양의학적
現代 洋醫學的 지식과 자료가 발전되어 있다. 그것은 분야에 있어 귀천을
따지지 않고 각각을 모두 인정하고 균형된 발전을 이루도록 한 그들의
합리적 정신이 오늘날 이토록 큰 차이로 나타나게 되었을 것이다.

그렇지만, 우리민족의 자연 현상에 대한 인식은 높이 사줄 만하다. 때
때로 비과학적으로 보이는 게 많지만, 이는 아마도 연구하는 사람들의
백성들에 대한 배려의 차원에서 나온 게 아닐까하고 추측한다. 연구자
들이 얻은 지식은 널리 사용되어야 그 가치가 인정된다. 이 자연현상自然
現象에 대한 인식은 널리 사용하고 보급하는 방식으로는 다소 비과학적
非科學的이고 비상식적非常識的이지만, 백성들이 사용하기에 편리하고 적절
한 인식의 틀을 제공한 것일 것이다. 그러한 예로 천둥번개가 치는 날
에는 하늘의 신에게 노여움을 풀라고 하는 의미로 불을 처마 밑에 피우
는 민습民習이 있다. 여기에는 심리적 안정감에 더해서 습기가 있는 곳
에 잘 집중되는 무서운 낙뢰落雷를 피하기 위해 집안을 건조시키는 과학
적 조처로 해석해볼 수 있다. 이러한 것들을 보건데 과연 따르니 그에
합당한 보상補償을 얻게 되는 조상들의 숨은 뜻에 감격하게 되는 것이다.

그리고 일반화되지 않은 많은 자연과학 분야에서 많은 업적들이 있
다. 즉 여러분들이 흔히 알고 있는 고려시대 세계최초의 금속활자金屬
活字 발명, 세종대왕이 음악을 정리하여 편찬한 악학궤범樂學軌範, 측우
기, 첨성대, 해시계 등의 기구와 전술한 바 있는 동의보감東醫寶鑑 같은
책 등 지금 내가 일일이 대지 못한 것들이 많다.

우리 조상들의 한계는 학문적으로 내세울만한 중요한 업적과 자료가
많았음에도 널리 보급되고 전수하여 생활에 이어지지 못한 채 사장된

것들이 너무나 많다는 것이다. 이것들이 사장되지 아니하고 전수 및 보급이 제대로 되었더라면 한국의 입장은 많이 달라졌을 것이다.

한국은 공업적으로는 어느 나라에도 뒤지지 않을 만큼 성장해있다. 그러나 우리에게는 생산의 능력은 뛰어나지만, 무엇을 만들지 고안하는데 관심이 거의 없었고 그 노력을 게을리했다고 볼 수 있다. 따라서 다른 선진국의 고안된 도면에 따라 그들의 하청下請이 있으면 그대로 생산하는, 생산은 제2의 창조라지만, 무의식적인 대리인의 위치를 벗어나기 힘든 실정이었다.

지금까지 다소 침체적沈滯的이고 답답한 내용의 나열이 아니었을까 우려가 되지만, 더 나은 미래로 가는 과정에서는 현실을 반성하는 과정이 꼭 필요치 않을까 생각한다. 사실, 우리들의 우월한 부분을 더 잘 찾아보고 이에 더 주력하는 것도 좋은 방법이 될 수도 있을 것이다. 그러나 그러한 방법의 성찰省察은 제한되고 한정적인 방향으로 이끌게 분명하다. 가능한 우리에게 부족한 점을 찾아내고, 이를 개선하고 고쳐나가는 데 노력을 기울이는 것이 지금 이 글을 읽고 있는 학생들에게는 절실히 요구된다 하겠다.

따라서 어차피 엘리트elite 집단으로 인식되고 또 그에 따르는 기대 속에 살고 있는 학생들은 현재까지 이루어진 걸 즐기고 누리는 데에만 급급하지 말고, 침체적이고 답답한 오늘의 현실을 직시直視하고 반성하여 개선하고 개혁改革하려고 하는 노력에 더욱더 앞장서야 할 것이다.

전설이나 미신적迷信的인 방법을 동원해 백성들의 편의便宜를 도모하려한 옛 조상의 지식인의 태도를 다시 한 번 통찰洞察해보아야 할 것이다.

(1992.10.06, 기초과학과 민족의 삶, 숙대 교지)

아내의 건강健康을 기원하며

- 부끄러운 고백告白

- 전생에 빚을 많이 져서

칠남매七男妹 장남인 나는 초등학교 교사로 생활하면서 집안을 이끌어가기를 바라시는 부모님의 생각을 알면서도 대학에 진학했다. 부모님은 졸업할 때까지 어렵게 뒷바라지를 해주셨다. 공부가 끝나면 당연히 집안 살림을 전적으로 책임지는 걸로 생각하셨다. 박사학위를 받고 공부가 끝날 무렵 나의 결혼생활은 시작되었다.

부모님은 동생들이 고등학교를 졸업하면 차례로 서울로 올려 보내셨다. 결혼 전부터 내 뒷바라지를 하면서 MBC에 근무하던 여동생을 포함하여 세 명의 여동생과 막내 남동생이 우리 부부와 한집에서 살게 되었다. 여동생들은 각각 나름대로 적성適性(?)에 맞는 일자리를 갖게 해주었다.

젊은 아내는 다섯 사람의 이씨 성을 가진 내 동기同氣들과 본인을 합해 여섯 사람이 생활하는 대가족의 안주인이 되었다.

그 당시에는 여자가 결혼하면 전업주부專業主婦가 되는 시대였지만, 아내는 공부하는 사람이었고 대학에서 학생을 가르치는 사람이어서 맞벌이부부 생활이 시작되었다. 그러나 박봉으로 생활하기에는 너무 팍팍했다. 장남으로서 아버지를 대신해서 남동생의 대학 등록금登錄金을 마련할 때는 더욱 힘겨웠다. 4년 내내 1학기는 적금으로 2학기는 곗돈을 타서 등록금을 준비했다. 시골에 계신 부모님에게도 계속 생활비를 보내드려야 했다.

지금도 정신이 건강하게 생존해계신 백수白壽가 머지않은 97세 어머니와 연금을 나누어 생활하고 있다. "전생前生에 내가 이씨 집안에 빚을 많이 져서, 그 빚 갚으려고 시집 온 것 아닌가" 아내는 푸념을 하기도 했다. 그러나 아내는 힘겨운 기색을 친척들에게 나타내지 않았다.

돌아가신 아버님께서 "집안이 잘 되려는가 본다. 우리 집에 복덩이 며느리가 들어온 것 같구나" 내게만 귀띔해주신 것을 나는 지금도 마음 속 깊은 곳에 눌러두고 있다.

여하튼 우리는 빈곤한 20세기에 만나 21세기까지 2인人3각脚이 되어 비교적 무난하게 살고 있다. 나는 물리학을 가르치고 아내는 수학을 가르치는 교육자로서 사회적 시야視野가 비슷하기 때문에 정신적 동일감同一感을 느낄 수 있었다. 또 우리는 남녘에서 태어나서 고등학교까지 고향에서 공부했기 때문에 정서적 일체감을 느낄 수도 있었다.

- 느닷없이 애처가愛妻家가 되다

작년 10월 초 아내가 정기적으로 해온 큰아들 초등학교 어머니 모임에 참석하고 식사를 마친 후 일어서다 식탁의자에서 넘어졌다. 그 당시 보행이 약간 불편했으나 좋아지겠지 하면서 그대로 지냈는데 한 달이 지나도록 통증은 가라앉지 않고 계속되었다. 그제서야 대치동 소재 둘째아들 정형외과 병원을 찾았다. X-선 사진촬영 결과는 골절된 발등 뼈가 붙지 않은 상태로 굳어있었다. 양쪽 골절면을 긁어내고 접착이 되도록 나사 두 개로 고정한 후 봉합하는 수술을 마쳤다.

둘째는 골절 당시라면 쉬운 처치로 해결할 수 있는 것을 치료시기를 놓쳐 복잡한 수술로 고생하게 된 엄마를 안타까워했다.

이후 목발로 걸어다녀야 했다. 지금까지도 아무리 늦게 잠자리에 들어도 새벽 5시부터 일어나서 일을 시작해오던 아내는 집안일을 포기하지 못했다. 뒷꿈치 보행으로 일을 하다가 결국 접합부위에 이격離隔이 생겨 재수술을 하게 되었다. 이어서 목발보조보행 금지가 내려지고 설상가상으로 휠체어 신세를 질 수밖에 없었다.

그 후 나는 휠체어를 뒤에서 밀고 다니는 일을 맡게 되었다. 일주일에 한 번씩 병원체크, 장보기, 동창회모임 등 모든 행보에 휠체어를 사용해야만 했다. 일생 동안 여러 면으로 나의 배후자背後者였던 배우자配偶者를 처음으로 등 뒤에서 보게 된 것이다.

휠체어 무게 때문에 승용차에 접어서 올리고 내려서 조립하는 일은 생각보다는 쉽지 않았으나 시간이 지나면서 상당히 숙련되었다. 휠체어를 운전하고 백화점에 갔을 때 백화점 점원 아가씨는 "휠체어를 밀고 있는 모습이 보기 좋습니다. 참 부럽습니다."라고 말하면서 미소를 보냈다. 마누라가 부상당해 휠체어를 밀고 있는 것을 부럽다고 하다니… 나는 칭찬인지 위로인지 구별이 안 됐으나 기분이 나쁘지는 않았다. 아내의 친구들, 내 동창친구들, 그리고 아파트 이웃 아줌마들까지도 아내를 극진하게 돌보는 자상한 남편으로 대해주었다. 나는 아내가 발이 아픈 통에 느닷없이 애처가가 되어버렸다.

집안에서는 아내가 홀로 보행이 어려우므로 해오던 집안일의 대부분을 이제부터는 내가 대신 맡아 할 수밖에 없었다. 서투른 주부 직무대행을 한 것이다. 익숙하지 아니한 일들이라 어설프기 짝이 없었다. 그동안 아내가 하던 일들이 쉬운 일이 아니었음을 스스로의 체험을 통하여 알게 되었다. 또한 그동안 맡아왔던 그 자리의 소중함도 비로소 깨닫게 되었다.

그 후 4개월이 지나서야 휠체어와 목발 신세에서 벗어나긴 했으나 원래의 정상적인 보행모습은 아니다. 좀 더 시간이 걸린다고 한다. 젊은 사람과 달리 접촉면 봉합도 더디고 정상보행까지의 시간도 많이 걸리므로 노인들은 넘어지지 않도록 해야 한다고 둘째아들은 당부하고 있다.

이번 골절 전에도 아내는 아파트 수영장에서 수영을 마치고 나오다 지하주차장 스토퍼stopper에 걸려 넘어져서 8주 동안 깁스gyps 생활을 이미 했었다. 건강관리를 위해서 하루 만보 이상 걷기도 하고 수영도 열심히 해온 아내가 연속해서 두 번씩이나 병원신세를 지는 것을 보니 세월을 이겨내는 사람은 아무도 없구나 생각하면서 인생사의 덧없음을 절감하게 된다.

- 아내는 4인분의 인생을 살았다

한국에서 마누라 자랑이나 자식 자랑을 하면 팔불출八不出이 된다는 것을 나는 잘 알고 있다. 그렇지만 나이 80이 다 된 지금 와서도 아내에 대한 이야기를 위선적으로 호도糊塗한다면 그것 자체가 나 자신을 모독하는 것이 될 것이다. 따라서 사실대로 말하는 것이 두 사람이 함께 살아온 45년 인생에 대한 예의가 될 줄 믿는다.

아내가 춘천교육대학교에서 40여 년 동안을 봉직하였다. 지금은 고속도로가 생겨서 한 시간 정도에 갈 수 있지만 아내가 재직할 때는 기차로 왕복 5~6시간 걸렸다. 아내는 재직기간 내내 통근했다. 춘천에 머물면서 주말에 올라오면 되련마는 아들 둘을 내가 키우는 것이 미덥지 않아서였다. 어린 아이들에 대한 부모의 정성은 수학적 계량을 초월한 무한대의 가치라고 믿고 있었다.

아내는 두 아이의 어머니로서, 깐깐한 남자의 아내로서, 교수로서, 그리고 대가족의 맏며느리로서 어느 것 하나 소홀히 할 수 없는 4인분의 역할을 감당해냈었다.

그런데 아내는 4인분의 역할로 끝나지 않았다. 미국 USCUniversity of Southern California대학 스크립스SCRIPPS연구소 나노바이오 전공에서 박사후과정을 마친 큰아들은 세 아들의 아버지가 되었다. 아직 귀국 준비가 덜 된 미국 임상약학연구원 큰 며느리에게 세 명의 아들은 너무 큰 부담이 되어서 말을 배우기 시작한 큰 손자 찬용讚鏞이만 맡기기로 하고, 큰아들은 대학교수가 되어 귀국하면서 쌍둥이 손자 선용宣鏞, 지용智鏞이를 데리고 나왔다. 아내와 나는 쌍둥이 손자의 육아를 맡게 되었다. 어려움도 많았지만 거기에서 얻어진 기쁨은 이미 여러 사람이 경험한 것처럼 자식을 키울 때와 비교가 안 되게 크다. 아내는 자식을 키울 때보다 그 이상의 정성과 노력을 쏟고 있다.

의과대학 교수인 둘째 며느리 당직 날이면 예쁜 두 딸 보현寶鉉, 서현瑞鉉이가 와서 사촌 네 명이 잘 어울려 우리집 거실은 놀이터가 된다. 요즈음처럼 저출산시대에 다섯 명의 손자 손녀들이 성장하면서 서로의 버팀목이 되어줄 것에 대한 바램을 가져본다.

아내는 내 이야기뿐 아니라 남의 이야기도 귀담아듣는 편이라 주위에 사람이 모여든다. 직장 동료나 동창들은 물론 여러 인연으로 만난 친지들과도 긍정적인 소통이 오래 지속된다. 이렇게 사회적 구심력을 발휘할 수 있는 것은 역지사지易地思之의 마음으로 남을 배려하면서 화이부동和而不同하는 습관이 일상화되어 있기 때문일 것이다.

따라서 우리 집안의 실세는 아내이다. 나는 내각책임제의 대통령처럼 의례적이고 상징적인 가장이었다. 모든 골치 아프고 성가시고 피곤한 일들은 아내가 다 처리해주었다. 솔직히 말해 나는 바지가장일 뿐이었다.

그 대신 일정이 겹치지 않으면 아내 정기검진에는 언제나 병원을 함께 동행한다. 그 외의 경우에도 함께 자동차를 최대한 활용한다. 평생반려자平生伴侶者로서 내가 해야 할 몫을 하는 셈이다. 우리 부부가 오래오래 건강하여 나는 바지 가장家長 노릇을 더 오래 오래 하고 싶다.

- 아내는 만파식적萬波息笛의 피리다

아내는 장모님의 솜씨를 전수받아서인지 대부분의 음식을 맛있게 조리하면서도 자기가 손수 만든 음식은 맛이 어때 하고 꼭 확인을 한다. 가끔은 맛이 별로여도, 심지어 맛을 보기 전에도 나는 좋아요 하고 응답을 하기도 한다.

이렇듯 조리한 음식의 맛까지도 꼭 타진하는 등 자상함을 보인다. 또한 네비게이션navigation이 없던 시절엔 운전 중이면 조수석에 앉아 인간 내비게이션으로 길 안내를 해주곤 했다.

내가 재직하는 동안에 회식이 없는 날은 아내는 도시락을 준비해주었다. 연속성이 유지돼야하는 연구실험을 하거나 시간절약을 하는 데에는 도시락이 안성맞춤이었다. 요즈음 서초동 연구실에 나갈 적에도 점심약속이 없는 날에는 재직 시와 마찬가지로 아내가 준비해준 도시락을 가지고 간다. 아내는 귀찮은 일임에 틀림없지만 내가 도시락을 잘 활용하는 것에 보람을 느끼는 것 같아 보인다.

너무 융통성融通性없는 모습이 나를 피곤하게 할 때도 있다. 아내는 집안에 쓰레기가 생기면 하루에도 몇 번씩 쓰레기장에 내려간다. 모아두었다가 한꺼번에 버리자고 해도 소용없다. 그래야만 마음이 편하다고 한다. 분리수거도 분리수거 기준을 절대로 지키며 원칙을 소중히 여기는 것 같다.

결혼 이후 지금까지도 일 년에 두 번씩 두 분 지도교수님을 찾아뵙도록 명절선물을 준비해준다. 그래서 90을 훨씬 넘기신 나의 지도교수님과 이 나이 많은 제자가 옛날 일들을 회상하며 담소를 나누고 돌아온다. 노 교수님老 敎授任은 이 시간이 많이 기다려진다고 말씀하신다. 아내는 도움을 받았거나 신세를 졌다고 생각하면 그 은혜를 잊지 아니한다.

아내는 때때로 어떤 일을 해달라고 부탁한다. 또한 심부름도 시키기도 한다. 나에 대한 신뢰信賴가 커서 그런지 몰라도 중간과정을 체크하는 일이 없다. 당연히 잘 해결되었을 걸로 믿어버린다. 주어진 어떤 상황도 긍정적으로 바라볼 수 있는 힘을 가졌다고나 할까.

한국 교수대표단 단장으로 그리고 한국측 의장자격으로 참석하는 경우를 제외하고는 해외에서 개최하는 국제회의에 이과전공교수인 아내와 동행할 때가 많다.

국제회의 주관기관이 학사일정에 차질 없도록 대학의 방학기간을 이용하고 개최지를 유명한 관광명소 주변국으로 배려한다. 학교나 연구비 지원재단에서 지원해주는 출장비에는 등록비, 왕복항공료와 호텔체제비가 포함된다. 따라서 아내 항공료만 부담하면 비용이 큰 체제비는 저절로 해결된다.

국제회의를 마친 후 개최국도시를 비롯하여 주변국을 관광하게 되어 그동안 수십 차례에 걸쳐 수많은 나라와 도시를 관광할 기회가 있었다. 아내는 회의에 참석한 교수와 연구원 그리고 대학원생들에게 현지 식자재食資材로 손수 만든 식사를 대접할 기회를 갖기도 하고 같이 관광을 할 경우에는 이들과도 잘 어울린다. 비용이 많이 드는 해외관광 여행을 독자적獨自的으로 하기는 쉬운 일이 아니므로 이렇게 한꺼번에 경제적으로 해결하곤 해도 아내는 마냥 즐거워한다. 나는 현지에서 아내의 도움을 받아서 연구논문 발표에만 신경을 쓰면 된다.

아내는 남편이 원하는 것은 어떤 방법으로라도 해결해줄려고 한다. 나는 오디오와 각종 기계를 좋아한다.

노트북, 카메라, 앰프, 스피커, 자전거, 자동차 등을 구매하고 업그레이드 할 때는 아빠를 닮아 기계류를 좋아하는 큰아들까지 동원하고 작당作黨(?)하여 당초구매예정인 모델이나 버전보다 훨씬 더 기능이 많고 스펙specification, 諸元이 높은 제품을 구매하기도 한다. 그러려면 당초 예산을 훨씬 초과하기 마련인데 못 이긴 체하고 적금을 깨어가면서까지 해결해준 적도 있다. 무엇이든 남편이 원하면 거절을 하지 못한다.

아내는 나의 소망을 실현시켜주는 만파식적萬波息笛의 피리가 되었다.

그래서 나는 퇴임 후에 거의 완벽한 오디오 시스템을 갖추게 되었다. 이 시스템으로 음악 감상을 하는 것이 요즈음의 가장 큰 즐거움이다.

- 신사임당을 흠모欽慕하는 아내

아내는 신申씨氏이다. 내 혈관에 흐르고 있는 로얄패밀리royal family, 全州李氏 王族로서의 자존심에 결코 흠이 가지 않은 명문 씨족名門 氏族이다. 더구나 덕망 있는 교육자였던 장인을 비롯한 처갓집안은 고흥高興에서는 명성이 자자한 토반土班이었다. 그런 가풍 때문인지 모르지만 아내는 보수적이면서도 진취적이다. 온유하면서도 적극적이다. 그렇지만 성인聖人군자君子도 많은 흠결欠缺을 노출하고 있는 것이 인간의 한계인데 하물며 보통 여자인 아내가 결점과 부족한 점이 왜 없겠는가. 그럼에도 여러 단점과 아쉬움을 상쇄하고도 남는 장점이 많기 때문에 나는 아내와 부부싸움이 있을 때는 못 이기는 척 져주고 살아간다.

언감생심焉敢生心, 말을 하지 않지만 아내는 사임당 신씨師任堂 申氏를 인생의 롤모델roll model로 삼고 있는 것 같다. 내가 세상물정에 어두운 사람이라 해도 아내의 그런 기미機微마저 모를 만큼 아둔한 사람은 아닌 것이다.

특히 최고의 지폐인 5만원권에 신사임당申師任堂 초상이 나오고부터는 더욱 신사임당에 대한 관심이 두드러졌다. 율곡栗谷 이이李珥선생은 5천원권에 이미 초상이 나와 있었기 때문에 두 모자母子가 중요지폐의 초상으로 동시에 나오게 된 것은 세계적으로도 특수한 사례였다.

어머니 신사임당은 부덕婦德과 현모양처賢母良妻로 존경받는 한민족 여성상의 표상으로, 아들 이율곡은 가장 존경받는 학자의 상징으로, 한국경제의 얼굴이 되어 500년만에 다시 상봉相逢한 것이다.

이럴 때 이씨李氏 성姓을 가진 두 아들을 둔 신씨申氏 성의 어머니인 아내가 어찌 가슴 설레지 않겠는가.

교육자로 한평생을 보낸 아내의 생활방정식生活方程式은 청출어람青出於藍이다. 제자들이 자신보다 더 발전해야하고 같은 길을 걷고 있는 자식과 며느리들이 부모보다 더 뛰어난 인재로 성장해야 교육자의 보람을 느낀다고 생각하고 있다. 이것이 신사임당을 흠모欽慕하는 신씨申氏 성姓을 지닌 아내의 소망이기도 하다. 나는 그런 아내의 삶의 철학을 존중하고 좋아한다.

요즈음 나에게 주의를 주면서 잘못을 지적하는 잔소리가 점점 늘어가고 있지만, 나에 대한 관심으로 간주하고 한쪽 귀로 흘려버린다.

아픈 곳이 점점 늘어나고, 자주 넘어져 다치기도 하는 걸 보면 인생이 늙으니 별 수 없나 보다.

하루 빨리 다치기 전의 건강한 걸음걸이로 회복하기를 기원해본다.

이 나이가 되고 보니 인생이 참으로 무상無常하다고 생각된다. 앞으로도 두 아들과 두 며느리가 각자 보람 있는 삶을 펼쳐 나가고, 다섯 명의 손주들이 건강하게 성장하며 아내와 함께 큰 걱정 없이 남은 인생을 잘 마무리했으면 하는 바람이다.

오늘도 아내와 함께 반포아파트 올레길을 산책하면서 바라본 석양노을이 유난히 아름다워 보인다.

(2017.09.25, 부끄러운 고백, 2018 성공의 인생이모작 수기공모작, 사학연금공단)

시 <동해東海 바다>

- 후포에서

- 신경림

친구가 원수보다 더 미워지는 날이 많다.
티끌만 한 잘못이 맷방석 만하게
동산 만하게 커 보이는 때가 많다.

그래서 세상이 어지러울수록
남에게는 엄격해지고 내게는 너그러워지나 보다.
돌처럼 잘아지고 굳어지나 보다

멀리 동해바다를 내려다보며 생각한다.
널따란 바다처럼 너그러워질 수는 없을까
깊고 짙푸른 바다처럼.

감싸고 끌어안고 받아들일 수는 없을까

스스로는 억센 파도로 다스리면서

제몸은 맵고 모진 매로 채찍질하면서.

시 <동해바다>를 추천하며 - 김신일

신경림 시인은 경북 울진의 작은 항구 '후포리'에서 동해바다의 모습을 보면서 이 시를 썼다고 전해집니다. '갈대' 시에서 느꼈듯이 우리의 현실과 한恨, 울분鬱憤, 고뇌苦惱 등을 잘 그려낸 서정적 자유시自由詩입니다.

바다는 너무나 많은 생명을 품고 있습니다. 너그러운 포용력包容力을 갖고 있습니다. 그것에 비하면 '나는 너무 작구나'하는 생각을 하게 됩니다.

저도 이번 1월 14일 후포리 여행을 다녀왔습니다. 그리고 이 시를 찾아 음미吟味해 보았습니다. 자아성찰自我省察과 자기반성自己反省을 하게 되더라고요. 시를 접하면 왠지 마음이 치유가 되는 것 같습니다.

시 <동해바다> - 독후 글

<동해바다>는 고등학교 동기동창인 김신일 교장선생님이 지난번에 추천한 시 <갈대>에 이어서 신경림 시인이 동해바다를 내려다보면서 쓴 글이다.

이 시의 도입부에서는 남에게는 엄격嚴格해지고 내게는 너그러워지는 인간의 그릇된 속성屬性을 지적하여 스스로를 꾸짖고 나무란다.

결어부에서는 스스로는 억센 파도로 다스리면서 제 몸은 맵고 모진 매로 채찍질하는 깊고 널따란 동해 바다처럼 너그러워질 수는 없을까를 내세운다.

여기에서는 바다의 너그러움을 본받아 그릇된 속성을 치유治癒했으면 하는 소망이 배어 있기도 하다.

남은 배려하고 자신은 엄히 다스리라는 수신덕목修身德目의 정서가 묻어나는 글이다.

즉 '타인에게는 관대하고, 나에게는 엄격하라'라는 사자성어 관인엄기寬人嚴己를 생각나게 한다.

결과적으로 스스로를 철저하게 통제統制하고, 엄격하게 다스려야 된다는 인간덕목人間德目을 제시하는 가슴에 와 닿는 글이다.

이런 덕목으로 수신제가修身齊家해야 하지 않을까? 하는 생각으로 침잠沈潛의 경지境地에 빠져들게 된다.

(2020.06.20, 시 <동해바다>를 읽고 나서, 시의 세계)

제6장

대학생활 후기, 위대한 어머니 표상, 납땜 인두기

나의 대학생활大學生活 - 전교 수석졸업全校 首席卒業 후기

박복아朴福阿 여사 - 위대한 어머니의 표상表象 - 부덕婦德의 상징과 현모양처賢母良妻
의 모범으로 존경받는...

간이 납땜인두기soldering iron 제작

나의 대학생활大學生活

- 전교 수석졸업全校 首席卒業 후기

사범학교師範學校를 나와 국민학교 교사로 근무하면서 대학진학을 염두에 두고 진학공부를 시작했었다.

선배교사들과 천진난만天眞爛漫한 시골 어린이들의 틈바구니에서 교장 교감의 얄미운 감시와 눈총을 받아가며 생활했던 교직 1년 반 동안이 사회생활을 하는데 필요한 많은 체험을 하게 해주었다. 아마 이 기간이 험준險峻한 사회에 대한 인식과 적응의 눈을 뜨게 해준 좋은 계기契機가 되었다고 생각한다.

국민학교 교사로 근무하면서 가사家事를 도왔으면 하는 부모님의 간곡한 권유에도 불구하고 대학입시에 합격하고 입학 후 곧바로 청강을 하기 시작하였다. 대상이야 다르지만 교사로서의 교요자기 피교육자인 대학생으로의 갑작스런 전환은 적잖은 혼란과 어려움이 따를 수밖에 없었다.

대학에서는 전공의 특성상 많은 숙제, 리포트, 자주 보는 전공시험

등으로 인한 긴장상태가 연속되어 고등학교식 공부와 별로 다를 바 없었다. 비교적 시간적 여유를 가지고 대학생활을 하는 타 대학, 타 전공학과 친구들이 부럽기만 하였다.

연속적으로 긴장한 학교생활 덕분에 1학년 2학기부터 혜택이 큰 5.16 장학금을 수혜受惠하게 되어 이제까지 크게 부담스러웠던 등록금에는 별 다른 신경과 걱정을 하지 아니하여도 되었다.

장학생으로 선발되어 갖추어야 할 서류가 시골로 우송되어 왔을 때 그 기쁨은 이루 말로 표현하기 어려울 정도였다. 나에게도 이런 영광이 찾아오나 싶었다.

전국적으로 일간지들에 각 대학별로 선정된 장학생 명단이 공개적으로 발표되어 친지들로부터 많은 격려激勵와 찬사의 전화를 받기도 하였다.

경제적으로 어려운 나에게 이 장학금 수혜는 학업을 계속할 수 있는 커다란 원동력原動力이 되었고, 보람찬 내일을 위하여 굳건한 각오를 다지게 하는 활력소活力素가 되었다.

1, 2학년 때에는 교내 어떤 다른 장학회 못지않게 장학생 상호간 친목을 도모하고 유대를 강화하기 위한 친교모임과 야유회 준비를 위한 총무역할을 맡아 봉사할 기회도 가졌다.

교사까지 그만두고 대학에 뛰어 들어온 이상 대학진학 본래의 의의에 어긋나지 않도록 온갖 열성을 다하여 노력했으며 장학금의 계속적인 수혜를 위해서는 보다 학업에 열중하지 아니하면 안 되었다.

학생을 가르치는 아르바이트가 있는 날에는 육체적 피곤이 엄습함에도 전공시험준비의 완벽과 철저를 위해서 뜬눈으로 날을 새는 일이 예사 일로 되어 있었다.

전공 학과목에 끼칠 영향을 고려해서 몇 번씩이나 망설이다 학군단 ROTC을 지원하게 되었다. 학훈단學訓團후보생들이 이구동성으로 이야기하는 학군단 후보생으로서의 정신적인 부담은 비교적 컸었다.

후보생 군사 교육 때문에 제약 받는 졸업여행, 그리고 그것이 중등 교사 자격취득을 위한 교생실습, 아르바이트 생활에 주는 제약과 어려움 등은 이루 말할 수 없었다. 그리고 매주 실시하는 군사학에 대한 진위형, 구성형, 선택형 그리고 서술형 등의 시험에 따른 상당한 부담이 뒤따르게 되었다. 일생일대의 황금 시기, 대학생활 그 중에서도 3, 4학년 여름방학은 혹독酷毒한 야영훈련을 해야만 한다. 이 때 흘린 병영생활에서의 땀방울은 일생을 통하여 온갖 간난艱難과 고통을 극복하는 인내력忍耐力과 투지력鬪志力을 기르는데 좋은 보약이 되었다고 생각한다.

독서하는 것 못지않게 혼자 사색思索에 잠기는 것은 더 없는 낭만浪漫이라고 할 수 있다. 학교의 우등생이 사회의 열등생이 되기 쉽다는 어느 선배님의 말씀에 따라 영화관이나 음악 감상실에도 자주 다녀 정서감정情緒感情을 키우는데도 뒤지지 않도록 노력하였다.

이렇다 할 뚜렷한 이성교제는 없었지만 여가餘暇를 통한 건실한 이성교제는 대학생활을 보람 있고 알차게 하는데 바람직하다고 생각한다.

교내 어학 서클, 연극회, 신문사 등에 관심을 가졌지만 시간의 제약 내문에 충실히 참여하지 못해 아쉬움으로 남는다. 여가를 선용善用하여 이러한 활동에 적극 참여하는 것은 학부생활에서 값있는 일이라 생각되어 권장하고 싶다.

학과전공 교수님의 주선에 의한 학교 연구실 사용, 그리고 면학 분위기를 조성해주시면서 학구열에 대한 활력을 불어넣어주시고 격려를 아끼지 아니하신 그 교수님을 잊을 수가 없다. 진심으로 감사드린다.

어느 때 어디에서나 떳떳하고 자랑스러이 천거할 수 있는 친구를 사귐은 대학 4년을 통하여 더 없이 큰 영광스런 자산이라 아니할 수 없다. 내 자신의 독선적獨善的인 고집과 지나친 자존심을 마다하지 않고 학구적으로 정신적으로 결속되어 사귀어 온 그 친구에게 한없는 감사의 마음을 전하며 졸업의 영광을 함께 나눴으면 한다.

대학졸업을 약 한 달쯤 남겨 두고 있을 무렵이었다. 시중 주요 일간지들에서 1965학년도 고려대 전교수석졸업생과 각 단과 대학별 수석졸업생 명단보도를 보고나서야, 비로소 전교수석으로 졸업하게 되는 것을 처음으로 알게 되었고 이틀 후 학교 교무처로부터 엽서로 이 사실을 통지받았다.

각 단과대학 수석은 이사장상을 수상하게 되며, 필자는 전교수석졸업생全校首席卒業生으로서 총장상總長賞의 영예를 안게 되었으니 졸업식에서 학교와 재학생에게 드리는 졸업생 답사를 준비하라는 내용도 포함되어있었다. 며칠 후에는 전교수석졸업생으로서 고대 신문사를 비롯하여 몇 개의 언론 신문매체와 인터뷰를 가지기도 하였다.

밟혀도 시들지 않고 꺾어도 굽힐 줄 모르는 배달민족과 직결되는 고대 정신高大 精神을 배우며, 자유自由, 정의正義, 진리眞理의 용맹스런 호랑이로서 안암 골짜기에서 내 젊음의 중요한 기간을 물 마시고 호흡呼吸해 온 것을 끝없는 영광으로 여긴다.

석탑의 도서관에서 늦도록 책을 보다가 나오는 길에 문득 한번 올려

다본 동편 홍릉洪陵 언덕의 달도 좋았고, 친구들과 함께 젊음을 다듬고 가꿀 수 있었던 인촌仁村선생 묘소 근처의 잔디는 부드럽기도 하였다. 고·연전高·延戰 때 덩실덩실 춤추던 기억도 좋은 추억이고, 쌓인 욕구를 풀길 없어 한 잔씩 기울이던 텁텁한 제기동 막걸리 등은 내 생애生涯를 통하여 영원히 잊히지 않을 것이다.

　보다 더 많이 읽고 싶었고, 보다 더 많이 생각하고 또 많이 경험하고 싶었지만 지금 생각해보니 대학 4년 동안이 훌쩍 지나가고 말았다는 생각을 떨쳐버릴 수가 없다.

　대학생활에서 학문의 어떤 단계에 올라서는 것도 중요하지만, 앞으로 자기가 헤쳐 나아갈 방향을 확고히 하여 그 실행방법을 터득했으면 그걸로 충분하다는 어느 교수님의 말씀에 그나마 안도감安堵感을 가져본다.

　다만 그 무엇인가를 항상 추구하고 갈구하면서 그리고 항상 최선을 다하는 자세만은 대학생활이 나에게 안겨다준 가장 큰 정신적인 자산이라고 자부自負하고 싶다.

(1966.02.25, 1965학년도 고려대 전교수석졸업 후기後記, *청오지)

*청오지는 5.16장학회에서 발행하는 회지이다. 이 장학회는 정수장학회로 바뀌었다.

박복아朴福阿 여사 - 위대한 어머니의 표상表象

- 부덕婦德의 상징과
현모양처賢母良妻의 모범으로 존경받는…

오늘 팔순八旬을 맞으신 박복아朴福阿 여사께서는 지난 1922년 광양시 옥곡면에서 박준휘朴準暉님의 3남 6녀 중 장녀로 태어나, 아주 다복하긴 했지만 엄격한 유교 교육을 받으며 어린 시절을 보냈습니다.

당시 박 여사의 부친이신 박준휘 님께서는 경남 남해에서 제빙 공장 등 크고 작은 각종 사업체를 이끈 유능한 사업가이셨습니다. 또한 한학에 아주 밝은 대문장가로서도 명성을 날리시던 큰 선비이셨습니다.

박복아 여사께서는 19세 되던 지난 1940년, 당시 봉강면사무소 공무원 생활을 하시던 부군 이정우李楨宇님과 백년가약을 맺고, 이후 슬하에 2남 5녀와 17명의 손주를 두시며 늘 행복이 넘치는 가정을 꾸려오셨습니다.

박 여사님은 지금 이 순간까지 57년이 넘는 결혼생활 동안 시부모님께는 훌륭한 며느리로서, 부군에게는 슬기로운 아내로서, 자식들에게는 어진 어머니로서 변함없이 한결같은 생활을 해오셨습니다.

박 여사님은 부군 이정우 님께서 30년이 넘도록 봉강면의 면장직을 수행하시기까지 찾아보기 어려운 부덕婦德과 현모양처賢母良妻의 정신으로 훌륭한 내조를 다해 오셨습니다.

당시 우리들의 부모님 모두가 어려운 살림을 꾸리셨겠지만 박 여사께서는 7남매를 둔 어머니로서 어려운 가계를 이끄시면서도 7남매 모두를 중등교육 이상을 받게 하시고 엄격한 가정교육을 시키셨습니다. 그래서 자식들이 오늘날 제각기 비중 있는 사회 구성원으로서, 충실한 아내로서 생활할 수 있도록 훌륭하게 키워주셨습니다.

특히 장남 이장로李章魯씨는 고려대학교를 전체 수석졸업하고 32세의 젊은 나이에 물리학 박사학위를 취득, 숙명여대 학장으로 재직하며 후학들을 이끌고 계십니다. 또한 한국자기학회 회장으로서 우리나라 물리학 발전에 크게 공헌하는 훌륭한 과학자로 활동하고 계십니다. 그리고 각종 매스컴에 보도된 바와 같이 그동안 수백편의 국내외 연구논문 업적과 특허 등으로 영국 캠브리지 국제인명센터 IBC에 세계 100대 과학자, 21세기 위대한 과학자로 선정, 등재된 바도 있습니다. 최근에는 개각 때마다 개각명단에 우리 모두가 촉각을 기울이게 되는 이유가 바로 여기에 있습니다.

팔순을 맞으신 박 여사님의 부군 이정우 님으로부터 언젠가 전해들은 여담 한 마디 소개히겠습니다. 박 여사님께서 한때 건강이 좋지 않아서 민간요법으로 산 약초를 달여 드셨는데 독성이 아주 심해 곧 돌아가실 위기에 처한 때가 있었습니다. 병상에 몸져누워 혀가 굳어 발음도 잘못하면서 어눌한 목소리로 '내가 없더라도 큰아들 장로는 반드시 대학 보내주세요'라는 말씀을 유언처럼 남기셨다고 합니다. 공부도 열심히 했지만 유달리 총명했던 큰아들 장로 씨가 어릴 때부터, 당시 장난감이 흔치 않던 시절이라, 베개로 쓰던 목침과 재봉틀 덮개상자를 자동차처럼 밀고 다니며 '나는 이 차 타고 서울 간다!'라고 곧잘 흥얼거리며 놀던 모습이 가슴에 사무쳐 목숨이 위태로운 순간에도 그 단 한 마디만 남기신 것입니다.

대학 가기 힘든 당시 환경에서도, 큰아들 장로 씨는 사범학교를 졸업하고 일년 남짓 교직생활을 거친 후 어렵게 대학에 갔고 오늘의 큰 과학자로 성장할 수 있었던 것은, 이러한 박 여사님의 지순至純한 자식 사랑과 남다른 교육열 때문이라고 생각하지 않을 수 없습니다. '여자는 약하나 어머니는 강하다'는 셰익스피어Shakespeare의 명언을 굳이 거론하지 않더라도, 자식에게 있어 어머니는 그 누구도 대신할 수 없는 절대적인 존재임을 부인할 사람은 아무도 없을 것입니다. 평소 자식들을 대하는 박복아 님의 모습을 보면서 우리는, 우리들 어머니들의 그 위대한 힘을 새삼 되돌아보는 계기로 삼을 수밖에 없었던 것입니다.

큰 며느리 신경자申卿子씨는 이화여대 대학원을 졸업한 재원으로서 지금은 춘천교육대학교 교수로 지내고 계십니다. 그리고 막내아들 이숙로李淑魯씨는 대기업체인 해태그룹 종합조정실과 매일경제 미디어그룹의 미디어전략부장 역임 후 매일경제신문사의 총무부장으로, 막내며느리 김혜영金惠英씨는 서울에서 초등학교 교사로 각각 활동하고 있습니다.

사위들 다섯 명도 모두들, 교육자로서, 철도청과 국세청 고위 공무원으로서, 육군 대대장으로서, 대기업의 간부로서 자신들의 역할을 충실히 해내고 있는 우리 사회의 중추적中樞的 재원으로서 두드러지게 활동하고 있습니다.

손주들 역시 제각각 공학박사, 약학박사, 이학박사, 의학박사, 한의학박사학위 및 정형외과 전문의, 피부과 전문의, 치과 전문의, 한의사, 약사 등 자격을 취득하고 제각기 대학교수, 병원개업, 고위직공무원, 개인기업 등 전문 직종에 근무하고 있습니다.

예로부터 하늘은 지아비, 대지는 지어미라 했습니다. 하늘은 만물에 없어서는 안 되는 비를 내리고, 이를 밑거름 삼아 많은 영양분을 지닌 대지는 만물을 기른다고 했습니다. 고인이 되신 부군 이정우 님과 팔순을 맞으신 박복아 님 두 분의 지고至高한 사랑과 정성이 결국, 남들이 부러워할만한 오늘의 번창한 집안과 자손들을 이뤄낸 것이라 생각합니다.

아무쪼록 오늘 팔순을 맞이하시고, 존경하는 어머니상의 전형으로 길이 칭송稱頌받고 있는 박복아 여사님의 건강과 행운을 기원하기 위해 오늘 이 자리에 참석해주신 여러분들의 아낌없는 축하 박수를 부탁드리면서, 박복아 여사의 약력 소개를 마치겠습니다.

감사합니다.

(2001.11.22, 박복아 여사 팔순연八旬宴 약력소개, 조카 *이정주)

*이정주 씨는 경제학박사로 ㈜부영건설 사장을 역임하였다.

간이 납땜인두기soldering iron 제작

<동기>

　필요는 제작의 어머니라 했던가.

　전자기제품 수리에 필수적必須的인 오랫동안 사용하던 납땜 인두기가 망가졌다. 지금으로선 전자상가 방문구매도 어려운 상황이라 자작自作을 시도하게 되었다. 제작방법은 납땜 팁으로 연필심의 흑연봉을 사용하는 방법과 구리봉을 사용하는 방법 등이 있으나 여기서는 구리봉을 사용하기로 하였다.

<준비물>

- 니크롬선: 고장난 헤어드라이어 열선
- 손잡이: 손자들 쓰던 연필, 드릴로 흑연심 파냄
- 납땜 팁: 안 쓰는 토스터 받침대에서 직경 3.5mm, 길이 10cm 구리봉 잘라냄
- 인입선재료: 코일선 직경 1mm, 길이 50cm

- 전원: 망가진 노트북 아답터 DC 12V, 4A
- 석면 절연튜브: 고장난 전자레인지 내부에서 적출摘出

<결과>

　이상의 폐가전기廢家電器 용품 등을 사용하여 제작된 인두기는 니크롬선 길이로 열량 조정이 가능하여 약 60W 용량을 가졌다. 이 인두기는 성능면性能面에서 시중 판매중인 인두기 못지않게 사용하는데 전혀 불편하지 아니하였다.

(2021.07.08, 과학 이야기, 과학 칼럼)

제7장

지봉유설, 알파고, 고난과 영광의 길

지봉유설芝峰類說 기획전시회企劃展示會를 다녀오다

알파고AlphaGo와의 세기世紀의 바둑대결

고난苦難과 영광榮光의 길 - 뜻이 있는 곳에 길은 열리고

지봉유설芝峰類說 기획전시회企劃展示會를 다녀오다

조선조 실학實學의 선구자로 불리는 지봉芝峰 이수광李晬光 선생의 유물 특별전시회 개관식이 남양주시 조안면 소재 다산유적지의 실학박물관에서 지난 4월 15일 오후 3시에 열렸다.

이번 전시회는 실학박물관實學博物館이 주관하는 2019년 상반기 기획전으로 <지봉유설> "신화神話를 넘어 세계를 기록하다"라는 캐치프레이즈catchphrase로 7월 7일까지 전시하는 것으로 되어 있다.

이날 개막식에서는 박희주 실학 박물관장의 개회사, 김시업 은평 한옥 역사박물관장과 윤형진 실학 훼밀리family 역사학회 부회장의 축사가 이어졌고, 실학을 연구하는 학회 교수님들 그리고 지봉 선생의 후손인 전주이씨 경녕군파 대종회 회장단 및 직계후손들이 대거 참석하였다.

김시업 은평 한옥 역사박물관장은 실학의 선구자로서의 이수광 선생에 관한 해박한 지식과 논리적 평가를 전개하였다. 실학학회와 실학박물관에서 적극적으로 주선하여 한국, 일본, 중국이 참여하는 동아시아 실학학회에 이수광 선생을 첫 번째 실학의 선구자적先驅者的 학자로 추천하고 선정되는 경위를 설명했다.

실학사상이 우리의 오늘날 당면 문제해결을 위해 어떻게 기여해야 할 것 인지에 대한 소견도 밝혔다.

윤형진 실학훼밀리 역사학회 부회장은 실학훼밀리 역사학회의 창립 과정과 배경 및 발전경위를 설명하고, 실학박물관의 실학훼밀리 역사학회에 대한 지원과 협력에 감사를 표하였다.

이 역사학회는 다산 정약용, 연암 박지원, 하정공 류관, 소릉 이상의, 성호 이익, 반계 유형원, 신흠, 김현성, 김육, 윤두서, 홍대용, 정두원 등 조선후기 실학사상을 공유하고 집대성한 선진명문가의 후예들 약 90여명이 2011년에 창립한 실학역사 연구모임이다.

계속하여 개막테이프 커팅 후 실학박물관 학예사 해설로 박물관 전시회 유물을 관람하고 곧바로 연회로 이어졌다.

연회장에서 지봉선생의 문중을 대표하여 전주이씨 경녕군 대종회 이남영 회장이 건배사를 하여 모든 참석자에게 사의를 표하였다.

직계손인 대종회 이운영 감사는 인사말에서 직계후손으로서 감사인사를 드리고, 이종선 전 대종회 회장과 필자를 소개하였다.

이어서, 지봉 할아버지가 1625년 인조대왕에게 올린 상소로 "중흥장소 12조" 1. 근학, 2. 경심, 3. 경천, 4. 휼민, 5. 납간쟁, 6. 진기강, 7. 임대신, 8. 양현재, 9. 소붕당, 10. 칙융비, 11. 후풍속, 12. 명법제 등을 간략히 설명하고 위의 12조와 이를 근간으로 200년 후 다산 정약용 선생이 쓴 목민심서에 따라 현대에도 국정을 수행한다면 국가 지도자의 자세와 정치, 경제, 국방안보, 교육문화, 복지, 조세, 공직기강, 당쟁,

법치 등 국정제반에 질서가 바로서고 혼란과 허실없이 발전하여 태평성대太平聖代를 이룰 수 있을 것이라고 주장하였다. 그리고 실학훼밀리 역사학회 회원들과 공감의 시간을 가져 매우 기쁘고 실학의 선구자인 이수광 선생의 후손으로서 자긍심自矜心을 갖게 되어 매우 자랑스럽다고 하였다.

그러면 지봉선생의 생애生涯와 업적에 대하여 좀더 살펴보기로 한다.

이수광(1563~1628) 선생은 조선조 중기 왕족출신 성리학자性理學者, 외교관이자 정치가로, 또 실학의 선구자로 평가받는 인물로 본관은 전주全州, 자는 윤경潤卿, 호號는 지봉芝峰이며 태종왕자太宗王子인 경녕군敬寧君 이비李裶의 5대손이다.

집안이 관직으로 세상에 들어난 시기는, 청백리淸白吏로 알려져 선조宣祖의 신임을 바탕으로 호조, 병조, 형조판서를 지낸 부친 이희검李希儉 때부터이다.

이수광 선생은 임진왜란, 광해군의 즉위, 인조반정, 이괄李适의 난, 정묘호란의 발발 등 내우외환內憂外患이 극심한 상황에서 많은 전란과 정치적 변화를 겪으면서 살았다. 그는 이조판서를 지내고 죽은 후에 영의정으로 추증되었다. 또한 아들 이성구와 이민구는 각각 영의정과 이조참판을 지냈다.

지봉 이수광은 그 당시 유교 성리학의 도덕적 관념을 벗어나서 현실에 근거하고 개혁적改革的인 개방과 실용의 자세로 세계와 소통하였다. 그가 얻은 세계 정보는 경험과 실증에 근거한 것으로 조선이 지금껏 얻지 못했던 생동감生動感 있는 지식이었다.

학자 이수광은 저서로서 지봉유설芝峰類說, 지봉집芝峰集, 채신잡록採薪

雜錄, 병촉잡기秉燭雜記, 찬록군서纂錄群書, 해경어잡편解警語雜篇, 잉설여편剩說餘篇, 승평지昇平志 등을 저술하였다.

그 중에서 사물의 이치를 설명한 <지봉유설>은 1614년에 편찬한 조선 최초의 문화백과사전으로 알려져 있다. 여기에는 3435항목에 달하는 방대한 내용으로 348가家의 서적이 인용되었으며 나오는 사람은 무려 2265인이나 된다. 즉 인문, 사회, 과학 전반이 거의 다 섭렵되어 우리 문화에 대한 자부심과 실용적인 지식이 총망라總網羅되어 있다.

특히 이수광은 격동의 시대에 살면서 중원 대륙에서 명·청 교체라는 국제정세의 변화를 체험하면서 3차례 사신使臣으로 북경을 왕래하며 뛰어난 국제적 감각을 키웠고 국가재건을 위한 개혁을 고민한 것으로 알려져 있다.

특히 <지봉유설> 제국부諸國部 외국조에는 육로와 해상교역로에 위치한 중국 주변의 나라들을 비롯하여 중앙아시아의 이슬람 문명권, 서구 유럽 등 세계 50여개국의 기후氣候, 풍속風俗, 신앙信仰, 생활生活 등이 최초로 소개되어 있다.

따라서 이 책은 폭넓은 학식과 국제적인 견문을 바탕으로 17세기 동아시아를 아우르는 교양을 집대성集大成한 대저작大著作으로 후일 실용적인 사상이 발전해나가는 기반이 되었다.

결과적으로 비록 17세기 조선의 보수적인 지적 풍토에서 이수광의 선구적인 실학사상은 곧바로 수용될 수는 없었지만, 지봉유설의 편찬을 통하여 폭넓은 시야를 갖게 함으로써 조선 사람들이 세계에 눈뜨게 하는 계기가 되었다고 평가하고 있다.

이수광 선생의 <지봉유설>을 편찬한지 200여년이 지나서 드디어 신화와 관념에서 머물던 조선의 세계 인식은 <지봉유설>에서 제시하는 사실의 영역으로 전환되어 갔다. 즉 19세기 하백원河百源과 최한기崔漢綺가 전파하는 세계지도는 조선 지식 사회의 인식 변화를 알려주는 지도들이다. 호남의 지식인 하백원은 만국전도를 제작했고 최한기는 중국인이 그린 지구전후도를 인쇄하여 배포했다. 밀려드는 서구문물과 변화하던 동아시아의 정세 속에서 최한기 등은 폐쇄적인 조선의 현실을 비판하고 관념을 뛰어넘어 세계로의 인식을 바로 할 것을 주장하게 되었다.

그리고 실학實學 전체를 특징짓는 표어로서 실사구시實事求是는, 근대사 우리나라 실학의 중심 사상이기도 하다. 실학사상의 토대가 된 '실사구시' 운동은 공리공론空理空論에서 벗어나서 사실에 근거하여 진리와 진상을 탐구探究하고 추구하는 운동이다. 즉 눈으로 보고 귀로 듣고 손으로 만져보는 것과 같은 실험과 연구를 거쳐 아무도 부정할 수 없는 객관적 사실을 통하여 정확한 판단과 해답을 얻고자 하는 것이 실사구시이다.

따라서 이것은 오늘날 대표적인 기초과학基礎科學인 물리학物理學과 더불어 모든 자연과학연구와 탐구의 기본적인 원칙으로 자리잡게 된 것이다.

결론적으로 실학사상에 훌륭한 선현들과 현실적이고 진취적인 사고를 했던 학자들로부터 일깨움을 받아서, 오늘의 현실에 매몰되거나 안주하지 말고 내일과 미래를 내다볼 수 있는 비판적 민족적 자아를 키워나가서, 오늘의 우리가 당면한 문제를 해결해나가야 될 것이다. 실학이 민족의 통일과 평화를 이루어나가야 하는 당면 문제해결에 보탬이 되기 위해서 실학이 가지는 학술적 체계나 그것을 자랑하는데 그칠 것이 아니고, 앞으로 우리의 당면문제當面問題가 무엇이며 이것을 어떻게 해결해나가야 할 것인지에 대한 진지한 노력이 있어야 할 것이다.

실학사상과 관련된 유·무형의 자료와 정보를 수집, 보존, 연구, 교류, 전시하는, 실학 중심의 문화복합공간으로서의 실학박물관의 역할이 이에 크게 기여할 것으로 보이며, 그런 점에서 실학박물관의 존재의의存在意義을 재조명해봐야 할 것이다.

이번 실학박물관의 <지봉유설> 기획전시회 참관參觀으로, 실학의 선구자 지봉 이수광 선생의 전주이씨 후손의 한 사람으로서 커다란 자부심自負心을 갖게 되는 계기契機가 되었다.

추기:

이수광 선생의 호 지봉을 따서 제정한 지봉로芝峯路가 서울 종로구, 부천시와 순천시에 각각 있다.

특히, 지봉선생의 순천부사順天府使 재임을 기리기 위해 명명한 순천시 지봉로를 달리면서 태종왕자太宗王子의 후예後裔로서 뿌듯한 자긍심을 느끼곤 하였다.

<참고문헌>

1. 신병주, 《조선 최고의 명저들》 휴머니스트 p.119, ISBN 895862096X (2006).
2. 이은직 저, 정홍준 역, 《조선명인전 3》 일빛, p.407, ISBN 8956450889 (2005).

3. 송건호, 《송건호 전집1 - 민족 통일을 위하여 1》 한길사, ISBN 8935655015 (2002).

4. 신병주《규장각에서 찾은 조선의 명품들: 규장각 보물로 살펴보는 조선시대 문화사》 책과 함께, p.303 ISBN 9788991221284 (2007).

5. 신병주《규장각에서 찾은 조선의 명품들: 규장각 보물로 살펴보는 조선시대 문화》 책과 함께, p.310, ISBN 9788991221284 (2007).

6. 이준구, 강호성 공저, 《조선의 선비》 스타북스, p.203, ISBN 899243300X (2006).

7. 춘추관 관원들 (1616), 《선조실록》.

(2019.06.05, 과학 칼럼, 포커스 데일리)

알파고AlphaGo와의 세기世紀의 바둑대결

　세계최고 이세돌 9단과 세계최고 인공지능 알파고AlphaGo와의 세기의 바둑대결 제4국에서 이세돌이 승리를 거둔 것은 인간승리로 축하할 일이었다.

　이 바둑대결은 4승1패, 알파고의 최종승리로 막을 내렸다. 그러나 알파고와 인간이 다같이 공동 승리한 세기의 축제의 대결이라고 말하기도 하였다. 그 인공지능을 바로 우리 인간이 만들었으니 하는 말이었을 것이다.

　이세돌은 제5국에서 패배한 후 "알파고의 집중력을 사람이 이기긴 어려웠습니다"라고 하였다. 그러나 인공지능 알파고는 기계로서의 한계, 프로그램을 설정하고 미세조정을 하는데 한계를 드러낸 반면, 단 한번뿐인 승리였지만 이 승리를 통하여 인간의 무한한 가능성이 확인된 셈이다.

　알파고의 아버지인 구글 딥마인드DeepMind 디미스 허사비스 최고경영자와 그 팀장은 "4번째 대국에서 패배한 것은 알파고가 단순한 실수 때문이 아니라 충격과 혼란에 빠진 결과였다”고 설명하였다. 그리고 그들은 “제4국에서의 승리는 인간의 창의력이 인공지능 알파고 신경망에 구멍을 뚫었다”고 하면서 그 패배를 인정하고 찬사를 아끼지 아니하였다.

그 당시 바둑이 학습에 도움이 된다고 하여 바둑 관련서적이 불티나게 팔렸을 뿐 아니라, 바둑에 대한 열풍으로 바둑의 전성시대를 예고하기도 하였다.

또한 “이세돌과 알파고의 바둑 대결에서 구글 회사의 광고 효과가 극대화되어 결과적으로 구글 회사만 엄청나게 부를 창출하게 된 결과만을 가져왔다”고 이야기하는 사람도 있었다.

또 어떤 사람은 “기계가 인간보다 바둑을 더 잘 하는 것은 마치 자동차가 인간보다 빨리 달릴 수 있고 전기밥솥이 인간보다 밥을 더 잘 짓는 것 하고 뭐가 다르냐면서” 크게 놀라지 아니하기도 하였다.

한편으로는, 마쓰오 유타카 지음, ‘인공지능과 딥러닝’에 의하면 앞으로 인공지능이 발전할수록 제조업은 물론 금융, 상담 등 사무직과 의료, 교육, 법률과 같은 전문직까지도 인공지능기계가 대신하여 일자리를 잃게 되고 인간이 인공지능에게 정복당할 날이 멀지 않을 것이라는 비관적인 목소리도 없지 않다. 영국 옥스퍼드대 연구팀에 따르면 향후 20년 내에 미국을 중심으로 전체 직업의 약 40%가 인공지능 자동화 로봇으로 대체 될 수도 있다고 예측하며 이에 따라 사회 구조의 붕괴가 우려된다고 주장하고 있다.

그러나 이봉진 저, ‘AI는 세상을 이렇게 바꾼다’에서 살펴보면 이번의 인간지능의 승리는 지금까지 인간이 자동차나 전기 밥솥문제를 해결한 것보다 훨씬 더 차원이 높은 문제를 해결한 것으로 보인다. 현재 존재하는 게임 중에서 가장 경우의 수가 많은 바둑 문제를 풀었다는 것은 변수가 굉장히 많은 복잡한 문제에 대하여 실시간으로 대응하여 최적화하는데 어느 정도 성공했다는 것이다. 즉 이 결과는 이와 비슷한 복잡한 문제 즉 교육, 의료, 법률, 교통, 환경, 자원 및 보안 등 여러 분야의 문제들을 현재보다는 훨씬 더 근본적이고 새롭게 잘 해결할 수 있다는 희망을 갖게 해준 계기가 되었다.

그러나 알파고의 바둑은 인간이 프로그래밍한 알고리즘에 따라 세상에 나온 모든 기보를 다 암기하고 두는 수에 불과하고 스스로 자유 의지와 창작력을 가지고 두는 수가 아니라는 것이다. 그 뿐만 아니라 알파고는 생물이 아니라 전기 코드를 뽑아 버리면 아무것도 할 수 없는 무기력한 하나의 기계에 불과하다.

따라서 최윤식 보고서 '미래학자의 인공지능 시나리오'에 따르면 지금의 알파고 정도의 인공지능은 아직은 두려워할 대상이 아니고 앞으로 인간의 삶에 잘 스며들어 인간의 일을 더 잘하게 도와주는 역할을 하게 될 것이라고 주장하기도 한다.

앞으로 두려워해야 할 일은 로봇에게 인간의 뇌기능과 인공지능을 갖는 소프트웨어를 결합하여 인공뇌를 만들어내거나, 뇌의 기억을 컴퓨터에 백업하게 함으로써 인간 정도의 자율적인 인간지능을 가질 때 생길 것이다.

그리하여 인간과 같은 지능을 가진 로봇이 출현하여 인간을 지배하고 인간에게 큰 피해와 불행을 안겨 줄 수 있을 것이라고 걱정들을 하기도 하였다. 인공지능이 인간지능 정도의 자율적인 지능을 가지려면 아직은 뇌과학 연구가 걸음마 단계이고, 이 분야에 대한 발전 속도로 추정할 때, 또 지난 50년간 반도체산업을 주도해온 무어의 법칙Moore's law (반도체 집적 회로 내의 트랜지스터 수가 18개월마다 배로 증가한다는 법칙)이 반도체 집적도에 대한 기술적 한계에 부딪쳐 머지않아 종말 선언과 함께 용도폐기 될 전망이어서, 앞으로도 상당한 시간이 더 소요될 것으로 보인다.

이번 바둑대결에서 인공지능 알파고의 승리로 인한 충격으로, 불확실한 미래에 대한 우려와 공포에 휩싸이게 되고 또 한편으로는 기대와 희망이 엇갈리고 있지만, 자율신경을 갖는 인공지능을 만들고 또 그것을 조종하고 통제하는 것은 결국은 인간이다.

아무튼 이 일을 계기로 하여 뇌과학과 인공지능관련 과학기술 연구개발에 대한 투자 확대와 함께 이 분야의 과학기술 연구인력 양성을 위한 과학기술교육을 강화하여야 할 것이다.

<참고문헌>

1. Rich, Elaine, Artificial Intelligence, McGraw-Hill, (1983).
2. Kumar, Gulshan; Kumar, Krishan, "The Use of Artificial-Intelligence-Based Ensembles for Intrusion Detection: A Review", Applied Computational Intelligence and Soft Computing, 1-2 (2012).
3. The Future of Employment-Oxford Martin School (2016).
4. Technology at Work-Oxford Martin School (2016).
5. 최윤식, 미래학자의 인공지능 시나리오 (AI 미래 보고서), 코리아 닷컴 (2016).
6. 이봉진, AI는 세상을 이렇게 바꾼다, 문운당 (2016).

7. 마쓰오 유타카, 인공지능과 딥러닝, 동아엠앤비 (2015).

8. 엘빈 토플러, 미래쇼크, 한국경제신문사 (1989).

(2016.11.24, 과학 이야기, 과학 칼럼)

고난苦難과 영광榮光의 길

- 뜻이 있는 곳에 길은 열리고

대학원 수업을 마치고 방으로 들어왔다. 청오지靑五誌 원고청탁을 위해 교수실에서 대기하고 있는 청오회 회원을 반갑게 맞이하였다. 그동안 청오회와 상청회常靑會 모임에 제대로 참석하지 못한 죄송스러움이 마음 한구석에 자리하고 있었던 터라 안부를 묻는 등 한동안 환담을 즐길 수가 있었다.

사범학교師範學校를 졸업하고 초등학교 교사로 근무하다가 대학에 입학한 나에게 5.16 장학금 수혜자受惠者로 선정되어 필요한 구비서류가 시골로 우송되어 왔을 때 그 기쁨은 말할 수 없이 컸다.

이 장학금 수혜는 나에게 대학생활을 경제적으로 별 어려움 없이 할 수 있게 해주었을 뿐 아니라 전교수석졸업全校首席卒業의 영예가 안거지기까지의 커다란 원동력이 되었고 활력소가 되었다.

장학회를 방문했을 때 조태호 이사장님과 사무국 선생님들께서 수석졸업이 보도된 일간신문들에 빨간 펜으로 굵게 적시摘示해놓으신 보도 내용을 보여주시면서 찬사와 격려를 아끼지 않으셨던 그 때 그 순간을 지금도 잊을 수가 없다. 장학금 수혜자가 고려대 전교수석졸업생이 된 사실에 보람을 느끼고 즐거워하셨던 것 같다.

강의실, 아르바이트, 학군단 군사훈련 등의 3중 생활三重 生活로 점철點綴된 고난의 대학생활에서 얻어진 결실이라 생각되어 나 자신도 고무되었다.

대학졸업 후 육군 통신장교로서의 2년 반의 군복무기간은 험난한 사회생활에서의 역경逆境을 극복하고 간난艱難을 헤쳐 나갈 수 있는 투지력과 인내력을 키우는 좋은 계기가 되었다고 생각한다.

미국 대학으로부터 대학원 진학을 위한 장학금 지원까지 확정되었으나, 계획해왔던 미국유학은 가장역할을 해야 하는 7남매의 장남으로서 포기할 수밖에 없었다. 군복무를 마치고 대학원에 진학한 후 박사학위를 받을 때까지 줄곧 계속된 강의실과 실험실에서의 생활은 전공의 특성 때문에 밤을 새우는 일이 많았다. 그래서 학부 때보다 더한 고충과 애로隘路를 감내해야만 하였다.

졸업의 의미가 시작을 의미하듯, 대학과 대학원을 졸업 후 곧바로 나의 새로운 교직생활은 다시 시작되었다. 잠시 교직을 떠났다가 다시 대학 교수로 돌아온 것이다. 결국 나에게 천직天職은 역시 교직이구나 하는 생각을 하게 된다.

대학 교수의 임무는 학생들에게 강의를 통한 교육을 하는 것에 추가해서, 새로운 지식을 창조해내는 연구활동을 하고 또 사회에 봉사하는 것이라 할 수 있겠다.

사회와 인류에 봉사하기 위하여 꾸준히 인격을 도야陶冶하고 진리를 탐구하는데 앞장서는 일이 훌륭한 인격을 완성하는 바람직한 길이라 생각하였다. 이런 점에서 내 자신 대학 교수 생활에 긍지矜持를 가지게 된다.

교육 및 연구용 실험기자재구입을 위한 AID 차관자금借款資金이 지금까지는 문교부에 신청해봐야 승인이 안 되는 경우가 많아 교수들에게 많은 실망을 안겨주곤 하였다. 그래서 이번에는 많은 교수들이 신청을 포기하였다. 그러나 갖추어야 할 실험장치가 워낙 많은 나로서는 많은 액수를 신청하게 되었다. 드디어 거액 110만불이 나 혼자 몫으로 승인되는 행운을 얻게 되었다.

따라서 물성물리학物性物理學 연구실의 연구용 실험실 기구와 장치를 상당량 갖출 수 있게 되었다. 많은 교수들로부터 부러움을 사기도 하였으며, 특히 타 대학 교수와 대학원 학생들에게도 측정이나 공동연구를 통하여 도움을 줄 수 있는 계기가 마련된 것이다.

대학 교수에게 해당연구를 위한 연구용 실험장비를 일시에 대거 갖출 기회를 갖게 된 것은 행운 중 행운이 아닐 수 없다. 그것도 대학에 부임한지 얼마 안 되어 전공 실험연구를 위한 큰 기틀을 마련한 셈이 되었기 때문이다.

당초, 타원편광분석장치Ellipspsometry는 컴퓨터로 제어하여 고전적인 광학상수(굴절률, 흡수율, 투과율, 두께)를 측정하는 장치로 도입되었으나 자기광Magneto-optic 효과의 하나인 Faraday 효과를 측정하기 위하여 선편광 또는 평면편광이 투과할 수 있는 원통형 Faraday cell을 제작하였다. 이것은 일정길이의 플라스틱원통의 양쪽 입구면을 접착제를 이용하여 유리판으로 막고 독성이 강한 염화탄소액 등을 주입한 것으로 제작과 보존에 어려움이 많았다.

Faraday cell의 길이방향으로 걸어주는 자기장 생성용 헬몰츠코일Helmholtz coil, 원통형코일제작과 Kerr효과측정용 전자석 등을 제작하기 위해서는 손톱이 깎여 나가는 코일감기작업을 감내해야만 했다.

또한 거대자기저항Giant magnetotesistance특성측정용 미소장치를 자작하여 고진공이 유지되는 원통형 챔버 내에 장착하고 컴퓨터 인터페이스하여 자성박막제작과 동시에 in si-tu로 측정이 가능하게 하였다.

또한 희토류 자성특성측정용 자기계Magnetometor 제작을 위하여 축전용량이 큰 대용량 충전기 카트팩도 제작하여 상당부분의 자성체 물성특성에 필요한 실험 장치를 온통 갖추게 된 것이다.

교양 있는 인간으로 살기 위해서는 일생 동안 공부를 해야 한다. "생生의 교육"이라고 하는 새로운 개념은 학교교육이 끝났다고 해서 공부와 담을 쌓아서는 안 된다는 말이다.

따라서 학교를 나와서도 계속 공부해야 하고 또 공부할 수 있도록 사회체제가 이루어져야 한다.

현대는 과학의 급속한 발전 때문에 지식도 굉장히 빨리 늘어나고 있다. 어느 심리학자가 조사한 바에 의하면 우리 인간들은 매년 5% 정도의 새로운 지식을 추가하게 된다는 것이다. 그와 동시에 5% 정도의 지식은 내버리게 된다는 것이다. 즉 망각忘覺을 해야만 된다. 설령 망각하지 않더라도 그것은 낡은 지식이 되어 쓸모가 없게 된다.

그러므로 새로운 지식이 추가되어 10년이 지나게 되면 50% 정도가 꺼져 없어지고 50% 정도만 남게 된다. 따라서 지금 학교를 나와 10년만 지나게 되면 지식의 반쯤은 구식이 되어 버리니까 새로운 지식을 도입하여 보충하지 않으면 융통성이 없어지게 된다.

한 사람의 일생을 통한 교육 중에서 학교교육에서 이루어진 것을 제외한 나머지 부분에 대해서는 졸업하고 나서도 계속 공부하여 보충해야 한다는 뜻이라 생각된다.

이렇듯 청오회 회원 여러분은 어디에서 어떤 일을 하더라도 선택된 엘리트로서의 긍지와 자부심自負心을 갖고, 주어진 여건 속에서 충실히 생활해야 할 것이다. 아울러 꾸준히 새로운 지식을 도입하고 보충함으로써 자기발전自己發展을 위한 실력향상에도 게을리하지 말아야 할 것이다.

그리고 국가와 사회에 봉사하는 마음과 솔선수범率先垂範하는 선구자적先驅者的 자세를 함양하도록 힘써주기를 당부한다. 그렇게 함으로써 결과적으로는 상청회와 청오회의 발전에도 기여하는 길이 될 것이다.

나 역시 대학에 몸 담은 이상, 진리 탐구의 달성을 향하여 최선과 성실을 신조로 하는 학구생활을 추구해야 한다고 다짐해본다.

'뜻이 있는 곳에 길이 열리기 마련'이라는 생각을 되새기며 교수실을 나오면서 문득 쳐다본 달빛이 오늘은 유난히 밝아 보인다.

(1979.03.25, 특집 고난과 영광의 길, *청오지)

*청오지는 청호회 회지이다. 청오회는 5.16장학금 수혜학생의 모임이고 상청회는 그 동창회 모임이다, 이 장학회는 정수장학회로 바뀌었다.

제8장

코비드-19 바이러스, 대종회 정기총회
참관기, 코딩 열풍

코로나COVID-19 바이러스와 관련한 자료 모음 I / II

전주이씨 경녕군파全州李氏 敬寧君派 대종회 제54회 정기총회 참관기參觀記

코딩Coding 열풍熱風

코로나COVID-19 바이러스와 관련한 자료 모음 I

코로나 사태로 우리 모두가 어려운 생활을 하고 있다. 이것을 극복하는데 조금이라도 도움이 되었으면 하는 마음에서 아래의 몇 가지 자료를 소개하고자 한다.

코로나 바이러스를 의인화擬人化하여 코로나 바이러스가 지구인간에게 주는 경고의 편지, 코로나-19가 인간의 미래사회에 미치는 영향, 미국 질병예방통제국CDC에서 강조하는 손씻기와 개인 청결문제, 그리고 코로나-19 백신에 대한 Q/A 등이다.

특히, 코로나 바이러스는 이 편지에서 '나는 여기에 당신들을 벌주러 와있는 것이 아니고 당신들을 깨우기 위해 온 것이다. 내 말을 거역해서 계속적으로 지구를 오염汚染시키면 내가 다시 훨씬 강력한 모습으로 오게 될 거예요'라는 경고가 의미심장意味深長하다. 이것은 코로나 바이러스 사대에 인산에게 경각심警覺心을 불러일으키게 하는 메시지라 할 수 있다.

코로나 바이러스가 인간에게 보내온 편지

- A letter to Humanity from Coronavirus

The earth whispered but you did not hear.

지구가 속삭였지만 당신들은 듣지 않았습니다.

The earth spoke but you did not listen.

지구가 소리를 내 이야기했지만 당신들은 듣지 않았습니다.

The earth screamed but you turned a deaf ear.

지구가 소리쳐 외쳤을 때 당신들은 오히려 귀를 막았습니다.

And so I was born...

그래서 내가 태어났습니다.

I was not born to punish you...

나는 당신들을 벌주기 위해 태어난 것이 아닙니다.

I was born to awaken you.

나는 당신들을 깨우기 위해 태어났습니다.

The earth cried out for help...

지구는 도와 달라 외쳐왔습니다.

Massive flooding. But you didn't listen.

대규모의 홍수로 외쳐도 당신들은 듣지 않았고,

Burning fires. But you didn't listen.

불타는 화염으로 외쳐도 당신들은 듣지 않았고,

Strong hurricanes. But you didn't listen.

Terrifying Tornadoes. But you didn't listen.

강력한 폭풍과 돌풍에도 당신들은 들으려 하지 않았습니다.

You still don't listen to the earth when...

Ocean animals are dying due to pollutants in the waters.

대양의 생물들이 해양오염으로 죽어가는 상황에서도 당신들은 여전히 지구의 외침을 듣지 않습니다.

Glaciers melting at an alarming rate.

빙하가 녹아내리는 심각한 경고에도,

Severe drought.

혹독한 가뭄에도,

You didn't listen to how much negativity the earth is receiving...

지구가 얼마나 심각한 부정적 영향을 받고 있는지 들으려 하지 않았습니다.

Non-stop wars.

전쟁이 끊이지 않고,

Non-stop greed.

욕심은 멈추지 않고,

You just kept going on with your life...

No matter how much hate there was..

No matter how many killings daily...

무수한 증오에도, 하루에도 수많은 죽음이 일어나도 당신들은 그저 당신들의 삶을 이어갈 뿐이었습니다.

It was more important to get that latest iPhone than worry about what the earth was trying to tell you.

당신들에게는 지구가 보여주는 수많은 징후를 알아내기보다는 최신 아이폰을 갖는 것이 더 중요했습니다.

But now I am here.

그러나 이제 내가 여기 있습니다.

And I've made the world stop in it's tracks.

그리고 이제 내가 세계가 돌아가는 그 궤도에서 멈추게 했습니다.

I've made YOU finally listen.

내가 마침내 당신들로 하여금 듣게 만들었습니다.

I've made you take refuge.

당신들로 대피하게 만들었고,

I've made you stop thinking about materialistic things.

더 이상 물질적인 것에만 집중하지 못하게 만들었습니다.

Now you are like the earth...

이제 당신들은 지구가 어떤 상태인지 느낄 수 있게 되었습니다.

You are only worried about YOUR survival.

생존에 대한 염려가 무엇인지 알게 되었습니다.

How does that feel?

그것을 느낄 수 있습니까?

I give you fever... like the fires burn on earth.

지구 온난화가 심해지는 것처럼 당신들에게 고열을 일으켰고,

I give you respiratory issues... like the pollution filling the earth's air.

지구가 대기가 오염으로 가득 찬 것처럼 당신들에게 호흡곤란을 가져다 주었습니다.

I give you weakness... as the earth weakens every day.

지구가 매일 약해지는 것 같이 당신들에게 연약함을 주었습니다.

I took away your comforts...

Your outings.

The things you would use to forget about the planet and its pain.

And I made the world stop...

세계를 멈추게 만들어 당신들로 지구와 그 아픔을 잊게 만들던 편안함과 즐기던 외출을 당신들로부터 가져갔습니다.

And now...

그리고 이제….

China & India have better air quality, the skys are clear blue because factories are not spewing pollution into the earth's air.

중국과 인도의 하늘이 깨끗해지고 공기의 질이 달라졌습니다. 단지 공장들이 이상 오염물질을 지구의 대기에 내뿜지 않게 된 것으로 이러한 일이 일어났습니다.

The water in Venice s clean and dolphins are being seen again, because the gondola oats that polluted the water are not being used.

베니스의 물이 깨끗해지고 돌고래들이 다시 보이기 시작했습니다. 단지 곤돌라가 멈추는 것만으로 이러한 일이 일어났습니다.

YOU are having to take time to reflect on what is important in YOUR life.

당신들은 비로소 당신들의 삶에 진정으로 중요한 것이 무엇인지 새겨볼 수 있는 시간을 갖게 됐습니다.

Again I am not here to punish you.. I am here to Awaken you...

나는 여기에 당신들을 벌주러 와 있는 것이 아닙니다. 당신들을 깨우기 위해 온 것입니다.

When all this is over and I am gone...

내가 떠나고 이 모든 것이 지나간 후에….

Please remember these moments..

제발 이 시간들을 기억해주세요.

Listen to the earth.

지구의 이야기를 들어주세요.

Listen to your soul.

당신 영혼의 소리에 귀 기울여 주세요.

Stop Polluting the earth.

더 이상 지구를 오염시키는 것을 멈춰 주세요.

Stop Fighting amongst each other.

싸움을 멈추고,

Stop caring about materialistic things.

더 이상 물질적인 것에만 매달리지 말아 주세요.

And start loving your neighbors.

그리고 이제 이웃을 사랑하는 것을 시작해 보세요.

Start caring about the earth and all its creatures.

지구와 그 안의 모든 생물을 보살펴 주세요.

Start believing in a Creator.

그리고 마지막으로 창조주를 기억하세요.

Because next time I may come back even stronger...

그렇지 않다면 혹 내가 다시 돌아오게 될 수 있습니다. 그리고 그때는 지금보다 훨씬 강력한 모습으로 오게 될 거예요.

Signed, Coronavirus

코로나 바이러스가..

코비드COVID-19 백신vaccine에 대한 Q/A

1. 백신으로 인해서 코로나에 걸릴 수 있나?

백신으로 인해 바이러스에 걸릴 찬스는 0%입니다. 현재 미국에서 사용되는 화이자나 모더나 백신은 살아있는 백신이 아니고, mRNA라는 실험실에서 만들어낸 것입니다. 백신이 접종되었을 때, 이 mRNA는 우리 몸에서 아주 작은 양의 코로나바이러스의 단백질蛋白質을 만들도록 자극합니다. 바이러스 단백질이 몸 안에 만들어지는 순간, 우리의 면역체계免疫體系에서 항체抗體를 만들기 시작하죠.

백신으로 받은 mRNA는 곧바로 우리 몸의 효소에 의해 분해되고 없어져 버립니다. 예방접종 후 코로나에 걸렸다면, 이것은 예방접종 직전이나 접종 직후, 즉 항체가 만들어지기에는 좀 이른 시기에 감염感染이 됐을 겁니다.

2. 전에 바이러스에 걸렸다가 회복이 되었는데, 예방접종이 필요한가?

예, 접종接種이 필요합니다. 바이러스에 감염되어 항체가 생겼더라도, 이 항체가 얼마나 오랫동안 우리 몸을 보호할지 아직 모르기 때문입니다. 90일 이내에 재감염되는 경우는 많지 않다고 보고되었으며, 따라서 면역체계가 방어역할을 하고 있는 90일 이후에 백신을 받는 것을 권합니다.

3. 아이들도 접종하나?

16살 미만은 임상실험臨床實驗의 자료가 없으므로 아직 권장하지 않습니다.

4. 혈압, 비만, 폐질환이나 당뇨 등 다른 만성질환이 있어도, 백신을
받는 것이 안전할까?

예, 강력히 권장합니다. 만성질환이 있는 사람은 특히 바이러스에 걸렸
을 때, 가장 심한 바이러스 합병증合併症으로 생명이 위험해지거든요.

5. 접종을 2번 맞아야 하는 이유?

첫 번째 백신은 면역체계가 바이러스를 인지할 수 있게 도와주고, 두
번째는 면역체계를 강화시켜주는 역할을 합니다.

6. 예방접종豫防接種으로 아플 수 있나?

접종 후 한 2~3일 동안 몸이 좀 몸살이 난 듯 하고, 머리 아프고, 근육
통도 있을 수 있는데, 타이레놀이나 모트린 등으로 증상을 완화할 수 있
습니다. 2차 접종 후 이 증상들은 더 심할 수 있는데, 이것은 우리 몸이
항원에 대항해서 싸우면서 항체를 만들어가는 과정에서 나올 수 있는 증
상인데, 독감 예방접종한 후 나오는 증상과 비슷합니다.

7. 코비드 환자와 접촉했는데, 예방접종해도 되나?

바이러스 증상이 없어지고 격리기간隔離期間이 끝날 때까지 기다렸다가
예방접종을 할 것을 권합니다.

8. 임산부妊産婦도 접종하나?

임산부에 대한 임상 실험은 현재 진행중입니다. 백신이 살아있는 백신
이 아니고, 세포의 핵으로 침투하지 않기 때문에, 우리 몸의 DNA에 영향

을 미치지는 않습니다. 그러나, 임산부가 바이러스에 감염이 되었을 때는, 임신과정과 태아胎兒에 심각한 영향을 줄 수 있으므로 장·단점을 의사와 잘 상의하시기 바랍니다.

9. 알러지allergy 증상이 있는데 예방접종해도 되나?

백신 성분에 대해 알러지 증상이 없는 한 접종을 권합니다. 알러지 증상은, 보통 15분에서 30분 이내에 발생하는데, 이 기간 동안 의사나 간호사가 관찰을 하고 대처한다면 알러지 증상으로 인한 위험보다는 백신으로 인한 혜택이 훨씬 크기 때문입니다.

이 또한 해석일 뿐 결정은 자기 선택입니다. 세상 모든 일은 내가 선택하고 그 책임도 내가 진다.

COVID-19 백신에 대한 안내입니다.

(2021.08.10, COVID-19 자료 모음, *명덕지 36호)

*명덕지는 전주이씨 경녕군파 대종회 회지이다.

코로나COVID-19 바이러스와 관련한 자료 모음 II

전염병傳染病의 역사 - 필자 미상

　- 흑사병黑死病, 스페인독감毒感, 2021 그리고 미래는?

　이 글은 역사가 보여준 팬데믹pandemic, 대유행의 전개 과정에 대한 대략적인 고찰을 통해 현재 세계가 겪고 있는 코비드-19를 입체적 시각으로 바라보고 미래를 짐작해보고자 하는 뜻에서 쓰는 것이다. 따라서 이 글은 필자의 개인 소견 위주로 써 내려간 것임을 밝힌다.

　인류가 겪은 가장 대표적인 두 차례의 치명적 전염병 사례를 먼저 살펴볼 것이다. 중세의 흑사병과 20세기 초의 스페인독감이 그것이다. 이어 AI 시대에 세계를 휘젓고 있는 코비드-19의 의미와 미래 사회에 미칠 영향 등을 짚어보는 순서로 글을 전개할 것이다.

　- 사회적 거리두기가 만든 <데카메론Decameron>

　실크로드silk road는 중세 아시아와 유럽을 잇는 교역로였다. 많은 재화와 문물이 오갔고 사람들의 의식주에 빠른 변화를 가져다주었다. 하지만 부정적 요소도 함께 빠르게 운송했다.

중세 말기 이탈리아 피렌체는 세계 경제의 중심지였다. 그러나 1345년과 1346년 피렌체를 비롯한 토스카나 지방은 대홍수의 악몽을 겪어야 했다. 곡물 가격은 급등했고, 먹을 것이 부족해지면서 사람들의 면역력은 급감했다. 그로부터 2년 뒤인 1348년 여름 피렌체에 흑사병이 돌기 시작했다.

감염된 사람은 겨드랑이, 목, 사타구니 림프절이 고통스럽게 부어오르는 증상을 보이다가 닷새 정도 후에 치명적 상태를 맞았다. 치사율은 60%가 넘었다. 도시는 초토화되었다. 불과 몇 달 만에 피렌체 인구는 절반으로 줄었다. 흑사병은 이후 당시 유럽 전체 인구 약 1억 명 가운데 25%인 2500만 명의 목숨을 앗아갔다.

피렌체의 소설가이자 인문주의자 지오바니 보카치오Giovanni Boccaccio, 1313~1375는 페스트가 세상을 어떻게 황폐화하는지를 목격했다. 살아남은 그는 1351년 <데카메론>을 완성했다. 보카치오는 피렌체에서만 10만 명 이상이 흑사병에 희생되었다고 기록했다. <데카메론>은 흑사병을 피해 모인 7명의 여성과 3명의 남성이 들려주는 100개의 이야기로 구성되었다. 흑사병이 퍼진 피렌체를 탈출해 2주 동안 피에솔레의 시골마을 별장으로 온 10명의 남녀가 각자가 내놓는 하루 한 가지씩의 이야기를 묘사한 작품이다. 말하자면 사회적 거리두기를 하던 남녀가 모여앉아 경험담을 나눈 셈이다.

보카치오는 페스트 유행 이전 피렌체 사람들은 지인이 사망하면 경건한 장례를 치렀지만, 페스트는 한순간에 모든 삶을 바꿔놓았다고 기술한다. 사람들은 죽은 이에 대한 동정심은 고사하고 시체로부터 병이 옮지 않을까를 걱정했다고 전했다. 그러면서 보카치오는 어떤 인간의 지혜도 무서운 전염병을 예방할 수 없다는 현실, 인간의 무력함을 고백하였다.

처음엔 격리고 방역이고 하는 개념 자체가 없었다. 무기력하게 운명으로 받아들였고 신의 분노에 의한 징벌로 해석하는 게 고작이었다. 그러다 북부 베네치아로 빠르게 전파되면서 처음으로 격리와 방역의 개념이 실천되었다. '방역防疫'을 뜻하는 영어 어휘는 'quarantine'이다. 1377년 베네치아에서는 흑사병에 걸린 환자가 나오면 30일간 격리했다. 그러나 후일 격리 효과를 높이기 위해 40일(이탈리아어로 quarantenaria)로 연장되었다. 여기서 오늘날 '방역'을 뜻하는 '쿼런틴'이란 단어가 유래했다.

- 르네상스의 힘을 준 흑사병

흑사병은 공포 그 자체였다. 당시 유럽인들은 전염병 수준을 넘어선 신의 징벌이라 믿었다. 한편으로 신에게 구원을 빌었지만 유럽 인구의 1/4이 희생되자 교회와 신에 대한 믿음을 거두기 시작했다. 교회의 권위가 약해지면서 왕권은 강화되었다. 흑사병 대유행을 끝낸 것은 기도가 아닌 방역이었다. 각국, 각 도시 단위로 초보적인 수준이나마 방역 시스템을 갖추기 시작했다. 여행자는 여행증명서를 발급받아야만 했다.

흑사병은 중세 세계의 패러다임을 바꾸었다. 많은 농부들이 사망했다. 일손이 달리면서 농노들의 임금도 올라갔다. 농노들은 해방되는 경우가 많았다. 인건비를 감당하지 못한 영주들은 파산 사태를 맞아야 했다. 흑사병은 한마디로 중세의 봉건체제가 무너지는 촉발제가 된 셈이다.

신 중심에서 사람 중심으로 생각 체계가 바뀌었다. 이런 분위기 속에서 흑사병의 앞선 피해지였던 피렌체를 중심으로 재생, 부흥을 뜻하는 르네상스가 태동한 것은 어쩌면 역사적 필연성의 결과였는지 모른다. 동시에 코페르니쿠스와 갈릴레이 같은 과학자들이 우주를 바라보는 근원적 시각 자체를 바꿔놓았다.

- 스페인독감과 필라델피아 비극

스페인독감이 정확히 언제 어디서 시작되었는지는 불분명하다. 독감이 처음 보고된 것은 1918년 초여름이다. 당시 프랑스에 주둔하던 미군 병영에서 독감 환자가 나타나기 시작했다. 하지만 특별한 증상이 없어 주의를 끌지 못했다. 그러다가 그해 8월 첫 사망자가 나오고, 이때부터 급속도로 번지면서 치명적 독감으로 발전했다.

1차 세계대전에 참전했던 미군들이 귀환하면서 9월에는 미국에까지 확산되었다. 9월 12일 미국 첫 환자 발생보고 후 30일 만에 2만 4천 명의 미군이 독감으로 죽어갔다. 이어 50만 미국 시민이 사망했다. 1919년 봄엔 영국에서만 15만 명이 목숨을 잃었고 이후 2년 동안 전 세계에서 최다 5천만 명이 희생된 것으로 학계는 분석한다. 당시 조선에도 스페인독감이 퍼지면서 700만 명 넘는 감염자와 14만 명의 사망자가 나온 것으로 알려졌다. '무오년 독감'으로 기록되었다.

당시엔 바이러스를 분리, 보존하는 기술이 없어서 오랜 시간 정확한 원인조차 밝혀지지 않았다. 그러다가 무려 87년 만인 2005년 미국의

한 연구팀이 알래스카에 묻혀있던 한 여성의 폐 조직에서 스페인독감 바이러스를 분리해 재생하는 것에 성공했다. 재생한 결과 이 바이러스는 인플루엔자 A형(H1N1)으로 확인되었다. 이후 최근까지 이 A형 인플루엔자 바이러스의 아형亞型, sub-type, 혹은 변종이 사람에게 발병하는 흔한 인플루엔자의 유형으로 대감염, 혹은 지역 감염을 일으켜왔다. 돼지나 새에 의해 바이러스 전파가 이뤄질 수도 있다. 사스나 메르스, 신종플루도 모두 이 인플루엔자 A형의 변종들로 학계는 보고 있다. 사스든 메르스든 모두 코로나 바이러스의 변종임을 감안할 때, 코로나 19 바이러스 역시 동물에서 사람으로 전파된 코로나 바이러스의 새로운 종이다.

스페인 독감은 발원지가 스페인이어서 붙은 이름은 아니다. 전시에 중립국이었던 스페인에서만 독감의 실상이 언론에 의해 제대로 보도되면서 이름이 붙여졌다고 알려졌다.

필라델피아 사례는 오늘 우리에게 던져주는 시사점이 많다. 1918년 9월 초 인근 해군 기지에서 독감이 유행하면서 군 병원이 가득 차자 환자들이 시내 민간 병원으로 이송되면서 독감이 미국 전역으로 퍼지기 시작했다. 9월 28일에 대규모 퍼레이드 행사가 예정되어 있었다. 의료진은 행사의 취소를 강력히 권고했다. 그러나 시는 행사를 강행했다. 결과는 기록적 비극으로 나타났다. 10월 한 달에만 필라델피아 시민 1만1천 명이 독감으로 사망했다. 그런데도 필라델피아 신문들은 사태를 정직하게 보도하지 않았다. 사실상 스페인독감의 기원은 미국인 셈이다.

- 미국, 경제 대국으로

1918년 시작된 스페인독감 팬데믹이 세계를 강타한 후 영국은 몰락했다. 반면 사실상 독감의 진원지인 미국은 신흥 경제대국으로 떠올랐다. 세계 경제의 재편이 시작된 것이다. 유럽은 공교롭게도 승전국과 패전국 할 것 없이 1차 세계대전의 수렁에서 헤어나지 못했다. 반면 미국은 대공황을 거친 뒤 세계 경제와 군사력의 초강자로 부상하는 대전환을 맞게 되었다.

- COVID-19 이후 세계는?

바이러스는 끝없이 변한다. 인간은 바이러스를 극복할 수 있을 것인가? 이 질문은 우문愚問이다. 영원히 극복할 수 없다는 뜻이다. 단지 매번 나오는 변종의 피해 규모가 달라질 뿐이다. 독감 예방주사나 변종 바이러스를 막는 백신이 개발되겠지만, 근원적 극복과는 무관한 이야기일 뿐이다. 화이자와 모더나의 백신으로 현 코로나 사태가 일시적 진정 국면을 맞을 수 있을지도 모르지만, 누구도 언제 어디서 어떤 숙주에 의해 어떠한 형태의 새로운 변종 바이러스가 생겨나고 있는지를 사전에 알 수는 없는 노릇이다. 세계 어느 도시도 새로운 우한이 될 수 있다.

그렇다고 공포에만 빠질 필요는 없다. 통시적으로 볼 때 인류는 흑사병과 콜레라, 천연두, 스페인독감, 사스, 메르스, 신종플루로 큰 고통을 겪었지만, 그때마다 예방책 강화와 긍정적 변화의 모멘텀을 얻어왔다. 르네상스로 인간 중심 세상을 열게 했고, 방역 시스템을 강화했으며 바이러스 치료제 및 예방제를 찾아내게 한 동력도 기실 출발점은 고통과 비극이었다.

그러나 지금 이후 세상은 크게 달라질 것이다. 설령 코로나 대 전염병 사태가 크게 진정된다 할지라도...

첫째, 사람들은 마스크를 일상의 필수품으로 사용할 것이다.

둘째, 꼭 필요한 경우가 아니라면 다중을 접하게 되는 이동은 크게 줄어들 것이다.

셋째, 형식보다는 내용이 우선하는 소통이 정착할 것이다.

넷째, 위생 강화로 인해 질병이 줄고 평균 수명은 더 늘어날 것이다.

다섯째, 세계의 모든 산업은 보건, 위생, 헬스케어, 의료와 직간접으로 연결점을 갖게 될 것이다. 기존의 산업 생태계에 대한 고정관념을 버리지 않는다면 제조업이든 서비스업이든 오래지 않아 도태되고 말 것이다.

형식보다는 내용이 우선하는 소통은 무엇인가? 사족蛇足을 달자면 학교, 직장, 사회, 정치 나아가 국가 간의 소통에 이르기까지 모든 주체나 참가자들은 종전과는 다른 철학으로 소통을 시작할 것이라는 뜻이다. 고정관념부터 버려야 한다. '혁신'을 굳이 동원하지 않더라도 우리는 일상의 모든 습관과 문화를 바꿔야 한다. 당연하게 여겨온 일들이 모두 재고되어야 한다. 대면 문화가 완전히 사라질 수는 없지만 크게 줄어들 수밖에 없다. 불필요하다고 생각된다면 굳이 그 현장에 가지 않아도 되고 오지 않아도 섭섭하지 않은 문화가 일상으로 자리 잡을 것이다. 관혼상제부터 학교의 수업 행태, 직장 생활, 정치적 이벤트에 이르는 거의 모든 일상사의 문화가 바뀔 것이다.

바로 이 점이 필자가 짐작하는 코비드-19 이후의 세상을 바라보는 코드이다.

캐나다에서 태어나 미국에서 활동한 인문학자이자 역사학자인 윌리엄 맥닐William H. McNeill 1917~은 명저 <전염병의 세계사>란 책을 닫으며 이런 귀한 말을 남겼다.

"인류가 출현하기 전부터 존재했던 전염병은 앞으로도 인류의 운명과 함께할 것이며, 지금까지 그랬듯 앞으로도 인간의 역사에 근본적 영향을 미치는 매개변수이자 결정요인으로 작용할 것이다."

지금 우리는 맥닐이 말한 '근본 영향을 미치는 변수' 앞에 서 있다. 깊은 여운을 주는 맥닐의 생각을 공유하며 글을 맺는다.

미국질병예방통제국CDC 강조사항

미국질병예방통제국에서 강조하는 손씻기와 개인청결문제와 더불어 좀 더 자세한 주의사항은 다음과 같다.

Detailed instruction for Corona Virus prevention From America CDC (Control Disease Center)
1. If you have a runny nose and sputum, you have a common cold
콧물이 나고 가래가 나면 보통 감기이다.
2. Coronavirus pneumonia is a dry cough with no runny nose.
코로나 바이러스는 마른기침에 콧물이 나지 아니한다.
3. This new virus is not heat-resistant and will be killed by a temperature of just 26/27 degrees. It hates the Sun.
코로나바이러스는 햇볕을 싫어하고 열에 약하여 26/27도만 되어도 죽는다.

4. If someone sneezes with it, it takes about 10 feet before it drops to the ground and is no longer airborne.

코로나 바이러스 감염자가 재채기를 하면 10 feet 사정거리에 영향이 있지만 땅에 떨어지고 나면 더 이상 공기로 인해 전염은 불가하다.

5. If it drops on a metal surface it will live for at least 12 hours - so if you come into contact with any metal surface - wash your hands as soon as you can with a bacterial soap.

만약에 코로나 바이러스가 '철제품'에 떨어지면 12시간 생존 가능하므로 그런 철제품을 만졌을 경우 곧바로 살균비누로 깨끗이 손을 씻는다.

6. On fabric it can survive for 6-12 hours. normal laundry detergent will kill it.

옷이나 천에서는 6~12시간 생존 가능하며 보통 세탁비누로 살균이 가능하다.

7. Drinking warm water is effective for all viruses. Try not to drink liquids with ice.

따뜻한 물을 마시는 것은 모든 바이러스 감염예방에 도움이 된다. 얼음과 함께 음료수를 마시지 않도록 노력한다.

8. Wash your hands frequently as the virus can only live on your hands for 5-10 minutes, but - a lot can happen during that time - you can rub your eyes, pick your nose unwittingly and so on.

바이러스는 우리 손에서 5~10분만 생존이 가능하기에 자주 손을 씻는다. 우리가 무의식적으로 눈을 비비고 코를 만지고 하는 경우에 감염되는 경우가 많다.

9. You should also gargle as a prevention. A simple solution of

salt in warm water will suffice.

따뜻한 소금물로 자주 입을 씻어내는 것도 예방이 될 수 있다.

10. Can't emphasis enough - drink plenty of water!

너무 중요하다. 언제나 충분히 많은 물을 마셔야 한다.

THE SYMPTOMS [증상]

1. It will first infect the throat, so you'll have a sore throat lasting 3/4 days

처음엔 목구멍에 감염되기에 목이 아픈 증상이 3~4일 나타난다.

2. The virus then blends into a nasal fluid that enters the trachea and then the lungs, causing pneumonia. This takes about 5/6 days further.

5~6일 내에 코로나 바이러스는 콧물에 섞여 기관지와 폐와 침투하여 폐렴을 일으키게 된다.

3. With the pneumonia comes high fever and difficulty in breathing.

고열과 호흡곤란증상의 폐렴이다.

4. The nasal congestion is not like the normal kind. You feel like you're drowning. It's imperative you then seek immediate attention.

보통 감기증상의 코 막힘이 아니라 물에 빠져 숨을 못 쉬는 것과 같은 증상을 느끼게 된다. 시급한 조치가 필요하다.

(2021.08.10, COVID-19 자료 모음, *명덕지 36호)

*명덕지는 전주이씨 경녕군파 대종회 회지이다.

전주이씨 경녕군파全州李氏 敬寧君派 대종회 제54회 정기총회 참관기參觀記

　전주이씨 경녕군파 2019년도 대종회 정기총회가 2019년 3월 10일(일요일) 오전 11시부터 전주이씨 대동종약원 이화회관 강당에서 열렸다.

　이번 정기총회는 헌릉봉향회 승동 회장님, 대종회 상임고문님, 고문님 그리고 남영 회장님, 6군파 회장단 및 120여명의 종원님들이 참석하여 엄숙하게 개최되었다.

　회장님은 내빈소개에서 헌릉봉양회 회장, 대종회 상임고문, 고문, 부회장, 감사 순으로 소개하였다.

　사회를 맡은 재무이사 재근 님의 성원보고, 개회선언, 그리고, 국민의례, 종묘배례와 명덕사 배례, 타계하신 종원에 대한 묵념 순서로 거행되었다.

　남영 대종회 회장님은 개회선언 후 계속된 개회사에서 "오늘 제54회 정기총회에 참석하신 종원 여러분 반갑습니다. 희망의 기해년己亥年 새해를 맞이하여 모든 소망이 이루어지는 희망찬 한 해가 되기를 중심으로 기원합니다.

올해도 계속되는 세계적 경제 침체 속에 우리나라를 비롯한 많은 국가들이 새로운 변화와 도약을 모색하고 있습니다. 이럴 때에 우리에게 절실히 요구되는 것은 할 수 있다는 자신감과 용기, 그리고 추진력입니다. 우리 대종회는 1960년 제정 이래 금년 제54회 정기총회를 개최하기까지 많은 선대조, 많은 원로 종친들께서 오랫동안 끈끈한 유대의식과 자부심, 그리고 투철한 책임감으로 우리대종회의 위상을 높여왔습니다.

이렇게 땀과 노력으로 빚어온 우리 대종회를 더욱 계승하고 발전시켜나가야 합니다. 인생은 안개처럼 매우 짧습니다. 걷힐 것 같지 않는 안개가 떠오르는 태양 앞에 순식간에 자취를 감추듯, 어느 날 그 사람의 얼굴이 보이지 않으면 이미 그는 이 세상 사람이 아닙니다. 참으로 가슴 아픈 일입니다. 우리 모두 오래 오래 뵐 수 있도록 더욱 건강하시고 이 종친회 모임이 우리 모두가 즐거운 만남, 생명의 장소로 이어가기를 바랍니다.

가난의 많은 뿌리 중에서 가장 큰 뿌리는 무식입니다. 그리고 있다고 뻐기는 행위는 망종亡種입니다. 우리는 가능한 넓게 배워 의문이 생기면 곧 묻고, 삼가 이를 깊이 생각하라는 중용中庸의 말씀을 새겨들어야 합니다.

우리 대종회는 지난해에도 많은 일들을 해왔습니다. 금년도에 우리가 해야 할 두 가지 과업을 말씀드리겠습니다. 첫째 경녕군 중시조의 묘역 및 사당과 재실을 우리 6군파 모두의 사당이 되고 재실이 되는 갸륵한 업무를 수행하는 일, 둘째 경녕군파 대중회 사무실을 설립하는 일입니다. 제가 회장에 취임하면서 약속했으나 이루지 못하여 대단히 죄송하게 생각합니다. 그러나 여기에서 멈춰서는 안 됩니다.

경녕군파 대종회 종친들께서는 숭조돈종崇祖敦宗하여 우리들 스스로의 위상을 높이며 다 같이 합심하여 동행하는 길벗이 되어주실 것을 소망합니다.

여러분 가정에 항상 행복이 넘치시기를 진심으로 기원합니다. 기해년 내내 건강하시고 복 많이 받으시기 바랍니다. 감사합니다."라고 하였다.

이어서 헌릉봉양회 승동 회장님은 축사를 통해 "올해 己亥年은 황금 돼지해라고 해서 우리 국민 모두가 희망찬 새해 출발을 했습니다. 오늘 경녕군파 대종회 정기총회에 초청해주셔서 감사드립니다. 여러분을 뵐 때마다 친근감을 갖게 됩니다.

저는 효빈김씨 조모 시제에도 참석했고 중정대제에도 참반했습니다.

작년 5월 익흥군 흥규회장의 초청으로 단합대회에 참석하여 540여명의 종원이 참석한 것을 보고 참으로 깊은 감명을 받았습니다. 모든 종원들이 마음을 같이하는 훌륭한 단합대회 모습을 보고 부럽기까지 하였습니다.

주덕 소재 명덕사와 경녕군 묘역 일대가 성역화되어 도로와 주차장까지 잘 단장된 것을 보고 감사한 마음을 가졌습니다. 또한 효빈 묘역과 경녕군 묘역이 타인에게 넘어간 것을 단산도정 종중 회장님 이하 모든 종원들이 뜻을 모아 다시 찾아 회복하였다는 것은 우리 자손만대에 길이 잊어서는 안 되겠습니다. 그리고 이것을 잘 보존해야 된다고 생각했습니다.

다시 한 번 태종대왕의 후손의 한 사람으로 감사드리고 축하드립니다. 여러분의 앞날에 큰 발전이 있고 축복이 있기를 바라고 기원드리겠습니다. 이 자리에 오신 여러분 경녕군파 대종회의 발전을 위해서 마음과 뜻을 모아 하나가 되십시오. 많은 분이 모이면 의견은 각각일 수 있지만 그러나 마무리되고 정리될 때는 꼭 하나가 되십시오.

그리고 경녕군파 대종회 사무실이 아직 제대로 마련되지 아니한 걸로 알고 있습니다. 양녕대군, 효녕대군, 성녕대군, 그리고 온녕군, 후녕군, 희녕군, 익녕군 등 다 훌륭하게 사무실뿐만 아니라 빌딩까지 가지고 있습니다.

우리 경녕군 대종회는 종파 중에 중심이 되고 앞서고 또 가장 큰 어른의 집안이 되어야 합니다. 반드시 대종회 사무실 마련에 여러분의 힘과 뜻을 모아주시기 바랍니다. 오늘 총회에 참석하신 모든 분들에게 효빈과 경녕군의 음덕이 자손만대에 같이 하시고 건강과 행복이 충만하시기를 진심으로 기원하면서 말씀을 마치겠습니다."라고 하였다.

사회자는 "다음은 전차 회의록을 낭독해드려야 했으나 장로 고문이 작성한 명덕지 제53회 대종회 총회 참관기로 대신하도록 하겠습니다."라고 하였다.

계속하여 광근 총무이사님의 2018년도 종사업무보고와 재근 재무이사님의 상세한 전년도 재무상태와 손익계산보고가 있었다.

운영 감사님은 감사 보고에 앞서 전차회의록 작성의 중요성을 다시 한 번 강조하였다. 그리고 "2018년도 회계결산에 대하여 각 전표와 장부 등을 감사하였고, 그 내용을 김사한 걸과 본회의 정관과 회계원칙에 적정 계산되었음을 이에 보고합니다."라고 하였다.

이어서 운영감사님은 감사보고에 덧붙여 6만 종원님들의 결속을 통하여 종회활동을 활성화시키고 각 종원들의 상생발전과 종회의 번영을 도모해야하는 염원을 담아 "종회의 발전과 종원간 교류 활성화를 위한 업무 감사 권고사항"으로 첫째 조직 관리 체계의 개선과 가동, 둘째 재정 관리체계 구축, 셋째 인적 자원 관리 개선 및 종원간 교류 활성화 등을 제시하여 종원들의 큰 박수로 호응을 받았다.

이에 대하여 남영 회장님은 위의 업무 감사 권고사항은 대종회 발전을 위하여 매우 적절하고 꼭 이행해야 할 사안이나 현재 우리 대종회의 인적구성 및 조직체계로서는 어려움이 많음을 양해해 주셨으면 합니다하고 이해를 구했다.

부의 안건 제1호는 2019년도 수입지출결산서 승인의 건이었고 제3호는 2019년도 수입지출 예산(안) 승인 건이었다. 의안 제2호는 2019년도 사업 계획(안) 승인의 건으로 총무부가 주관하는 정기총회를 비롯한 각종회의 개최, 재무부의 예산결산 관련 및 전례부의 효빈묘, 파시조묘의 묘제봉행, 종묘, 건원릉, 헌릉기신제 참반 등, 사업부의 효빈묘를 비롯한 각종 묘제봉행, 명덕사 주변 정비업무, 문화부의 명덕지 발행과 선대조 문집발췌 편집등, 조직부의 6군파, 지방 종중, 문중의 조직 장려 및 숭조돈종심 독려에 관한 건이다.

흥규 이사님은 2019 년도 사업계획안의 오자 및 탈자를 지적하여 수정 및 보완을 요구하였고 작년에 만장일치로 통과한 대종회회관 건립 추진위원회의 구성 여부 및 진행사항에 대해서 질의하였다. 남영 회장님은 "작년 1년 동안 여러 차례의 임시 및 정기 이사회 개회 등으로 회관건립위원회 구성에 노력하였으나 회장의 역량이 부족하고 추진력이 미흡하여 구성하지 못한 점 아쉽게 생각합니다. 금년에는 능력이 있는 회장을 선출하고 또 조직개편까지도 할 수 있도록 해주셨으면 합니다."라고 하였다.

의안 제4호는 회장 및 감사선임의 건으로 고문단에서 선출한 종선 임시 회장이 사회를 맡아 회의를 진행하도록 하였다.

종선 회장님은 "회장 선임 관련 상담을 위하여 연락한 결과 관영 상임고문은 건강이 매우 좋지 않아 대중회 회의 불참에 대단히 죄송하다는 말씀을 전해왔습니다. 그동안 상임 고문단 몇 분은 그래도 남영 회장을 연임할 수 있도록 해주셨으면 하는 의사를 표명하셨습니다. 어떻게 생각하십니까?"하고 회장연임에 대한 의견을 물어 많은 종원들의 동의를 받아 남영회장의 연임을 선포하였다.

다음은 회근 감사의 후임으로 흥규 이사를 추천하여 선출하고 운영 감사와 윤로 감사는 연임하는 것으로 결정하였다.

재선임된 남영 회장은 인사말을 통하여 "역량이 부족한 저에게 한 번 더 회장직을 맡으라는 것을 무겁게 받아들여 명실상부한 대종회로 발전시키는데 최선을 다 하겠습니다."라고 그 포부를 밝혔다. 이어서 새로 선임된 감사는 "우리 대종회의 발전을 위해서 열심히 하겠습니다. 그리고 남영 회장님이 열심히 일하시는데 도움이 되도록 적극 협력하겠습니다."라고 다짐하였다.

사회자의 점심 식사 장소에 대한 안내 고지 후에 총회 폐회가 선언되었다.

(2021.08.10, 대종회 총회 참관기, *명덕지 36호)

*명덕지는 전주이씨 경녕군파 대종회 회지이다.

코딩Coding 열풍熱風

　얼마 전 방학을 이용하여 미국 초등학교에 재학중인 큰손자, 쌍둥이 손자들이 3년 만에 한국을 방문하였다. 그동안 미국 샌디에이고San Diego 소재 코딩학원에서 코딩교육을 받아왔고 앞으로도 계속해서 이 과정을 이수할 계획이라고 한다. 손자들이 직접 프로그래밍한 소프트웨어software 를 실행해 보이는 것을 보고 매우 대견스럽기도 하고 자랑스럽게 생각 하였다.

　그러면, 코딩coding이란 무엇이며, 그것의 중요성, 세계 각국의 코딩교 육의 현황, 세계 유명 인사들의 코딩어록語錄 등을 소개하고자 한다.

　로봇Robot과 최첨단의 인공지능 컴퓨터가 등장하는 4차 산업혁명시대 産業革命時代에 들어선 요즘 언제부터인가 코딩이라는 생소한 말이 뉴스 나 신문에 등장하기 시작하였다. 4차 산업혁명시대에는 최첨단의 컴퓨 터와 인공지능人工知能 지능형 로봇, 사물事物 인터넷, 빅데이터 분석 등 사람이 하는 능력 이상을 컴퓨터가 해낼 것이다.

　컴퓨터가 이런 활동을 수행하려면 컴퓨터에 누군가가 명령을 해야

하고 명령은 컴퓨터가 이해할 수 있는 언어로 해야만 한다. 이렇게 컴퓨터가 알아들을 수 있는 c언어, 자바, 파이선 등 컴퓨터의 언어를 사용하여 프로그램을 짜는 일을 바로 코딩이라고 한다. 즉, 컴퓨터가 어떤 행동을 할지 입력하게 되는 가장 기초적이고 중요한 프로그래밍이라고 할 수 있다.

인간이 설정해놓고 자동으로 작동하게 만들어 놓은 일상생활에서 사용하는, 다양한 스마트폰 어플리케이션, 게임, 인터넷, 워드 그리고 전문영역인 자동차, 의료기기, 우주산업, 로봇 등과 같은 시스템의 대부분은 코딩의 기능을 사용한 것이고 이것을 통하여 완성된다. 이렇듯, 코딩은 사실 우리에게는 떼어놓을 수 없는 너무 가깝고, 필요한 존재이다.

앞으로 다양한 직업에는 코딩을 반드시 필요로 할 것이다. 따라서 다가올 미래사회에서는 코딩을 기초로 하는 다양한 직업이 생겨날 것이므로 코딩이 당연히 필요할 뿐만이 아니라 필수적인 것이 될 것이다. 코딩교육은 전 세계적인 큰 방향이고, 우리들이 앞으로 현대 사회를 살아가는 데 꼭 필요한 필수 도구임에 틀림없다. 따라서, 현재의 디지털 지식 정보사회에서는 소프트웨어software, SW 인재 양성을 비롯해 창의적創意的인 아이디어와 서비스 중심의 미래 산업을 준비하기 위해선 SW 교육의 필요성이 강조되고 있는 것이다.

요즘은 과거의 기본 학습 능력인 3R, 즉 읽기Reading, 쓰기wRiting, 산술aRithmetic에 소프트웨어software가 추가뇌어 4R이라고까지 할 만큼 소프트웨어를 중요시하고 있다. 이미 전세계에 불어온 코딩열풍으로 이미 IT 선진국인 미국, 영국 등 선진국에서는 국가 경쟁력의 핵심 과제로 코딩교육을 적극적으로 지원하고 있다. 미국은 주요 도시를 중심으로 코딩 수업이 확산될 뿐 아니라 졸업 필수 강의로 채택한 학교도 늘고 있다고 한다. 영국의 경우는 코딩 교육 확산을 위한 다양한 캠페인을 벌인 바 있으며, 유럽의 많은 국가들 역시 코딩 교육과 디지털 교육에 대한 근본적인 변화를 시도하고 있다. 이 밖에 일본, 이스라엘, 중국, 핀란드 등 대부분의 선진국에서는 코딩 교육을 시행하고 있다.

우리나라에서도 소프트웨어 중심사회를 위한 인재양성 추진 계획에 따라 중학교에서 정보과목情報科目을 필수로 지정했고, 초등학교에서는 SW 기초교육이 시행되고 있다. 또한 모든 영재고, 과학고에서 코딩과목이 필수교육과정이 되었고, 그리고, 전공에 관계없이 대부분의 대학 신입생들에게도 코딩교육이 당연시되고 있다. 이공계 대학생 뿐 아니라 인문사회분야에서도 컴퓨팅 사고력思考力을 배양하는 데 코딩만큼 효과적인 방식이 없기 때문에 긍정적으로 여기고 있는 경향이다.

참고로 세계 유명 인사들의 코딩어록을 소개하고자 한다. 먼저 스티브잡스Steve Jobs 애플 창업자는 '모든 국민이 코딩을 배워야 합니다. 코딩은 생각하는 법을 가르쳐주기 때문이지요.'라고 했고, 마크 저커버그 Mark Zuckerberg 페이스북 창업자는 '제가 초등학교 6학년 때 프로그래밍을 처음 배우기 시작한 건 매우 단순한 이유였습니다. 여동생과 함께 즐길 수 있는 뭔가를 만들고 싶었거든요.'라고 했다.

마지막으로 버락 후세인 오바마Obama 미국 44대 대통령은 '비디오게임을 사는 데 그치지 말고 직접 만들어 보십시오. 최신 앱을 내려 받지만 말고 직접 만드는데 참여해보십시오. 컴퓨터과학자로 태어난 사람은 없습니다. 약간의 노력을 기울이면 누구나 될 수 있습니다.'라고 의미심장意味深長한 말을 했다.

결과적으로, 전문가들은 코딩교육의 특성상 게임을 하는 아이에서 만드는 아이로 되기 위해서는 어려서부터 교육하는 것이 바람직하다고 주장한다. 코딩교육을 통해 컴퓨터적인 사고방식의 형성과 융복합교육 融複合教育에 익숙해지고 무한한 창의적創意的 상상력想像力과 이를 현실로 만들고자 하는 노력과 능력을 기르는 것이 중요하기 때문이다. 가급적 조기에 코딩에 익숙해지고 다양한 경험을 통해 미래에 대한 상상력과 기술력을 기를 수 있는 기회를 좀 더 일찍이 체험함으로서 꿈과 비전 vision을 품고 새로운 가치를 창조하여 국가와 인류의 문제를 해결할 수 있는 글로벌global 인재로 성장할 수 있도록 해야 할 것이다.

(2021.07.26, 과학 이야기, 과학 칼럼)

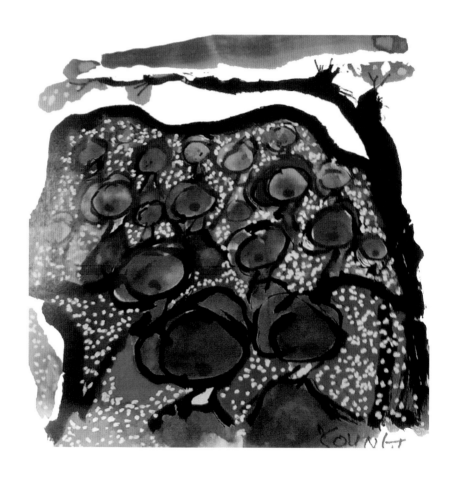

과학과 함께 있었다
SAILING ON THE SCIENCE

초판인쇄	2021년 12월 15일
초판발행	2021년 12월 17일

지 은 이 이장로

펴 낸 이	채종준
펴 낸 곳	한국학술정보(주)
주 소	경기도 파주시 회동길 230 (문발동, 513-5)
전 화	031-908-3181(대표)
팩 스	031-908-3189
홈페이지	http://ebook.kstudy.com/
이 메 일	출판사업부 publish@kstudy.com
등 록	제일산-115호(2000. 6. 19)

값 22,000원
ISBN 979-11-6801-218-9 93400